U0214298

中国高端能源动力机械健康与能效监控智能化发展战略研究

Development Strategy Research on Health & Efficiency Intelligent Monitoring and Control of China High-end Energy Power Machinery

中国工程院“我国高端能源动力机械健康与能效监控智能化发展战略研究”项目组

科学出版社

北京

内 容 简 介

本书是中国工程院“我国高端能源动力机械健康与能效监控智能化发展战略研究”重点咨询项目的研究成果，汇编项目综合报告和三个课题的研究报告的主要内容。简要介绍我国石化、冶金、电力及航空等行业能源动力机械装备概况和运行现状；分析高端能源动力机械健康与能效监控智能化国内外发展趋势，提出我国的发展战略、发展思路，以及重大示范工程和研究课题；最后给出我国高端能源动力机械健康与能效智能化发展的政策建议。

本书可供能源动力工程领域领导部门、工业企业和设计院所的领导、专家、工程技术人员使用，也可供科研工作者和高等院校师生参考。

图书在版编目(CIP)数据

中国高端能源动力机械健康与能效监控智能化发展战略研究= Development Strategy Research on Health & Efficiency Intelligent Monitoring and Control of China High-end Energy Power Machinery / 中国工程院“我国高端能源动力机械健康与能效监控智能化发展战略研究”项目组编.—北京：科学出版社，2018.1

ISBN 978-7-03-055313-3

Ⅰ. ①中… Ⅱ. ① 中… Ⅲ. ①能源—动力装置—智能技术—研究—中国 Ⅳ. ①TK05

中国版本图书馆CIP数据核字(2017)第279678号

责任编辑：范运年　武　洲 / 责任校对：桂伟利
责任印制：吴兆东 / 封面设计：无极书装

科 学 出 版 社 出版
北京东黄城根北街 16 号
邮政编码：100717
http://www.sciencep.com
北京厚诚则铭印刷科技有限公司 印刷
科学出版社发行　各地新华书店经销
*
2018 年 1 月第　一　版　开本：720 × 1000　1/16
2022 年 6 月第三次印刷　印张：13 1/2
字数：270 000

定价：128.00 元

(如有印装质量问题，我社负责调换)

《我国高端能源动力机械健康与能效监控智能化发展战略研究》

项目组成员名单

顾　　　问：周　济　院士　周长益　司长

项目组组长：高金吉　院士

副　组　长：钟　掘　院士

成　　　员：闻邦椿　院士　陈予恕　院士　王玉明　院士
钟群鹏　院士　甘晓华　院士　谭天伟　院士
王国栋　院士　尤　政　院士　陈学东　院士
刘文强　王孝洋　何正嘉　杨国安　何立东
江志农　叶长青　吕运容　李崇坚　姜尚清
刘华强　王　尚　杨勇平　张俊杰　杜小泽
王宁玲　薛洪涛　徐小力　杨申仲

总　执　笔：杨国安

编写组成员名单

主　　　编：高金吉　院士

副　主　编：姚剑飞　杨国安

项目办公室：杨国安　张宇飞　李　潇　明　岳　薛凯璇

石化冶金高端压缩机组：

顾　　问：王国栋 院士　钟　掘 院士

组　　长：陈学东 院士　李崇坚

副 组 长：叶长青　姜尚清

成　　员：吕运容　周　敏　何承厚　李信伟　杨树华

何立东　江志农　李连生　于跃平　张成彦

蔡隆展　吴乔国　袁庆斌　聂德福　王　乐

杨启超　赵远杨　肖　军　苏福源　曹先常

柳黎光　王维兴　贾江平　李　健　郭雨春

董荣华　王　喆　朱孔林　王新东　严开勇

王昭东　杨　荃　孙汉兵　孙彦广　高　达

彭宪建　刘华强　王　尚

执　　笔：吕运容　刘华强　王　尚

高端能源(发电)机组：

组　　长：杨勇平

副 组 长：张俊杰　杜小泽

成　　员：秦海岩　梁昌乾　吕廷彦　严新荣　张　健

张　军　张　勇　王红军　牛玉广　顾煜炯

刘永前　柳亦兵　薛　伟　杨志平　王宁玲

唐宁宁

执　　笔：杜小泽　杨志平　王宁玲

航空发动机及燃气轮机：

组　　长：甘晓华 院士

副　组　长：尤　政　院士

成　　　员：蒋东翔　阮　勇　孙超英　薛洪涛　魏德明

　　　　　　宋志平　杨　立　尉询楷　胡晓煜　杜嘉陵

　　　　　　钟诗胜　付旭云　张　弓　吴　新　杨玉宝

　　　　　　杜　辉　殷　锴　支　远

执　　　笔：薛洪涛

序

改革开放以来，中国在经济建设方面取得了举世瞩目的辉煌成就。我国制造业总量已超过美国，跃居世界第一，钢产量占世界总量一半以上；我国乙烯和炼油居全球第二位，是世界石化大国。在我国经济快速增长的同时，粗放型增长方式的弊端也有所突显，经济发展与资源环境间矛盾的日趋尖锐，特别是高能耗问题已成为制约经济发展的瓶颈。我国炼化行业许多企业处于亏损状态，钢铁和部分石化行业的生产能力已经过剩，因此，不能总是依靠扩大生产规模来实现经济的快速增长，今后如何提高生产设施和装备的技术和智能化水平，确保其高效经济运行、降低生产成本、提高国际竞争力，是摆在我国工程科技领域面前的一个迫切需要研究和解决的重大问题。

党中央从战略高度出发，明确提出，中国今后发展以加快转变经济发展方式为主线。加快转变经济发展方式的根本，在于科技创新驱动，落实节能优先战略。提升我国能源动力机械装备的长周期运行效率，以最低资源和能源消耗获得最大效益，是转变发展思路、创新发展模式、加快经济结构调整和经济发展方式转变的重要举措。

能源动力机械，如透平、轴流、往复式压缩机组、大型风机、燃气轮机组、航空发动机、超临界和超超临界透平发电机组、风力发电机组等是国家经济发展和国防建设的关键能源动力装备。当前我国能源动力机械普遍存在两个突出问题：一是安全运行周期短，故障率较高；二是偏离设计工况运行，效率偏低。而发展健康与能效智能监控技术是提升机械装备长周期、高效稳定运行的关键所在。随着计算机网络技术的快速进步，利用工业互联网、物联网、云计算及大数据等技术提升高端能源动力机械健康与能效远程监控智能化水平是未来发展的重要方向。

2013 年元月，中国工程院正式启动了“我国高端能源动力机械健康与能效监控智能化发展战略研究”重点咨询项目，由机械运载学部组织的 10 位院士和近百名专家参与调研工作，中国工程院周济院长亲自参与项目的研究并予以指导，工业和信息化部有关领导和专家也大力支持和指导了项目研究工作。项目选取石化冶金、能源电力及航空领域等具有代表性的行业的能源动力机械为调研对象，经过一年多的调研，对我国能源动力机械装备概况、运行现状及发展趋势及目标等方面进行了深入研究，提出了高端能源动力机械健康与能效智能化监控发展的战略对策，在三个课题研究报告的基础上，形成了《中国高端能源动力机械健康与能效监控智能化发展战略研究》项目研究报告，并由科学出版社出版。

工欲善其事，必先利其器。本书从设计、制造、工艺、控制、操作、管理等方面，深入探讨分析了我国能源动力机械低效运行的根本原因，提出了发展健康与能效智能化监控的战略对策，以确保我国能源动力机械装备长周期、高效、稳定运行，降低维护和生产成本。同时，也为我国流程工业在役再制造和发展绿色智能装备打下基础。

感谢各位领导和专家对本咨询项目工作的大力支持，感谢“我国高端能源动力机械健康与能效监控智能化发展战略研究”咨询项目各课题组成员、有关领导、专家的辛勤工作，感谢大家为中国能源动力机械长周期、高效、稳定运行做出的积极努力！

中国工程院“我国高端能源动力机械健康与能效监控智能化发展战略研究”项目组　组长

2017年8月

前　言

能源动力机械如压缩机组、发电机组、航空发动机及燃气轮机等，是国家经济发展和国防建设的关键能源动力装备。石化、冶金、能源等流程工业生产装备如压缩机组、发电机组等，具有大型化、复杂化、生产工艺自动化、连续化的特点，设备投资巨大、能耗物耗与经济利益直接相关，故障引起非计划停产不仅会带来巨大的经济损失，还可能导致机毁人亡的重大事故。以陆用燃气轮机、航空发动机为代表的大型燃气涡轮机械是国家实现节能减排、资源可持续发展的必要装备，也是国防实力的象征，已被列入国家中长期科学和技术发展规划纲要的优选主题。

当前，我国能源动力机械普遍存在两个突出问题：一是安全运行周期短，故障率较高；二是偏离设计工况运行，效率普遍偏低。如国内同类机组设计效率比国外先进水平低 2%～5%，连续运行周期只有国外领先水平的 1/2～2/3。在设计、选型、订购、引进装备时，只注重设备本身的效率，忽视与生产过程的匹配，实际运行远离设计工况且设备自适应能力差，造成“大马拉小车”低效运行情况普遍存在。

发展健康与能效智能监控技术是解决上述两个突出问题的关键所在。近些年来，石化、冶金、电力行业逐步对行业内能动机械进行更新换代与改造升级，机组健康与能效水平显著提升，节能效果明显。如某石化企业进行机组控制优化改造后，每小时节约蒸汽 9t，年节约 1400 余万元。在取得显著收益的同时，我国能源动力机械健康与能效监控技术的研究基础却较为薄弱，缺乏对机组能耗、排放、经济与生态效益的综合考虑，普遍存在在线远程智能监测、诊断及故障早期预警能力不足等问题。另外，现有监测系统市场大多被 GE 公司、Siemens 公司等外企占有，关键技术被其垄断。我国能效检测评价标准的缺失，也阻碍了机组能效评价工作的开展。

长期以来，众多企业缺乏对大型透平压缩机、往复压缩机低效运行的关注，尚未配备低效工况监测系统和高耗能设备效率分析诊断系统，部分机组的运行效率比设计效率低，且众多机组仍采用单体、分散式控制方式，缺乏先进的综合优化控制系统。发电机组健康与能效监控以设备层面为主，缺乏精确测量关键参数的手段和技术，系统集成优化与协同功能和机组健康与能效演化趋势的预测能力不足。同时，目标和评价方法单一，不能满足发电能源动力机械安全高效和清洁运行的要求。国内航空发动机与燃气轮机健康与能效监控管理技术研究基础十分薄弱，产业化程度低，没有成熟的国产成套产品，传感器等基础工业薄弱，难以支撑航空发动机与燃气轮机健康与能效监控技术发展。

为此，中国工程院于 2013 年 1 月正式启动了“中国高端能源动力机械健康与能效监控智能化发展战略研究”重点咨询项目。由中国工程院高金吉院士担任项目组组长，近百名专家参与此项研究工作。综合考虑能源动力机械在各行业的分布情况，项目分别选取以压缩机组为核心的石化冶金行业、以发电机组为核心的电力行业以及以燃气轮机、飞机发动机为代表的大型燃气涡轮机械，调研上述行业和领域中能源动力机械的分布情况、健康与能效现状及其存在的问题，研究我国高端能源动力机械健康与能效监控智能化发展趋势和目标，提出符合我国国情、能够切实推动高端能动机械健康高效运行的政策建议。

经过一年多的调查和研究工作，形成了石化冶金、能源电力及航空领域的高端能动机械健康与能效监控智能化专业研究报告，在此基础上，项目组总结归纳出了综合报告，多次听取项目组专家的意见和建议，仔细核对和修改，最终形成了项目综合报告。报告共分概况、现状、发展趋势及目标、战略对策、结论和建议五部分。报告详细对比分析了国内外能源动力机械健康与能效监控智能化现状及其发展趋势；确立了我国高端能源动力机械健康与能效监控智能化的总体战略思路，即夯实产业基础，科技创新驱动，科学政策引导，专业人才培养；提出了 8 项健康与能效监控智能化发展重大示范工程和 21 项建议重点开展的研究课题；并就我国高端能源动力机械健康与能效智能化发展提出了相应的政策建议。

在项目的立项和实施过程中，中国工程院院长周济院士亲自到会指导工作，工业和信息化部领导多次了解调研情况，体现了领导的高度重视。现场调研过程得到了各方人士的广泛支持，在此一并表示感谢。

根据项目组院士专家的建议和立项要求，项目组将此项研究成果汇集成册出版，奉献给关心和支持我国高端能源动力机械健康与能效监控智能化发展的政府机构、企业、科技界、教育界以及社会其他各界人士，以期能够对我国高端能源动力机械的健康与能效监控智能化发展以及改变我国高耗能能动装备低效运行现状、降低生产成本、提高国际竞争力有所裨益。

由于编者水平有限，书中不足之处在所难免，敬请读者不吝指正。

编　者

2017 年 8 月

目　录

第1章　我国能源动力机械运行状况及重大需求

1.1　能源动力机械及本报告研究领域

我国制造业总量已超过美国，居世界第一，冶金行业钢产量占世界总量一半以上，居绝对第一位；我国乙烯和炼油产量居全球第二位，是世界石化大国。但是我国炼化行业许多企业处于亏损状态，钢铁和部分石化行业生产能力已经过剩，不能总是依靠扩大生产规模来实现经济的快速增长，今后如何发挥现有生产设施和装备的作用，确保其高效经济运行、降低生产成本、提高国际竞争力，是摆在我国工程科技领域面前的一个迫切需要研究和解决的重大问题。同时，以陆用燃气轮机、航空发动机为代表的大型燃气涡轮机械是国家实现节能减排、资源可持续发展的必要装备，也是国防实力的象征，都已被列入国家中长期科学和技术发展规划纲要的优选主题。

能源动力机组如透平、轴流、往复式压缩机组、大型风机、燃气轮机组、航空发动机、超临界和超超临界透平发电机组、风力发电机组等是国家经济发展和国防建设的关键能源动力装备。机组发生故障引起的非计划停产会带来巨大经济损失，并可能造成机毁人亡的重大事故。同时，改变我国高耗能能动装备低效运行的现状也是迫切需要解决的重大问题。

压缩机组是天然气输运与液化、石油开采与炼制、煤液化与煤化工等能源工业的核心装备，也是石化、冶金等领域的重要耗能动力设备，对其行业的发展和节能降耗起着关键性的作用。随着炼化、冶金等装置向大型化、高效化方向发展，对压缩机提出了更高性能、更高可靠性和更高效的要求。据测算，我国炼油、石化、冶金行业的压缩机能耗占全国工业能耗的15%左右，且国产压缩机组普遍存在能耗高、性能不稳定、可靠性差、故障率高和寿命短等突出问题，如设计效率比国外先进水平低2%～5%，连续运行周期只有国外领先水平的1/2～2/3[1-3]。在运行控制方面，因故障常常不能被及时识别和诊断、异常工况不能被有效地发现和控制，重大设备事故时有发生，严重影响炼化装置的安全生产，经济损失巨大，危及人机安全。由于设备性能参数与工艺流程匹配性差、防喘振保护系统设计安全裕度大，加上能效监控的欠缺，导致机组的实际运行效率普遍偏低。据统计，我国主要石油化工企业(中国石化、中国石油、中国海油)目前拥有在用大型压缩机组(200kW以上)约4000台，设计功率约900万kW。如果通过实施在役改造工程，使压缩机组的运行效率提高10%，每年将节电76亿度，节约成本达46亿元。

冶金方面调研数据显示，仅首钢京唐一家企业就配有大型鼓风机 150 台左右，总功率约 54 万 kW，如果运行效率普遍提高 4%，这些能动机械每年就可节约用电约 10 亿度。

电力是现代文明的标志，是支撑我国经济与社会可持续发展的根本保障。电力是重要的二次能源，构筑稳定、经济、清洁、安全的电力能源供应体系，对维护国家安全、实现节能减排战略目标发挥着举足轻重的作用。改革开放 30 多年来，中国电力工业取得了举世瞩目的成就，装机容量和发电量均保持持续快速增长，目前已排名世界第一。近年来发电能源结构不断优化，风电、水电、核电、太阳能等清洁能源发电装机比例逐年增加，火电发电装机比例下降到 70%以下，随着发电技术不断进步，发电动力装备不断更新换代，发电机组的健康和能效状态显著提升。但由于风电、太阳能发电的间歇性、核电要求的安全性、水电的径流特性，致使火力发电频繁深度参与调峰，加之火力发电参数高、排放要求严，致使机组运行控制难度增大，发电动力装备的深度增效减排和状态维护面临新的挑战，与之相关的发电动力机械健康与能效监控智能化面临重大需求。

航空发动机是为飞机提供动力所需的重要产品，它具有高温、高转速、高可靠性的特点，而且必须满足低污染、低噪声、低油耗、低成本和长寿命的要求。所以，航空发动机是典型的高端机电产品，是航空工业最璀璨的明珠。由于飞机高空飞行的特点以及发动机所处的飞机心脏的地位，在飞机飞行过程中，尽管发动机只是偶有故障，但其故障已经成为影响飞机飞行安全的重要因素。燃气轮机作为一种先进的动力机械，广泛应用于航空、电力系统、动力拖动和舰船，燃气轮机及其联合循环动力装置已成为世界主要动力设备之一。由于其结构复杂，加之在高温、高压和高转速的环境下工作，燃气轮机易于发生各种故障，并且随着运行时间的增长，各部件的特性将会逐渐偏离设计点，造成燃气轮机性能逐渐退化，除此之外，燃气轮机气路通流部分可能遭受到物体打伤造成突发性故障[4-6]。恶劣的工作条件(高温、高压、强腐蚀、高密度的能量释放)使其成为整个装备系统中故障的敏感多发部位，且其故障的发生和发展具有快速和破坏性极大的特点。燃气轮机故障不仅会造成燃机性能下降，影响燃机的经济性，如果故障不能被及时发现和维修，还将会影响燃气轮机运行的经济性、安全性和可靠性，为此，燃气轮机健康管理和能效监控受到广泛关注。因此，通过监测预警和健康管理确保安全运行和基于诊断的设计改进，是提高燃气涡轮机械运行可靠性的重要举措，是能源动力工业乃至航空发动机可靠性和安全性工程的重要环节。

综合上述能源动力机械在各行业的分布情况，分别选取以压缩机组为核心的石化冶金行业、以发电机组为核心的电力行业，以及以燃气轮机、飞机发动机为代表的大型燃气涡轮机械，调研上述行业和领域中能源动力机械的分布情况、健康与能效现状及其存在的问题，研究我国高端能源动力机械健康与能效监控智能化发展趋势和目标，提出符合我国国情、切实推动高端能动机械健康高效运行的政策建议。

1.2　我国在设能源动力机械健康与能效状况概述

1.2.1　压缩机组

石化与冶金行业是能源消耗大户，其生产过程中消耗大量能源，其中，设备耗能是炼油化工装置能耗的主要组成部分。统计表明，石化加工工业综合能耗中，约30%为压缩机、风机、泵等通用机械设备消耗，如图1.1中的电耗与蒸汽消耗，冶金生产中能动设备占钢铁生产总能耗的10%～15%，提高压缩机、风机、泵等通用机械设备的健康水平和运行效率是石化、冶金等流程工业节能减排的主要途径之一[1-2]。

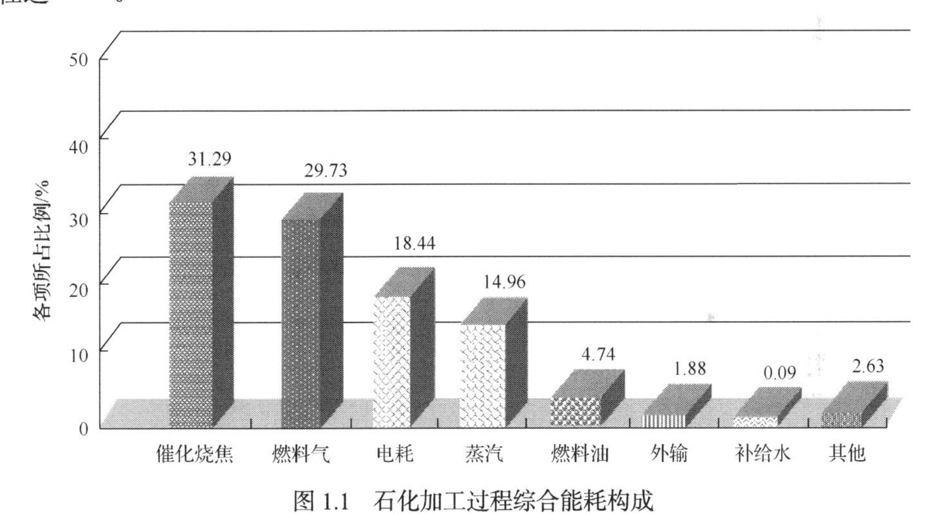

图1.1　石化加工过程综合能耗构成

目前，我国石化与冶金行业压缩机组普遍存在能耗高、故障率高和寿命周期短等突出问题，大量的低效运行、故障频发的机组在流程工业生产中仍发挥着重要作用，不可能同时大量报废；同时，流程工业连续生产，检修时间紧迫，有些机组能源浪费严重是众所周知的，但装备节能技术改造风险大，企业不愿也无暇顾及。许多压缩机组实际运行效率比设计效率低5%～20%，事故时有发生。在设计、选型、定购、引进装备时，片面追求设备本身的效率而忽视与生产过程的匹配，实际运行远离设计工况且设备自适应能力差，导致“大马拉小车”“小马拉大车”等低效运行状况普遍存在。

美国能源部关于空压机负荷率调查数据表明，中国工业空压机负荷率比全球平均水平低13%。压缩机组故障较多，重大事故时有发生，调查数据显示，我国压缩机组的连续运行周期只有国外领先水平的 1/2～2/3，还不能确保安全长周期运行。近年统计，炼化企业各类大型工艺压缩机故障率约为 30%，经济损失大，危及人机安全[2]。

(1)石化行业压缩机组故障较多，重大事故时有发生，不能确保安全长周期运行。

目前，我国石化行业压缩机组普遍存在能耗高、故障率高和寿命周期短等突出问题，同类机组的连续运转周期只有国外领先水平的 1/2～2/3。据统计，国内某大型石化企业 2007 年至 2010 年加氢裂化、乙烯裂解、合成氨、聚丙烯、重整装置、催化裂化等重要流程工业装置因设备故障造成的非计划停工为 156 次，其中因压缩机设备故障导致的非计划停工约占 13.46%，是造成装置非计划停工的主要原因之一，如图 1.2 所示。

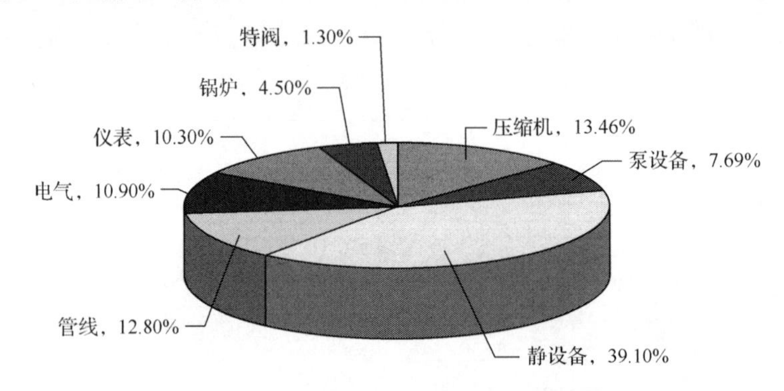

图 1.2　导致装置非计划停工的设备故障

又如国内某石化工业集团 2008 年至 2010 年压缩机故障次数达 1152 次，故障停机时间 43310h，各类大型工艺压缩机故障率约为 30%，经济损失大，危及人机安全，详见表 1.1。

表 1.1　某石化工业集团压缩机故障情况

年份	总台数	压缩机/(200kW 及以上)	故障次数/次	故障停机时间/h	故障率/%
2008	1373	1169	370	15502	27.00
2009	1418	1223	366	12066	24.70
2010	1399	1209	416	15742	29.70

(2)石化行业部分压缩机组长期偏离设计工况低效运行，实际运行效率比设计效率低 5%～20%。

调研结果表明，石化行业部分压缩机组长期偏离设计工况低效运行，效率比设计效率低 5%～20%。抽样调查透平压缩机组低效运行工程实例如表 1.2 所示，运行效率最低的还没有设计效率的一半；往复压缩机组运行负荷偏离设计工况实例见某企业 6000V 压缩机效率测算数据，如表 1.3 所示；美国能源部关于空压机负荷率调查数据显示，全球各地区空压机平均负荷百分比如图 1.3 所示，可见，我国工业行业的空气压缩机负荷率要比全球平均水平低 13%[2-3]。

表 1.2　透平压缩机组低效运行工程实例

装备名称型号	所在装置	设计效率/%	运行效率/%	低效主要原因	检测单位	所属单位
透平机 CT5102	加氢精制	70	32.22	压缩机负荷较小，C1101 体积负荷仅 61%，C5102 负荷更低	中国石油石化节能监测中心	某石化分公司炼油厂
压缩机 C5102		75	55.98			
透平机 CT1101	加氢裂化	70	64.71			
压缩机 C1101		75	60.09			
透平机	合成氨	75	51	密封间隙超标，喷嘴与叶片间隙超标；喷嘴或叶片变形	北京化工大学	某石化分公司化肥厂

表 1.3　炼油分部 6000V 压缩机效率测算数据

名称	型号	流量 /(m^3/min)	效率/%	功率/kW	电机效率 /%	负载率 /%	电机利用率/%
氢压缩机	BTD-NICC	2000	38.7	186	75.6	53.1	29.3
氢压缩机	2D12-5.2/14-84	2200	29.4	286	86.1	80.6	25.3
氢压缩机	4M80-30/2.2-200-BX	16590	37.9	2088	71	67.8	26.9
燃料气压缩机	LG-68/6	4080	33.5	332	68	60.4	22.8
燃料气压缩机	2D16-74/16-BX	3640	67.5	147.2	40.1	65.2	27.1

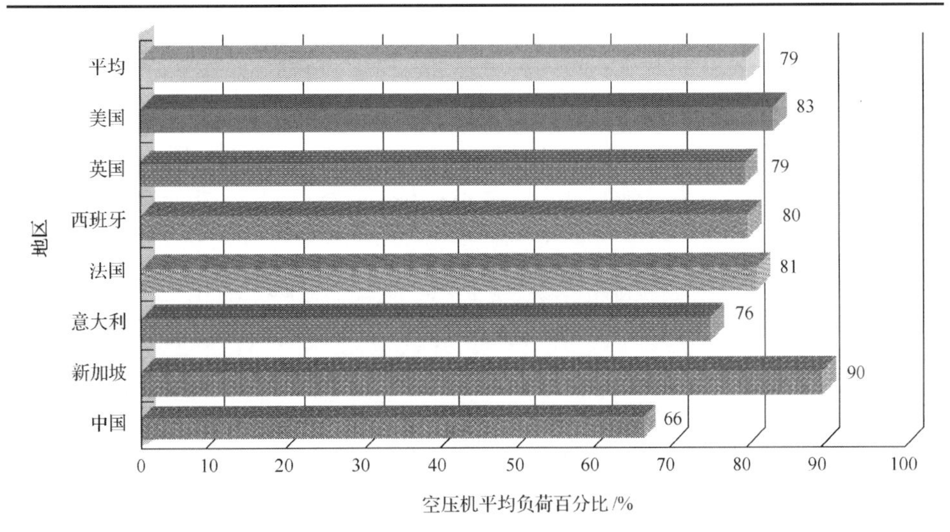

图 1.3　世界各地区空压机负荷对比

(3) 国内冶金行业高炉鼓风机能耗高，非计划停机率较高。

冶金领域的能源动力机械包括高炉鼓风机、烧结主抽风机、球团焙烧引风机、制氧空压机、循环氮压机、炼钢除尘引风机等，其中，高炉鼓风机是冶金领域最为典型的能动机械。这类冶金用大型能源动力机械设备的安全健康和能效监控极为重要，它不仅直接影响到冶金生产的效率、质量、排放和消耗，也是冶金行业调整结构、落实节能减排和可持续发展的关键点之一。

近几年，国内冶金装备在向着大型化方向发展，如国内 1000m^3 以上高炉 200 座[7]，容积最大已达 5800m^3，与之匹配的单台高炉鼓风机额定功率可达 60000kW (机型号 AV100-17[8])；某 1100 万吨级钢铁企业高炉鼓风机参数如表 1.4 所示。冶金是典型的流程工业，高炉处于生产线上游，据调查，如果企业大型高炉鼓风机出现重大故障，将会影响冶金企业 80%以上的生产线。高炉鼓风机的健康、长寿、高效运行的重要性可见一斑。

表 1.4　某 1100 万吨级钢铁企业高炉鼓风机参数统计

序号	项目	单位	数值	备注
1	电动全静叶可调轴流式压缩机 Q=8500Nm^3/min (平均) P=0.53MPa (表压)	台	3	2 用 1 备
2	鼓风机流量	m^3/min (标态) m^3/min (标态)	2×8500 2×10000	平均 最大
3	年工作小时	h	8520	
4	鼓风机年平均鼓风量	10^{8}Nm^3	2×43.45	
5	年耗电量 10kV 380V	 10^{8}kWh 10^{6}kWh	 2×4.98 2×2.87	
6	年耗水量	10^{6}m^3	2×19.94	循环量

冶金企业通常以非计划停机率/年来衡量高炉鼓风机运行的健康度。对某钢铁企业非计划停机率/年调研，数据如表 1.5 所示。调研数据显示，主要故障集中于轴位移过大、逆流保护(喉部差压过低)、润滑油压低等信号故障原因导致的保护停机。

表 1.5　某千万吨级钢铁企业高炉鼓风机非计划停机率统计

机组名称	型号	额定功率 /kW	风机出口流量 / (Nm^3/min)	转速 / (r/min)	故障时间累积 /h	故障率/%
1#	AV100-17	60000	10000	3000	4	0.14
2#	AV100-17	60000	10000	3000	8	0.14
3#	AV100-17	60000	10000	3000	6	0.07

注：(1) 故障率=每台故障停机时间/(每台故障停机时间+每台设备实际运行时间)*100%。
(2) 故障率统计表统计时间单位为年。

高端压缩机组健康与能效监控智能化的理论研究及应用已经成为国内外相关领域的难点和前沿课题。以我国流程工业装备可持续发展为目的，调研我国石化与冶金行业中的高端压缩机组健康和耗能状况，分析我国石化与冶金行业中的高端压缩机组故障率高及低效运行的原因，提出我国高端压缩机组健康与能效监控中要重点研究的相关基础理论及要突破的共性关键技术，可推动我国制造业产业升级和结构调整，形成新的绿色经济与循环经济增长点。

1.2.2　发电机组

发电机组的健康与能效指标是衡量机组状态的重要依据，直接关系到机组的设备性能。但电力行业涉及的产业链长、设备系统复杂、技术含量高、运行控制难度大，发电动力机械的深度减排增效和状态维护面临新的挑战，与之相关的发电动力机械健康与能效监控智能化面临重大需求。

“富煤、贫油、少气”的能源资源禀赋决定了中国一次能源生产和消费结构以煤为主的格局在较长时间内不会改变，如图 1.4 所示，为 2013 年我国电力装机容量与发电量构成情况，火电占主导地位，其次为水电、风电、核电以及太阳能发电。

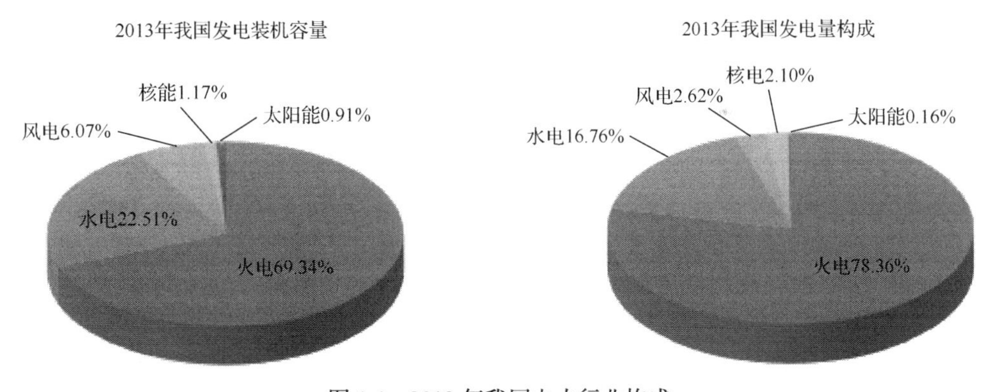

图 1.4　2013 年我国电力行业构成

随着清洁能源发电比重的提高，火电装机容量占电力总装机容量比例略有下降。表 1.6 为 2005～2013 年中国火力发电装机容量和发电量构成及比例[9]，到 2013 年底，火电装机容量占电力总装机容量的 69.2%，首次降至 70%以下。但长期以来火力发电量占总发电量的比例一直在 80%左右，可见，火力发电在我国工业领域处于举足轻重的地位。

表 1.6　2005～2013 年中国火力发电装机容量和发电量

年份		2005	2006	2007	2008	2009	2010	2011	2012	2013
装机容量	总装机/GW	517.18	623.70	718.22	792.73	874.10	966.41	1062.53	1144.91	1257.68
	火电装机/GW	391.38	483.82	556.07	602.86	651.08	709.67	768.34	819.17	870.09
	火电比例/%	75.68	77.57	77.42	76.05	74.49	73.43	72.31	71.5	69.2
发电量	总量/(TW·h)	2497.5	2849.9	3264.4	3451.0	3681.2	4227.8	4730.6	4977.4	5372.1
	火电/(TW·h)	2043.7	2374.2	2720.7	2803	3011.7	3416.6	3900.3	3910.8	4221.6
	火电比例/%	81.83	83.31	83.34	81.22	81.81	80.81	82.45	78.57	78.58

注：数据来源于中国电力工业统计数据分析。

如图 1.5 所示，为 2006 年至 2013 年全国水电、核电、风电装机容量增长情况对比。近年来，以水电为代表的清洁能源发电发展迅速，水电、核电、风电并网装机量稳步增长，电源结构和布局进一步优化。

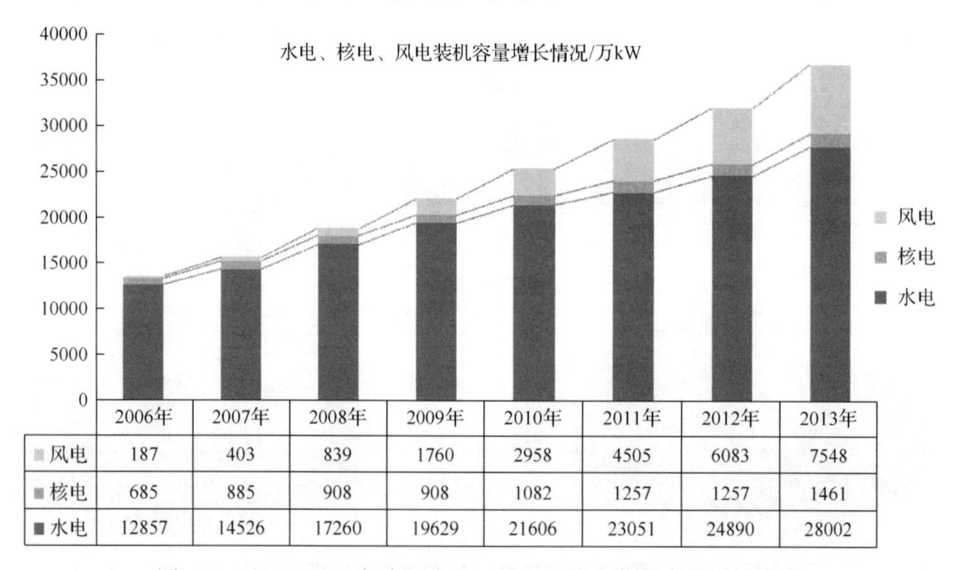

	2006年	2007年	2008年	2009年	2010年	2011年	2012年	2013年
风电	187	403	839	1760	2958	4505	6083	7548
核电	685	885	908	908	1082	1257	1257	1461
水电	12857	14526	17260	19629	21606	23051	24890	28002

图 1.5　2006～2013 年全国水电、核电、风电装机容量增长情况

截至 2013 年底，中国水力发电总装机容量达到 280GW，约占全国电力总装机容量的 22%，2013 年发电量 879TW · h，占全社会用电量的 17.4%，为中国经济社会的发展和全球节能减排做出了巨大贡献。如图 1.6 所示，2008～2013 年，中国累计增加水电装机容量 110GW，平均每年增长将近 20GW。2013 年，全年核准新增开工水电项目装机容量超过 30GW。截至 2013 年 7 月，我国已经投入运行的 700MW 级水电机组达到了 50 余台，预计至 2020 年，我国投入运行的 700MW 级及以上的水电机组将达到 100 台左右[10]。

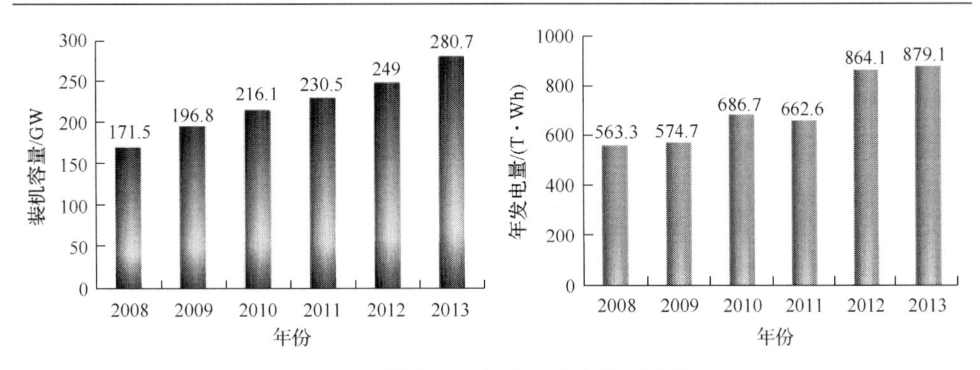

图 1.6　截至 2013 年中国水电发展现状

在风力发电机组建设方面，如图 1.7 所示，2013 年全国(不包括台湾地区)新增装机容量 16089MW，同比增长 24.1%；累计装机容量 91413MW，同比增长 21.4%。新增装机和累计装机两项数据均居世界第一。2013 年度全国风电新增核准容量 2755 万 kW，同比增长 10%；新增并网容量 1492 万 kW，同比增长约 0.6 个百分点。全国风电年上网电量为 1371 亿 kW·h，同比增长 36%。

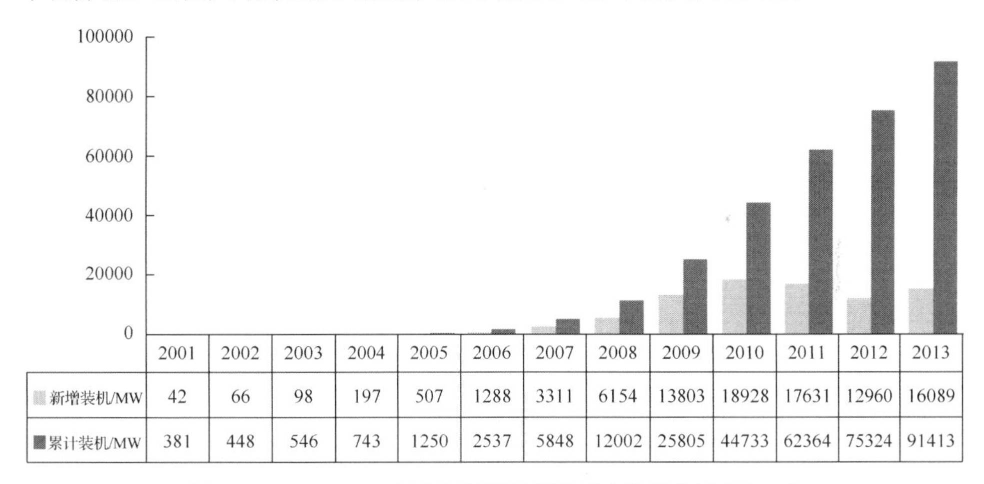

	2001	2002	2003	2004	2005	2006	2007	2008	2009	2010	2011	2012	2013
新增装机/MW	42	66	98	197	507	1288	3311	6154	13803	18928	17631	12960	16089
累计装机/MW	381	448	546	743	1250	2537	5848	12002	25805	44733	62364	75324	91413

图 1.7　2001～2013 年中国新增及累计风电装机容量(万 kW)

2013 年核电行业加快了发展的步伐。如图 1.8 所示，截至 2013 年底，我国核电装机容量为 1459 万 kW，占全国总装机容量的 1.17%；2013 年核电累计发电量为 1107.1 亿 kW·h，约占全国累计发电量的 2.11%。

截至 2013 年底，并网太阳能发电装机容量达 1479 万 kW，新增光伏发电装机容量 1292 万 kW，其中光伏电站 1212 万 kW，分布式光伏 80 万 kW。“十二五”前三年装机容量年均增长率达到 316.3%。

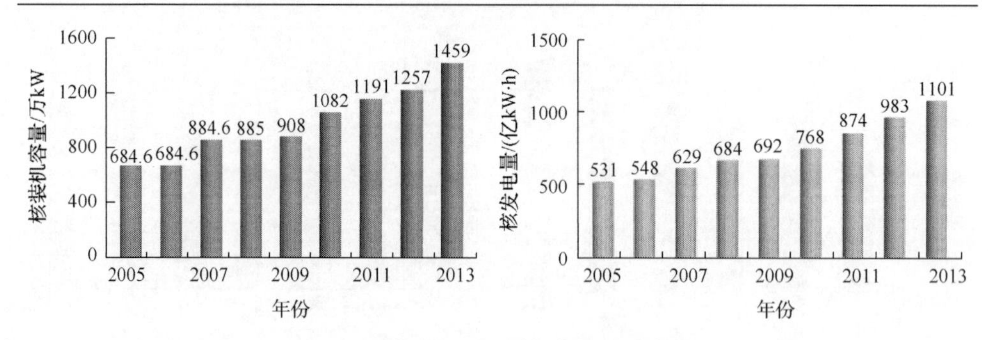

图 1.8　截至 2013 年中国核电发展现状

进入 21 世纪以来，随着大容量机组持续增加、小火电机组关停以及节能管理的加强和技术改造的实施，中国火力发电煤耗水平大幅下降。如图 1.9 所示，为 2001～2013 年全国 6000kW 及以上火力发电厂平均标准煤耗率变化情况，由图可见，2013 年达到 321g/(kW·h)，自 2001 年以来火力发电供电煤耗逐年下降，累计下降约 64g/(kW·h)。如图 1.10 所示，为 2001～2013 年全国发电及火力发电厂用电率状况[11]，十余年来，火力发电厂用电率累积下降了 1%以上，2013 年达到 6.01%。

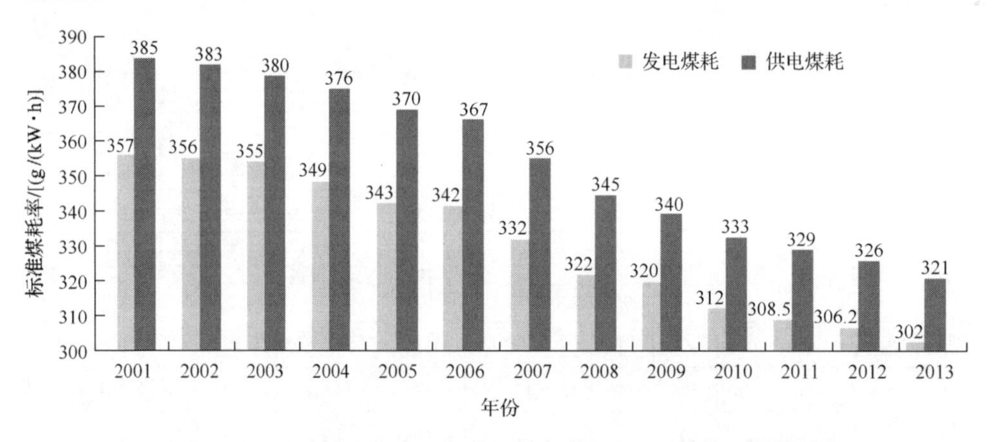

图 1.9　2001～2013 年全国 6000kW 及以上火力发电厂平均标准煤耗变化情况

数据来源于中国电力工业统计数据分析 2014

在机组安全健康运行方面，2013 年常规火电机组(1660 台)共发生非计划停运 875 次，非计划停运总时间为 49789.95h，台年平均分别为 0.54 次和 32.51h，较 2012 年台年平均值减少了 0.06 次和 12.29h。其中持续时间超过 300h 的非计划停运共 13 次，非计划停运时间 6451.8h，占全部火电非计划停运总时间的 12.96%。表 1.7 列出了 2008 年至 2012 年我国火电设备可靠性指标。

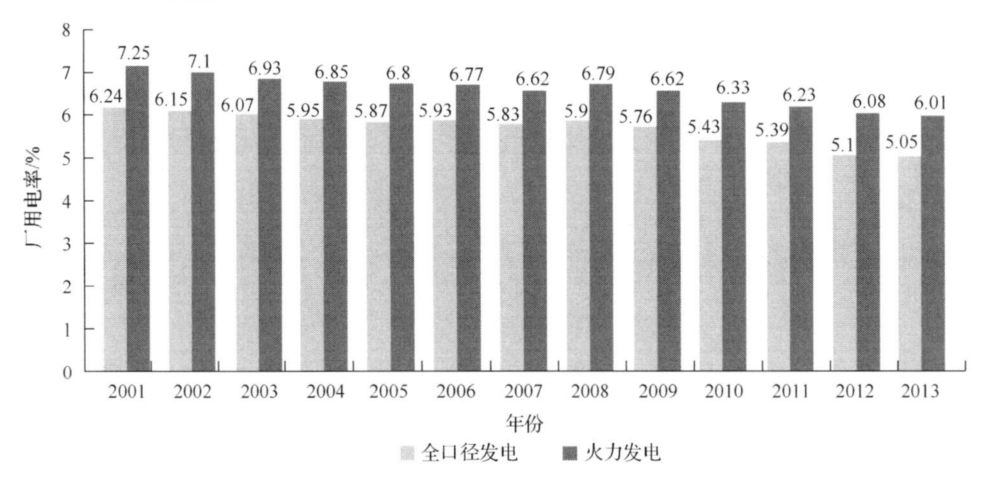

图 1.10　2001～2013 年中国的发电厂用电率变化情况

数据来源于中国电力工业统计数据分析 2014

表 1.7　我国火电设备的可靠性指标

机组分类	2008 年	2009 年	2010 年	2011 年	2012 年
利用小时数/h	5239.2	5161.42	5370.8	5605.5	5164.5
等效可用系数/%	92.05	92.89	92.81	92.8	92.93
等效强迫停运率/%			0.51	0.55	0.55
非计划停运次数/(次/台年)	0.93	0.65	0.65	0.71	0.6
非计划停运小时/h	60.04	36.95	50.85	50.25	44.8

表 1.8 列出了 40MW 及以上容量水电机组近五年运行可靠性指标。

表 1.8　40MW 及以上容量水电机组近五年运行可靠性指标

指标	2009 年	2010 年	2011 年	2012 年	2013 年
统计台数/台	503	580	641	718	758
平均容量/(MW/台)	185.65	191.48	196.32	191.33	199.73
运行系数/%	49.16	49.98	44.89	50.71	48.62
等效可用系数/%	92.48	92.70	92.22	92.47	91.71
等效强迫停运率/%	0.04	0.15	0.18	0.07	0.13
非计划停运次数/(次/台年)	0.54	0.64	0.45	0.34	0.37

如图 1.11 所示，为 40MW 及以上水电机组近五年运行可靠性指标变化情况。可以看出，2013 年水电机组的等效可用系数与 2012 年相比，有较大幅度的下降，非计划停运次数则略有上升。

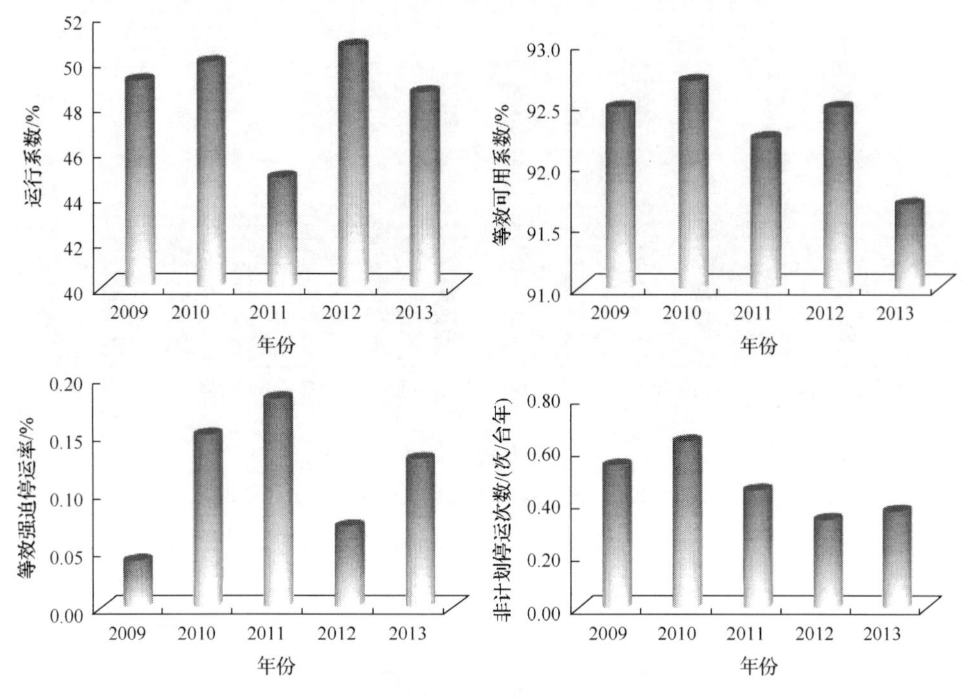

图 1.11　40MW 及以上水电机组可靠性

2013 年水电机组(758 台)共发生非计划停运 277 次，非计划停运总时间为 7668.17h，台年平均分别为 0.37 次和 10.12h，较 2012 年台年平均值增加了 0.03 次和 3.82h，其中，持续时间超过 300h 的非计划停运 5 次，非计划停运的总时间 3804.44h，占全部非计划停运总时间的 49.61%。

表 1.9 列出了核电机组近五年运行可靠性指标，其可靠性趋势如图 1.12 所示。截止到 2013 年，共有 15 台核电机组、共计 12350.2MW 的核电装机容量纳入可靠性分析评价。

表 1.9　核电机组近五年运行可靠性指标

年份	统计台数	平均容量/MW	运行系数/%	等效可用系数/%	等效强迫停运率/%	非计划停运次数/(次/台年)
2013	15	830.01	90.37	89.86	0.17	0.27
2012	15	830.01	90.08	89	0.09	0.27
2011	13	823.4	89.41	88.21	0.03	0.09
2010	11	814.36	90.06	89.84	0.1	0.27
2009	11	814.36	88.92	88.43	0.18	0.46

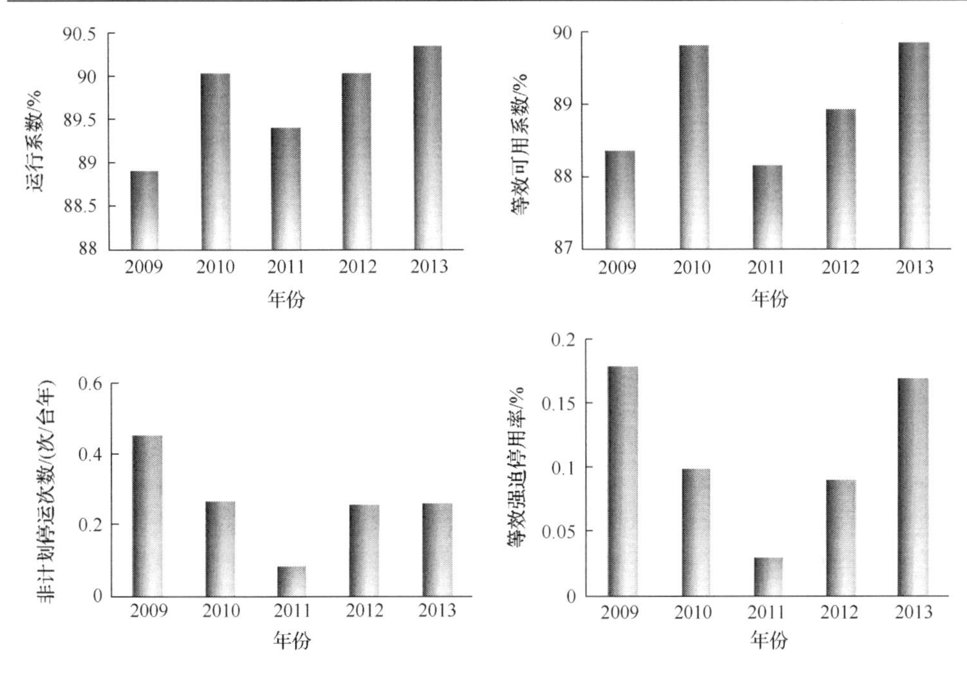

图1.12　核电机组可靠性指标趋势

随着主力发电装备实现百万千瓦超超临界等级机组的历史性跨越，新能源发电的超常规发展，机组配套自动控制系统技术亦获得长足进步，传统意义的机组监测与控制技术已经成熟，而数字化电站技术正在获得普遍关注。当前机组健康监控的主要需求集中在能否有效解决新出现的一些突出安全可靠性问题，例如，能否有效监测、防控超超临界锅炉高温管件氧化皮问题导致的锅炉爆管和汽轮机通流部分固体颗粒物侵蚀；以及新能源及智能电网背景下网源协调监控装备技术等。

在大型煤电机组面临巨大资源环境压力的背景下，工业化的能效监控与智能优化技术与市场需求迅速增长，已经普遍应用的机组能效监测系统已初步实现了对机组能耗关键参数的在线采集、能耗水平的监测以及对耗差的初步判断分析；但是，除缺乏对一些关键参数的监测手段与技术外，机组能效监控技术在应对系统层面的综合优化、对可控运行变量的精确定量指导和优化控制等方面还存在较大差距，例如，在新的大气环保排放标准下，如何有效实现锅炉高效、低氮多目标优化问题等。

此外，在严峻的电力市场形势下，如何有效应用新的智能传感器技术、大数据技术、数字化电站技术，实现对设备系统健康与能效状态关键数据的有效积累与智能分析，从而有效识别机组健康与能效劣化趋势，最终实现故障的风险预控，实现预知性维修，有效降低机组维护与使用成本，获得有利的市场竞价优势，也是机组健康与能效监控智能化发展的重要驱动力之一。

1.2.3 航空发动机及燃气轮机

航空发动机是为飞机提供动力所需的重大产品，是飞机的“心脏”，它具有高温、高转速、高可靠性的特点，而且必须满足低污染、低噪声、低油耗、低成本和长寿命的要求。所以，航空发动机是典型的高端机电产品，是航空工业最璀璨的明珠。由于飞机具有高空飞行的特点，在飞机飞行过程中尽管发动机只是偶有故障，但其故障已经成为影响飞机飞行安全的重要因素。

国际民航组织(International Civil Aviation Organization，ICAO)的统计资料表明，50%以上的飞机机械故障来自航空发动机。我国民航局的统计资料也表明，在我国民航近十年的飞行事故中，由航空发动机导致的故障占机械和机务故障的60%以上。中国民航科学技术研究院对 2006 年至 2012 年的民航事故统计分析表明，我国 2012 年上半年的飞行事故较往年上升了 26%，其中由于发动机故障造成的飞行事故更是上升了 83%。由航空发动机引起的故障，不仅带来重大的经济损失，还常常会导致灾难性后果。

航空公司还是能耗和排放大户，以中国国际航空股份有限公司(下称国航)为例，国航在用发动机数量 700 多台，2012 年国航全年消耗航油 470 多万 t，约合人民币 330 多亿元。

我国民用航空运输发展迅速，截至 2010 年底，我国民航全行业运输飞机在册架数 1597 架，2011 年底为 1764 架，而 2012 年底达到 1941 架。随着机队规模的扩大，发动机机队的台数也随之增加。截至 2012 年 5 月份，我国民航全行业在用发动机数量 4240 台，到 2013 年 5 月份增加至 4669 台，比上年同期增加了 429 台。据《美国波音当前市场展望预测(2009～2028)》(Boeing Current Market Outlook 2009 to 2028)，到 2028 年，我国民航全行业运输飞机在册架数将达到 4610 架，届时我国在用民航发动机数量将超过万台，如图 1.13 所示。机队规模的快速扩大，给我国民用航空运输的安全性、经济性和节能减排带来了巨大压力。实现航空发动机的健康高效运行对于确保飞机飞行的安全性和经济性具有十分重要的意义。

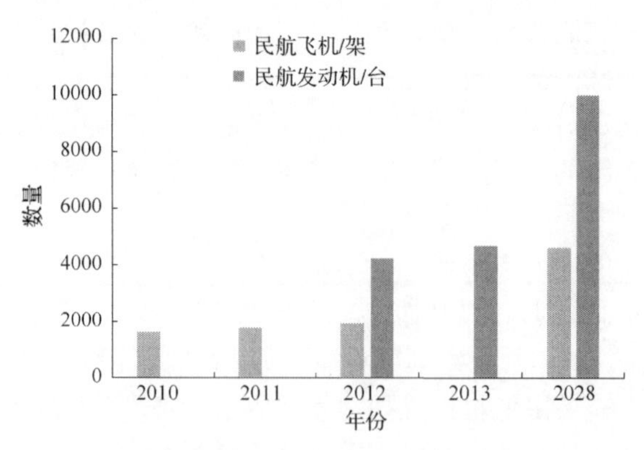

图 1.13　民航飞机与发动机数量

燃气轮机作为一种先进的动力机械，广泛应用于航空、电力系统、动力拖动和舰船，燃气轮机及其联合循环动力装置已成为世界主要动力设备之一。据估计世界年均燃机市场为200亿欧元(2005年)，其中航空占68%，电力占27%，动力拖动占3%，舰船占2%[12]。在电力系统中的应用方面，燃气轮机电站发电量已经接近全球总发电量的五分之一，而且还在稳步增加。预计到2022年，发电用重型燃气轮机将新增1万多台，市场超过1500亿美元。

我国一次能源以煤为主，未来天然气的供应将持续增加，随着我国经济社会的发展和能源需求量的增加，重型燃气轮机在我国的电力行业中应用越来越广泛。“十五”期间，我国开始进行天然气资源的大规模开发利用，西气东输、近海天然气开发和引进国外液化天然气工程全面展开，国家更加重视发展天然气燃气轮机联合循环发电，通过打捆招标引进美国通用电气、德国西门子和日本三菱的燃气轮机机组，并逐步提高国产化率。我国以煤炭为主的能源结构使得供电煤耗比世界发达国家平均水平高出50～60g/(kW·h)。国外主要通过新建燃气轮机电站替代燃煤机组的方式降低发电能耗。2004年，美国新增发电装机容量26000MW，其中天然气发电24733.20MW，占95.3%。英国天然气发电已占全国电力供应的40%，预计2020年将进一步上升到60%。2010年底我国燃机电站装机容量超过34000MW，占全国发电总装机容量的3.5%[13]。预计到2020年，燃机发电将成为继煤电和水电之后我国第三大发电方式[14]。

目前，世界上重型燃气轮机的市场份额主要由GE、Siemens、MHI和Alstom-ABB几家公司分割。预计在未来十年内，GE将处于领先地位，所占市场份额超过44%(以2012年的成本核算)；按燃气轮机数量比较，Solar最多，占32.31%。不同制造厂商的市场份额如图1.14所示[15]。

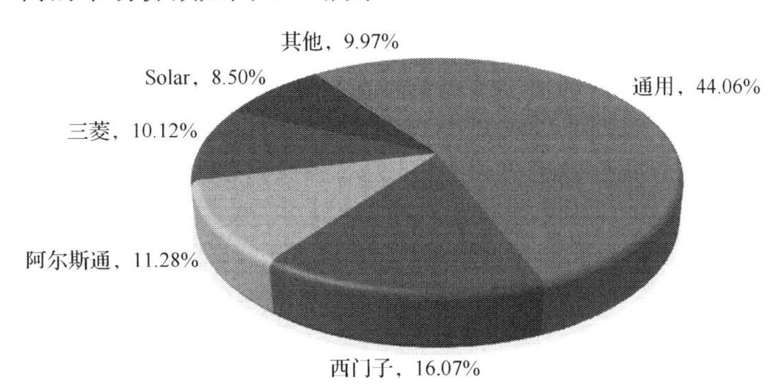

图1.14　未来燃气轮机市场份额(2013～2021年)

英、美、德、日等国家通过在该领域长期的研发投入和技术积累，掌握着燃气轮机研发制造的核心技术。国外的燃机技术，以当代F级燃气轮机为代表的燃用天然气的燃气-蒸汽联合循环发电站已经比较成熟，代表性的机型有美国GE公司的 9FA，Siemens 公司的 V94.3A，ABB 公司的 GT26 及 Westinghouse 公司的 701F 等，其特征参数为：单机功率在 200MW 以上，燃气初温达 1260～1300℃，压比 10～30，简单循环效率 35%～39%，组成联合循环后效率可达 55%～58%。在此基础上，以 G/H 级燃气轮机为代表的燃用合成气的燃气轮机正在大力发展之中，其燃气初温达到 1400～1500℃的水平，单机功率达到 250～330MW，热效率高于 40%[16]。未来的燃气轮机向着燃用氢气的近零排放燃气轮机发展，燃气温度、单机功率和效率都将进一步提高，该趋势如图 1.15 所示[14]。

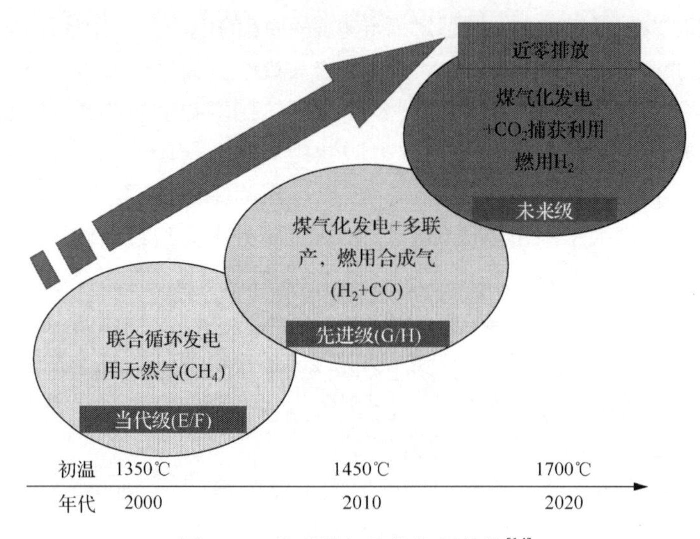

图 1.15 重型燃气轮机发展趋势[14]

我国重型燃气轮机长期走仿制与合作生产的道路，由国家“863 计划”支持的重型燃机 R0110 取得了突破性的成就，但是，我国在核心部件设计和制造方面与国际先进水平还有很大的差距。

世界上主要的发电用重型燃气轮机生产厂商(GE、Siemens、MHI、Alstom)，从 20 世纪 80 年代开始就在逐渐完善各自的 F 级燃气轮机的技术，同之前的 E 级机组一起，占据市场销售的主要部分。同时，正在大力发展的 G 级、H 级燃气轮机的能效也进一步提高。以西门子的 H 级重型燃气轮机 SGT5-8000 为例，采用全新设计的 13 级压气机，压比为 19；透平配备可移动的入口导叶，前 3 级还增加了 3 个可移动静叶，方便调节风量；燃烧室沿用了之前的干式低 NO*x* 排放技术，燃烧器比 F 级大 20%；燃气轮机效率达到 39%，热耗小于 9231kJ/(kW·h)。利用先进燃气轮机技术提高能源利用效率也是我国的发展方向。

据报道，2009 年全球工业燃气轮机运行和维修成本超过 180 亿美元，且在快速增长[15]。在 F 级重型燃气轮机电站整个寿命周期的总成本中，运行和维修费用占 15%～20%，其中，维修费用占总成本的 10%～15%，且随着技术的进步，基建和燃料成本所占的比例逐渐下降，运行维修费用所占比例逐渐上升，如图 1.16

所示[17]。在燃气轮机电站设备中，燃气轮机的透平、压气机、燃烧室三大部件的故障率高，三大部件和控制系统是重型燃气轮机最易发生故障的部件[18-19]。

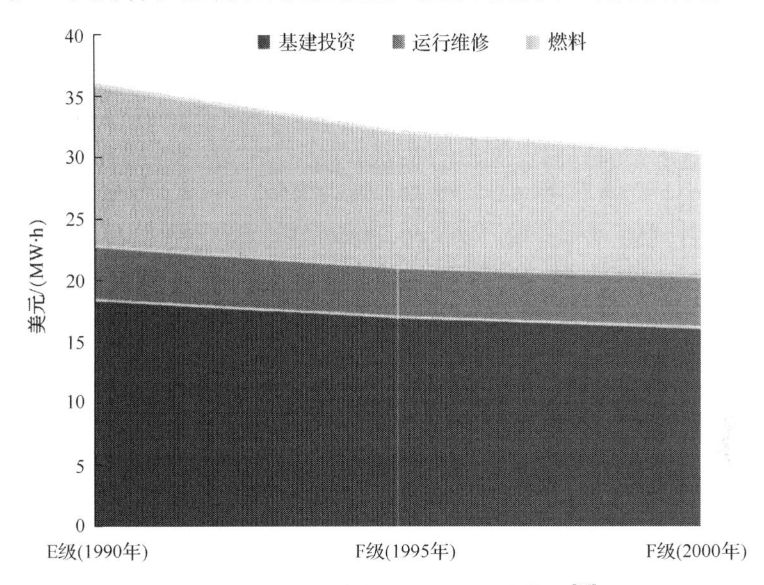

图 1.16　重型燃气轮机电站的成本构成[17]

燃气轮机在国内外电力系统中应用广泛，其安全和高效运行对电力系统安全性和经济性有重要影响。由于结构复杂，加之在高温、高压和高转速的环境下工作，燃气轮机易于发生各种故障，并且随着运行时间的增长，各部件的特性将会逐渐偏离设计点，造成燃气轮机性能逐渐退化，除此之外，燃气轮机气路通流部分可能遭受到物体打伤造成突发性故障[12-14]。燃气轮机故障不仅会造成燃机性能下降，影响燃机的经济性，故障如果不能被及时发现和维修，将会影响燃气轮机运行的经济性、安全性和可靠性。为此，燃气轮机健康管理和能效监控受到广泛关注。燃气轮机健康与能效监控利用燃气轮机运行中的各种测量信息等对燃气轮机运行状态进行监测、控制和管理，提高燃气轮机运行的安全性和可靠性，降低维修成本，提高燃气轮机运行的经济性。

1.3　中国高端能源动力机械健康与能效监控智能化的重大需求

对于压缩机组、发电机组、飞机发动机以及燃气轮机等能源动力机械，与发达国家相比，我国普遍存在两个突出难点问题：一是运行周期短，故障率高；二是运行效率偏低。我们必须落实安全生产和节约优先战略，大力推进节能降耗，实现机械装备高效、稳定、长周期运行，以最低资源和能源消耗获得更大效益。

这是加快经济结构调整和经济发展方式转变的必由之路。因此，对高端能源动力机械设备的健康与能效监控智能化的研究，是一项迫切的任务。

1.3.1 高端压缩机组健康与能效监控智能化的重大需求

压缩机作为重要的动力设备，对石化、冶金行业的发展和节能降耗起着关键性的作用。随着炼化装置向大型化、高效化方向发展，对压缩机提出了更高性能、更高可靠性和更高效率的要求。据测算，我国炼油、石化、冶金行业的压缩机能耗占全国工业能耗的15%左右，且国产压缩机组普遍存在能耗高、性能不稳定、可靠性差、故障率高和寿命短等突出问题。在运行控制方面，因故障常常不能被及时识别和诊断、异常工况不能被有效地发现和控制，重大设备事故时有发生，严重影响炼化装置的生产安全、生产效率，经济损失巨大。由于设备性能参数与工艺流程匹配性差、防喘振保护系统设计安全裕度大，加上能效监控的欠缺，导致机组的实际运行效率普遍偏低。据统计，我国主要石油化工企业(中国石化、中国石油、中国海油)目前拥有在役大型压缩机组(200kW 以上)约 4000 台，设计功率约 900 万 kW。如果通过实施在役改造工程，使压缩机组的运行效率提高 10%，每年将节电 76 亿度，节约成本达 46 亿元。中国钢铁工业协会数据显示，我国钢铁工业能耗占全国总能耗的 12%，污染物排放占总排放的 16%。我国大中型钢铁企业的吨钢能耗较日本高约 10%，吨钢耗水量比最先进的德国蒂森克虏伯高约 38%；废水排放量高约 56%，吨钢工业粉尘排放量高约 50%，节能减排工作落实刻不容缓。冶金领域高端能动设备主要指钢铁生产流程中的各类大型汽轮机、压缩机、风机、水泵和电动机，国内装机总量约占钢铁生产总能耗的 10%，约 5000 万 kW，如果能效普遍提高 10%，每年可节约电量约 300 亿度，节能空间巨大。仅首钢京唐一家企业就配有大型鼓风机 150 台左右，总功率约 54 万 kW，如果运行效率普遍提高 10%，这些高端能动机械每年就可节约用电约 3 亿度。

在压缩机组健康监控方面，虽然国内大型重要透平压缩机组、大型往复压缩机上都有在线状态监测系统，但这些系统大都是进口产品，关键技术由国外公司垄断，特别是在炼油、化工、高炉鼓风等复杂环境下应用在线监测诊断系统，国内一直处于尝试和探索阶段。我国透平压缩机组 2000 年以前的机组采用单体、分散式控制方式，2000 年以后新上的大型机组大多采用了优化综合控制系统。近年来，一些企业采用优化综合控制系统对旧机组控制系统进行改造升级，取得了较好的安全和节能效果。因此，应用新型综合控制系统进行升级改造势在必行。我国绝大多数往复式压缩机组只有简单的性能参数监测(如流量、温度、压力、油压等)，没有配置在线状态监测与故障诊断系统。此外，国内一些冶金企业为了完成政府任务，优先对高炉扩容改造，却还采用原有的高炉鼓风机，也并未对其进行优化升级，这种“小马拉大车”的现象隐患巨大。

在压缩机组能效监控方面，目前国内石化与冶金行业大型透平压缩机组、大型往复压缩机都上有振动在线状态监测系统，甚至振动在线监测系统成为了新购机组的标准配置，但是长年来对其低效率工况运转没有足够的重视。炼化企业节能部门一般只是定期检测机组效率，平均每半年甚至更长时间检测一次，缺乏长期、连续的监测、记录手段，导致机组的效率偏低。冶金生产线中能动机械设备及其辅助设施很多，能效在线检测普及力度不够，在统一管理方面，只有少部分企业建立了集中能源管控中心。

1.3.2　发电机组健康与能效监控智能化的重大需求

截至 2013 年底，全国发电装机容量达到 12.47 亿 kW，跃居世界第一位。其中，火电 8.62 亿 kW，占全部装机容量的 69.13%，35 年来首次降至 70%以下。其后依次为水电、风电、核电与太阳能发电，这些清洁能源占比首次突破 30%。火力发电以煤电为主，煤电比例约为 92.8%，燃气发电比例约为 3.7%。300MW 及以上火电机组容量占火电装机总容量的比例超过 68%。

与日本、德国相比，我国火力发电平均供电煤耗约高 30～40g/(kW·h)，与美国相比约低 20g/(kW·h)；600MW 超临界及以上机组的能耗水平与国外先进国家水平相当，其中，上海外高桥第三发电厂的 1000MW 机组的供电煤耗已达到世界先进水平。

目前，我国发电机组的节能降耗主要通过对机组的技术设备升级改造和运行优化实现，随着大型超超临界火电机组所占比例不断增加，以及设备升级改造的逐步实施，在现有发电机组能耗水平条件下，发电机组的节能潜力逐渐下降，需要寻找新的途径实现发电机组的深度节能。全工况的精细化系统节能监测与运行优化对机组节能减排的作用日益凸显，这必将成为大型火电机组节能减排中一项长期性、系统性并且更具挑战性的工作。发电机组的健康与能效指标可以反映机组设备的性能与能耗状况，是衡量机组状态的重要依据，提高发电机组的健康与能效监控技术水平是我国电力行业的重大需求。

由于我国资源禀赋所决定的燃煤发电比例过高、经济发展所需要的装机容量过大，导致我国在发电的能源消耗总量及可供性、污染物排放总量及环境承受能力上存在重大矛盾。发电机组系统、过程和单元设备不同层次上能量的转换和能量品质耗散的非线性尺度效应非常明显，发电过程能耗与环境、资源、负荷之间存在强烈的依变关系。复杂多变运行边界条件给发电机组健康与能耗监控及智能化研究带来了极大的挑战，该方向的理论研究与工程实践具有重大节能与环保潜力。

1.3.3 航空发动机及燃气轮机健康与能效监控智能化的重大需求

我国航空发动机和燃气轮机的健康与能效监控技术研究尚处于起步阶段，基本没有自主知识产权的系统产品，市场几乎完全被跨国巨头控制。

1. 航空发动机和燃气轮机健康管理技术落后国外一代以上

国外的先进航空发动机普遍配装预测与健康管理系统(prognostics and health management，PHM)，能够实时监测发动机的工作健康情况，及时向机组和地面提供飞行、维修操作、备件需求等信息，民用客机发动机生产商还实现了全球范围内的远程监控和健康诊断服务。我国在航空发动机健康管理技术方面尚处于起步阶段，关键部件的实时监视为空白，现有技术研究没有对装备使用安全和维修保障起到实质性作用。

国外在燃气轮机动力系统的控制与监测系统达到高度的信息集成，实现了全寿命周期内基于运行优化、寿命管理、运行安全可靠以及故障分析与诊断等一体化控制与状态监测技术的应用。我国燃气轮机的监测控制技术还处在状态参数监控水平，故障诊断功能十分有限，在故障异常“征兆”识别、主动“征兆”分析诊断、故障预测和健康管理等方面基本上属于空白。

2. 我国没有自主知识产权的健康管理系统产品，市场完全被跨国巨头控制

我国民用发动机市场为 PW 公司、RR 公司和 GE 公司等控制，发动机健康管理严重依赖于国外制造厂商。机载系统完全依赖于国外制造厂商，国内仅开发了一些简单的地面系统。我国地面重型燃气轮机的市场份额主要由 GE、Siemens、MHI、Alstom 几家公司分割，引进的产品都建立了与燃气轮机配套的健康与能效监控系统，我国尚未有国产的成套燃气轮机监控系统投入运行。

3. 高端传感器等基础工业落后制约健康与能效监控的发展

在现代航空发动机与燃气轮机必需的先进传感技术和产品方面，国外传感器的性能、精度远远超出国内同类传感器。国内高端传感器产业力量薄弱，且受到国际厂商的封锁打压。国内在 MEMS 等先进传感技术领域的起步较晚，与西方国家研究水平相差了 10 年左右。

4. 落后的根本原因在于自主研发的需求和投入不够，研究基础差

国内航空发动机与燃气轮机健康与能效监控技术落后的根本原因是国家产业技术发展上的失误。国内航空发动机和燃气轮机长期以测仿、引进方式为主，缺乏自主研发。相关健康与能效监控系统随主机一起引进，国内没有开展系统的自

主研发，缺乏研制的技术基础、产业基础和资金支持。

1.4　小　　结

能源动力机组如透平压缩机、轴流压缩机、往复式压缩机、大型风机、燃气轮机组、航空发动机、超临界和超超临界透平发电机组、风力发电机组等是国家经济发展和国防建设的关键能源动力装备。我国能源动力装备普遍存在两个突出问题：一是运行周期短，故障率高；二是运行效率偏低。对能源动力机械实施健康与能效智能监控有利于提高机组运行效率、降低生产成本，确保装备的高效、稳定、长周期运行，以最低资源和能源消耗获得更大收益，实现经济结构的快速调整和发展方式的快速转变。

国内大型重要透平压缩机组、大型往复压缩机上都有在线状态监测系统，但这些系统大都是进口产品，关键技术由国外公司垄断，此外，对机组的低效率工况运转也没有足够的重视。发电机组的健康与能效指标是衡量机组状态的重要依据，复杂多变运行边界条件给发电机组健康与能耗监控研究带来了极大的挑战，发电机组的健康与能效监控智能化的理论研究与工程实践具有重大节能与环保潜力。我国航空发动机和燃气轮机的健康与能效监控技术研究尚处于起步阶段，基本没有自主知识产权的系统产品，市场几乎完全被国外巨头控制。

项目选取以压缩机组为核心的石化冶金行业、以发电机组为核心的电力行业以及以燃气轮机、飞机发动机为代表的大型燃气涡轮机械作为研究对象，调研上述行业和领域中高端能源动力机械的健康与能效现状及其存在的问题，研究我国高端能源动力机械健康与能效监控智能化发展趋势，确定其发展目标，提出符合我国国情、能够切实推动高端能源动力机械健康高效运行的政策和建议。

第2章　能源动力机械健康与能效监控智能化现状

本章介绍国内外高端能源动力机械健康与能效监控智能化的发展现状，总结了我国能源动力机械健康与能效监控智能化存在的问题，并就造成这一现状的原因进行了分析。

2.1　国外高端能源动力机械健康与能效监控智能化现状

2.1.1　压缩机组

随着传感技术和信息技术的发展，目前国外高端压缩机健康与能效控制系统正在不断向集成化和智能化方向发展，提供能够满足压缩机组运行、监测、控制以及保护需求的智能系统，使压缩机、驱动机以及辅助设备都能够适应生产的需求并高效地运转。一是压缩机健康监控系统日益集成化和智能化。随着计算机技术和网络技术的日益发展，机组控制系统完全融合机组状态监视系统的功能，演变成完整的机组监控系统；在操作监视上也逐渐向企业信息管理系统靠拢，从而使未来机组控制系统的功能更加完善和强大。二是压缩机能效监控系统向多参数、多机组和主辅协调方向发展。具体而言，由单一参数测量向多参数同时测量发展，并应用历史实际运行数据自动形成真实的性能曲线，建立可参考的数据库，实现功率等能效参数可视可调；采用各种监控手段将喘振控制线向小流量区间外推，实现稳定裕度的提高，使压缩机工况始终稳定在最高效率点附近，实行精准预测，卡边高效运行；由单台机组调控向压缩机群的集中调控系统发展，采用智能化算法分配负载，使各压缩机在最优工况下运行，从而实现节能效益的最大化；由机组性能优化向机组与工艺系统深度融合优化转变，提高机组运行效率；建立主辅设备交互作用的关联耦合模型，研究主机、设备、管网协调工作的规律，提出监测控制策略，对压缩机组各辅助系统(部件)进行调控，提高机组系统效率。

1. 压缩机健康监控系统日益集成化和智能化

健康监控系统可对机器的整个运行过程进行监测，保证机组系统在正常的设计范围内运行，获得预期的性能参数，并在故障发生之前，通过纠正动作从而避免较多的停机和昂贵的部件更换。自从 20 世纪 60 年代初美国率先开展机械设备故障诊断技术研究以来，故障诊断技术逐渐成熟，已于 1967 年开始用于航空航天、军事行业，瑞典在 SPM 轴承诊断、挪威在造船诊断、丹麦在机械振动监测与诊断等方面都相继具备了较高水平。尤其是随着企业的现代化和生产设备的大型化，近 20 年状态监测和故障诊断技术获得了迅速的发展，领域扩大到核电反应堆与汽轮机、石油化工厂的大型机组和塔容器、石油开采机械、高炉鼓风机组等诸多方面，特别是近几年来，以美国 GE Bently 公司为首的国际大公司利用网络技术实现了对设备的远程监测和诊断，开发出了一系列如数据管理系统、趋势分析系统、状态监测系统等软件，以及一些关键的监测与诊断的仪器仪表。通过应用现代设备监测诊断技术，保证了重要设备的安全连续运行、排除了复杂设备的复杂故障、为设备的预知性维修提供了可靠依据。从国内外有关压缩机健康与能效监控的专利分析来看，关于压缩机的专利共有 24305 项，其中美国 12931 项、日本 5616 项、德国 1355 项、意大利 192 项、中国 25 项。在压缩机健康和能效监控方面，美国、日本和一些欧洲国家已经申请了多项专利，如美国 GE 公司申请的专利“Method and system for compressor health monitoring”（US 20120161965 A1），该专利公开了一种用于燃气涡轮机的压缩机健康监控方法，包括：接收多个透平机的数据点，其中，所述多个透平机的数据点可以包括一个或多个运行参数，至少一个计算机排气温度(computer temperature discharge，CTD)，以及一个或多个性能参数。多个涡轮机的数据点可基于所述一个或多个操作参数进行分类。频段的每个分支都计算至少一个 CTD 以及一个或多个性能参数的统计可变性度量。警报指示器可以基于所述至少一个统计可变性度量来计算。该方法还可以包括组合操作参数，CTD 以及使用传感器融合技术的性能参数的两个或多个。警报指示器可以基于组合后的参数进行计算。专利“System and method for monitoring a reciprocating compressor”(US 20080046196 A1)设计了一种监测往复式压缩机机械状态的方法和系统。日本日立公司申请的专利“Compressor remote monitoring system”（US 20030055534 A1），对于一个彼此远离的压缩机组的监控系统，至少包含互联网通信、光通信线路、电气通信线路和无线通信其中之一，服务器通过所述的互联网通信、光通信线路、电气通信线路和无线通信中的至少一项通信方式获取每个压缩机的实际状态数据，并存储获取的实际状态数据，与预设的数据库进行对比，判断压缩机的运行技术参数状态。通过服务器输出传送给压缩机维护人员，压缩机维护人员和压缩机用户能够适当地处理压缩机的技术参数。另外，许多国外公司已经开始在中国申请压缩机健康和能效监控方面的专利。健康监控方面，如美国 GE 公司的“往复式压缩机和用于监控其操作的方法”（CN 102562559）。该发明设计了往复式压缩机和用于监控其操作的方法，提供一种与往复式压缩机组一起使用的状态监控系统，该状态监控系统包括：至少一个压力传感器，其构造可传感往复式装置内的压力；至少一个振动传感器，其构造可传感往复式装置的振动和保护系统，其通信连接到压力传感器和振动传感器，该保护系统构造可基于所传感的往复式压缩机内的压力和所传感的振动来计算往复式装置的刚度值。

压缩机组健康监测诊断的发展方向是由单一参数监控转为多参数同时监控，并逐步向远程智能化方向发展。如 GE 公司开发的健康监控技术(系统)，可对各种诊断工具进行整合并扬长避短，其融合的结果优于任何诊断工具单独使用的结果，因为各种工具收集的大量冗余信息之间可相互校检。随着发电系统对性能水平(发电和效率)要求的不断提升，需要机载智能健康监测系统，提取汽轮机子系统的实时数据，以规避灾难事故。压缩机故障预测与健康管理系统包括输入信号验证、实时压缩机模型、基于模型的趋势研究和诊断、诊断推理和外部通信等模块。传感器测得的信息被用于确定压缩机性能的变化，失速和喘振前兆是从传感器测量的低频和高频信号中进行特征提取得到的，不同的特征提取算法包括 Kalman 滤波、小波变换、匹配滤波和 FFT 变换等。美国 GE 公司开发的往复压缩机关键部件的监控系统，可以对于往复压缩机的关键部件进行监测，主要包括十字头销和连杆大头轴承的监控、排放监控、活塞杆沉降监控和轴承监控等。国外典型的压缩机健康监控系统介绍如下。

1)GE 高端压缩机健康诊断和预测系统

透平压缩机需要在确保一定效率的前提下提高压比，以提高系统的整体效率(如燃气透平)。然而，压缩机内出现的不稳定流动可能引发失速或喘振，进而导致燃气轮机故障，显著增加停工时间和维修费用。为了避免可能发生的气动不稳定现象，压缩机往往应具有一定的失速裕度，这意味着压缩机在低于峰值压力的工况下运行，导致效率和性能的下降。因此，亟待发展可靠的方法能在重大故障发生前监测压缩机的状态。GE 公司开发的健康监控技术(系统)，可对各种诊断工具进行整合并扬长避短，其融合的结果优于任何诊断工具单独使用的结果，因为其各种工具收集的大量冗余信息之间可相互校检。随着发电系统对性能水平 (发电和效率)要求的不断提升，需要机载智能健康监测系统，提取汽轮机子系统的实时数据，以规避灾难事故。失速和喘振引发应力和高温，并使机组能效骤降，为确保足够的安全裕度，压缩机工作状态往往低于最佳效率点，降低了发电能力。此外，失速和喘振事故一旦发生便很难恢复，因而以失速和喘振前兆的监测作为必要条件，防止发生透平压缩机灾难性的流动失稳事故。

由于故障前兆可检测性差及传感器噪音，精确检测很复杂。为了提高检测可靠性，需要能观察到不受模型和传感器不确定性影响的足够大前兆信号。通过借鉴已应用于燃气轮机关键子系统的诊断信息融合技术，综合分析当前的压缩机状态和过往状态历史，可以精确可靠地实现压缩机故障诊断，预测流动失稳的发展。融合方案的目的是建立失效时间可信因子，这里采用的是一种相连续的平行多层结构策略，如图 2.1 所示。

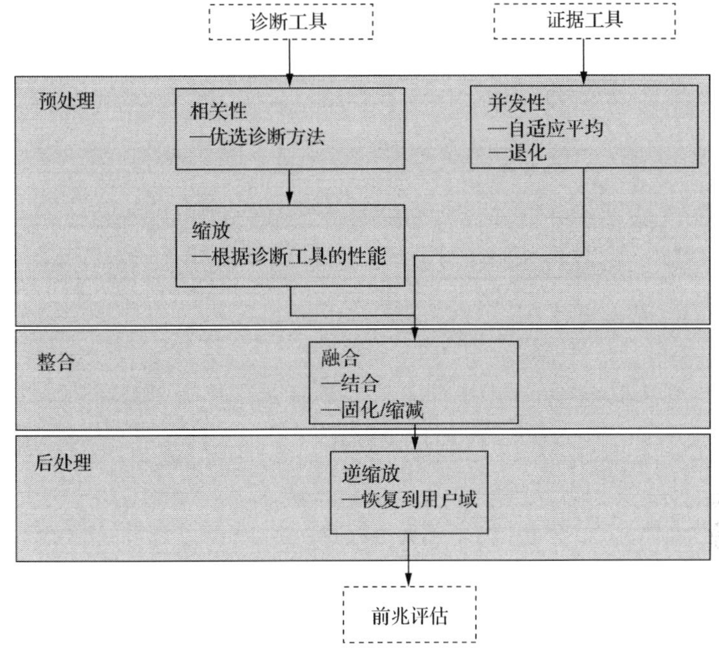

图 2.1　融合流程图

预处理层在第一次融合之前处理诊断输出内容，解决时间方面的问题，如不同诊断方法的分歧，以及根据诊断工具的性能和工况对结果进行缩放(包括自适应平均、判定效果随时间退化的趋势、证据的更新、不同判定之间的相关性分析、对判定的权重缩放等)，之后在一定的准则下进行融合，完成最终的决策和评估。

压缩机故障预测与健康管理系统包括输入信号验证、实时压缩机模型、基于模型的趋势研究和诊断、诊断推理和外部通信等模块。传感器测得的信息被用于确定压缩机性能的变化，失速和喘振前兆是从传感器测量的低频和高频信号中进行特征提取得到的，不同的特征提取算法包括 Kalman 滤波、小波变换、匹配滤波和 FFT 变换等，如图 2.2 所示。

通过试验仿真，对三种基本算法(Kalman 滤波、小波变换、匹配滤波)和失速前兆推理方法(SPR)的评估结果进行了测试。图 2.3(a)为压缩机性能测试最后 250s 的喘振预测，图 2.3(b)为最后 60s 的局部放大。SPR 的结果是在实际喘振发生之前的 8s 发生预警。测试开始，三种基本算法和 SPR 算法的结果都是安全的，SPR 的喘振预测可能性要低于三种算法。保持速度和进口导叶角度不变，随着压缩机背压增加，压缩机逼近失速线。喘振在 230s 发生，SPR 在 222s 时提示喘振即将发生(基于 0.9 的设定值)。在喘振之前，SPR 评估的可能性在 195s 时突然增加，三种算法中只有两种增加较明显，表现出高度危险的征兆。SPR 评估使压缩机不经历喘振初期，6～10s 的提前报警给压缩机保护控制提供了足够的时间。

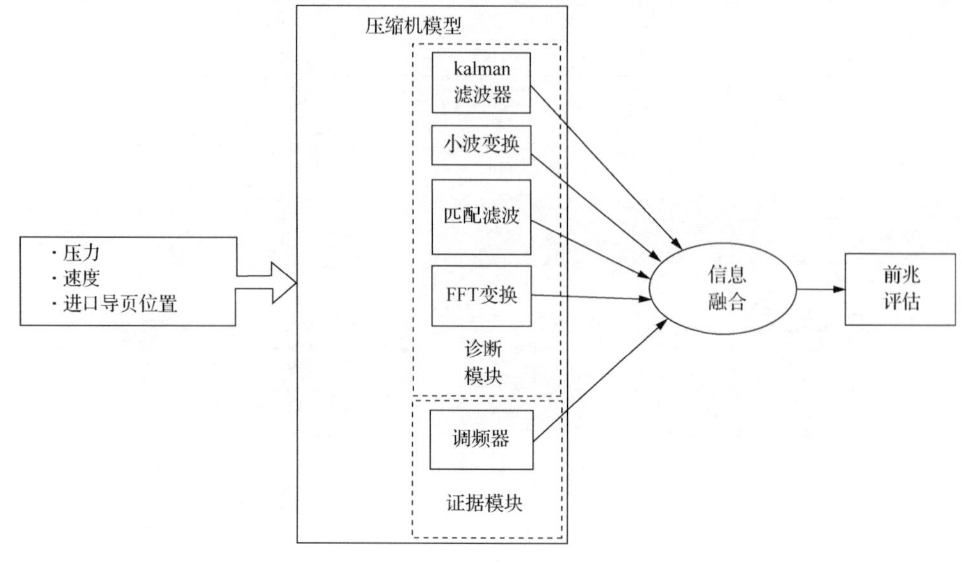

图 2.2　失速先兆监测概念

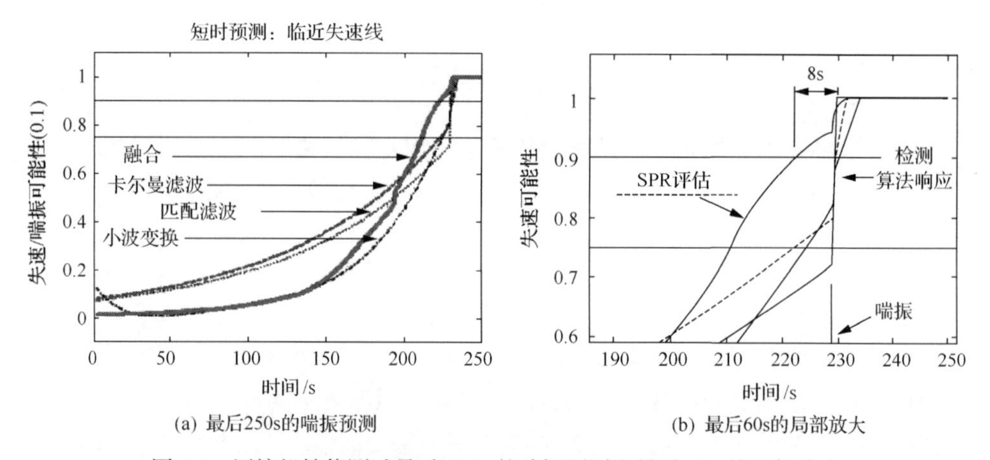

图 2.3　压缩机性能测试最后 250s 的喘振预测和最后 60s 的局部放大

2) GE 往复压缩机关键部件的监控系统

对于往复压缩机的关键部件，GE 系统有专用的测试设备对其关键点进行监控，主要包括十字头销和连杆大头轴承的监控、排放监控、活塞杆沉降监控和轴承监控等。并且，美国 GE 公司还在不断地更新监控数据库和分析程序。

(1) 十字头销和连杆大头轴承的监控。过热、瞬间的操作条件和排气阀的损坏等都将可能使十字头销出现故障，使得油润滑出现问题，导致温度迅速上升。因此，快速的温度监控对避免严重的损伤和节省维修费用具有重要的价值。传统的直接测量方法采用被共熔合金缚住的弹簧装载保险丝 (spring-loaded fuse rod secured by an eutectic alloy)。当温度增加时，传感器的感知端合金融化，保险丝释放。然而，这是一种离线的方法，提供的只是分离信号，不能进行在线的温度检测。GE 独特的无线系统可以对温度信号进行连续实时的测量，并用以分析、诊断和早期预警。该系统包括一个无源传感器，可以用来对不同的力学偏差进行校正，并可以长期安装在往复压缩机的复杂恶劣环境中。该系统包含信号处理单元、无线温度传感器和天线，如图 2.4 所示。该系统在传感器和天线的布置上是灵活的(单元间的间隙、角度和横向位置)，并且不需要进行传感器的标定，精度不随时间变差。

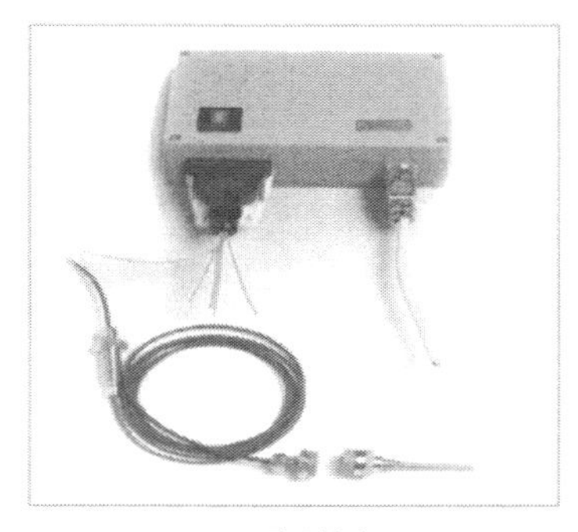

(a) 雷达技术　　(b) 十字头销传感器安装实例

图 2.4　十字头销和连杆大头轴承的监控系统和安装

(2) Run-out 监控。当往复压缩机的排放压力很高，或气体具有高可燃性和毒性时，压缩机需要进行特殊的设计和监控。其中，监测活塞和活塞杆的振动是主要的危险早期识别方法。图 2.5 为典型的安装实物图，两个成 90°角的非接触探针固定在端盖(partition cover)上，监测活塞杆的振动。第三个探针安装在飞轮附近，通过飞轮上的缺口监测其振动情况，如图 2.6 所示。该监控推荐的应用场合包括：聚乙烯超高压压缩机(排气压力 3500Bar)、氢气和天然气回注(re-injection)压缩机以及含有 H_2S 等危险气体的压缩机。

典型探针安装

图 2.5　活塞杆振动监控安装

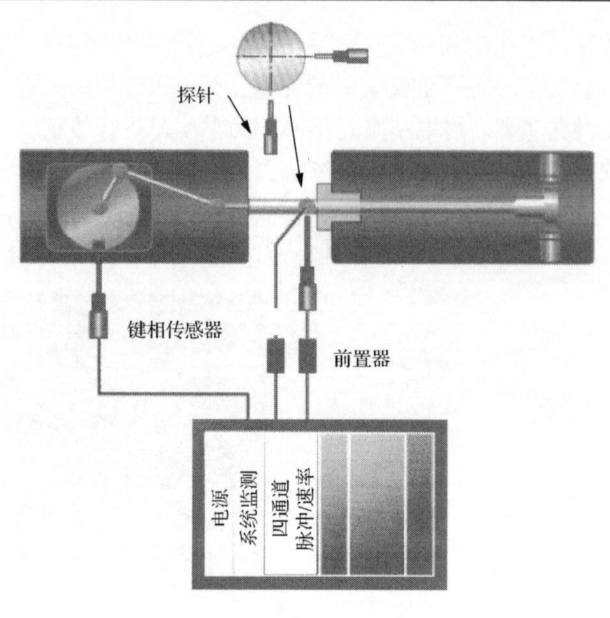

图 2.6　飞轮振动监控示意图

(3)活塞杆沉降监控。对于气缸水平放置的压缩机，活塞杆可能会由于发生沉降而带来重大的故障和突发性事故。因此，为了避免活塞和气缸之间的过分接触，GE 专业的监控设备对活塞位置进行了连续监控，如图 2.7 所示，一个安装在活塞杆下面，另一个安装在飞轮附近。

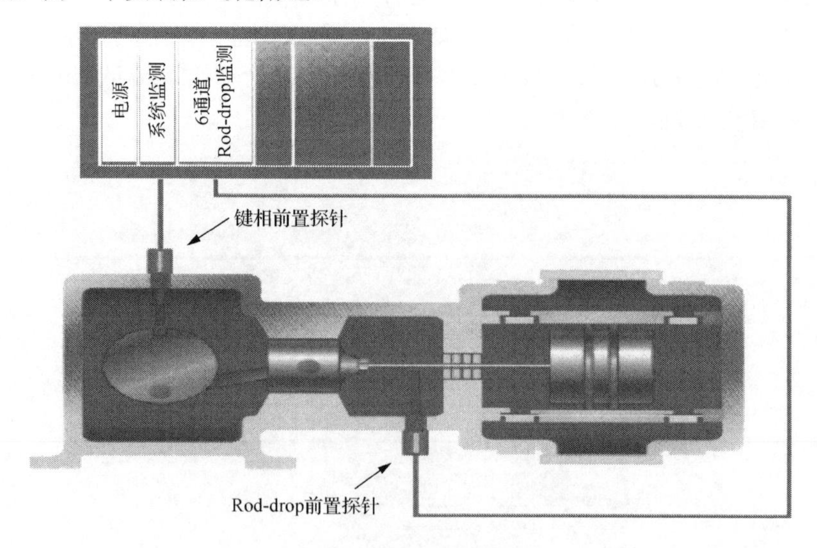

图 2.7　活塞位置监控示意图

轴承监控。润滑不足将会引起轴承过热，因此，需要对轴承进行温度监控，如图 2.8 所示，热电偶元件(TC 或 RTD)直接安装在轴承附近的轴承盖上。

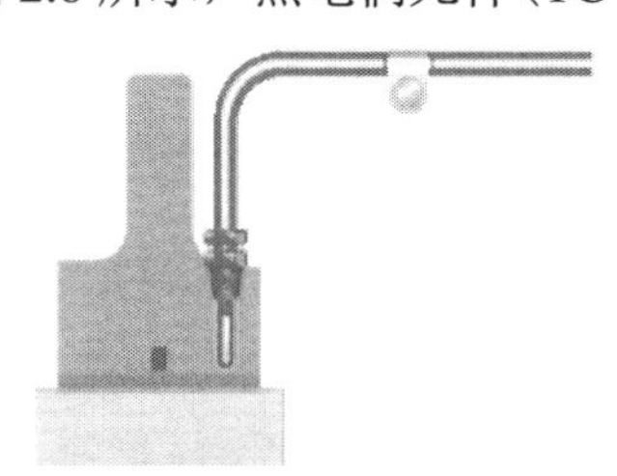

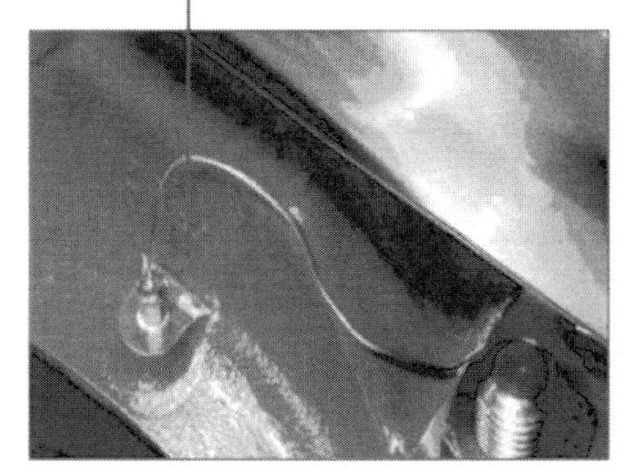

(a) 在主轴承盖温度传感器的典型安装

(b) 在填料法兰温度传感器的典型安装

图 2.8　轴承温度监控

3) 基于数据融合策略的智能状态监测和趋势预测系统

韩国釜庆大学的研究人员开发出一套基于数据融合策略的智能状态监测和趋势预测系统，并以一甲烷螺杆压缩机的运行为案例，评估了该系统进行健康衰退监测和趋势预测的有效性。执行流程如图 2.9 所示，首先进行振动信号的采集和特征量的提取，之后对特征量归一化，并作为特征级融合的输入，应用神经网络训练得到数据融合指标 MQE，然后使用小波函数对 MQE 曲线进行光滑降噪，降噪得到的 MQE 值即作为健康衰退监测的指标。设定自动报警阈值，当监测到 MQE 降噪曲线穿过阈值线时，数据驱动的趋势预测模块被触发。预测模块首先进行监测数据的时间序列重构，之后采用非线性回归模型做出压缩机健康衰退轨迹的预测，最后，系统将评估压缩机的剩余使用寿命及其置信区间。整个流程如图 2.9 所示，现场布置如图 2.10 所示，图 2.11～图 2.14 为监测系统数据结果。

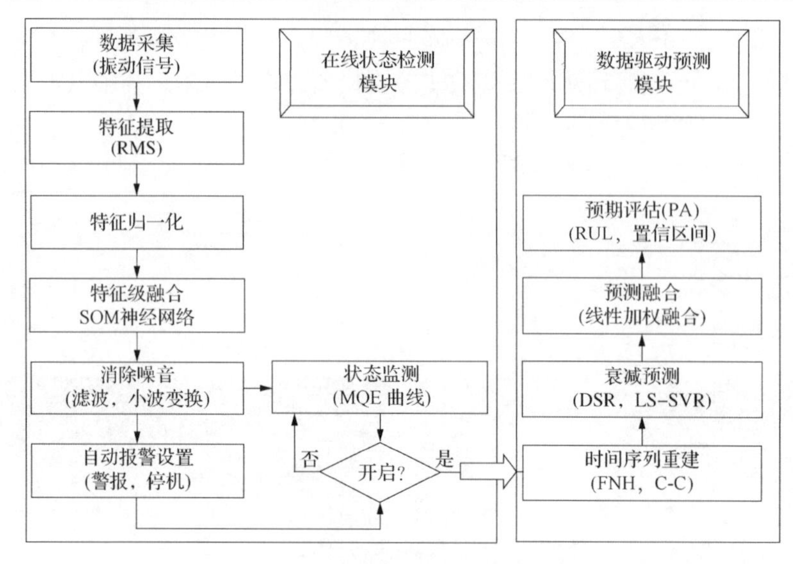

图 2.9　系统流程图

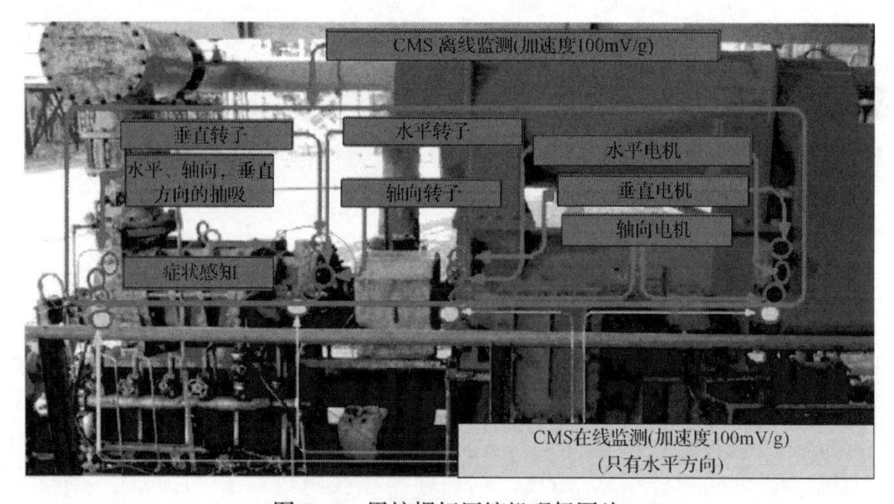

图 2.10　甲烷螺杆压缩机现场图片

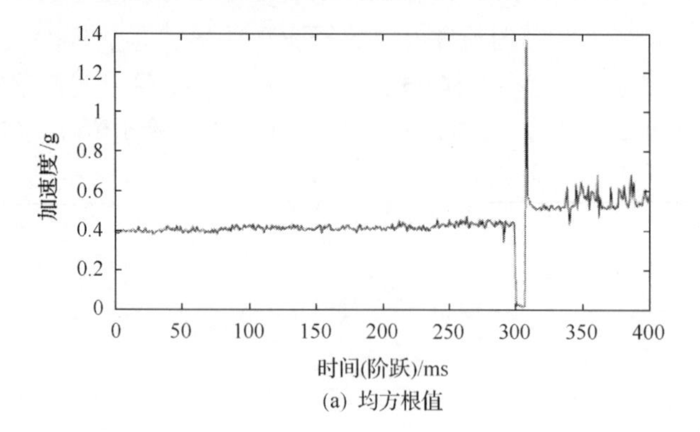

(a) 均方根值

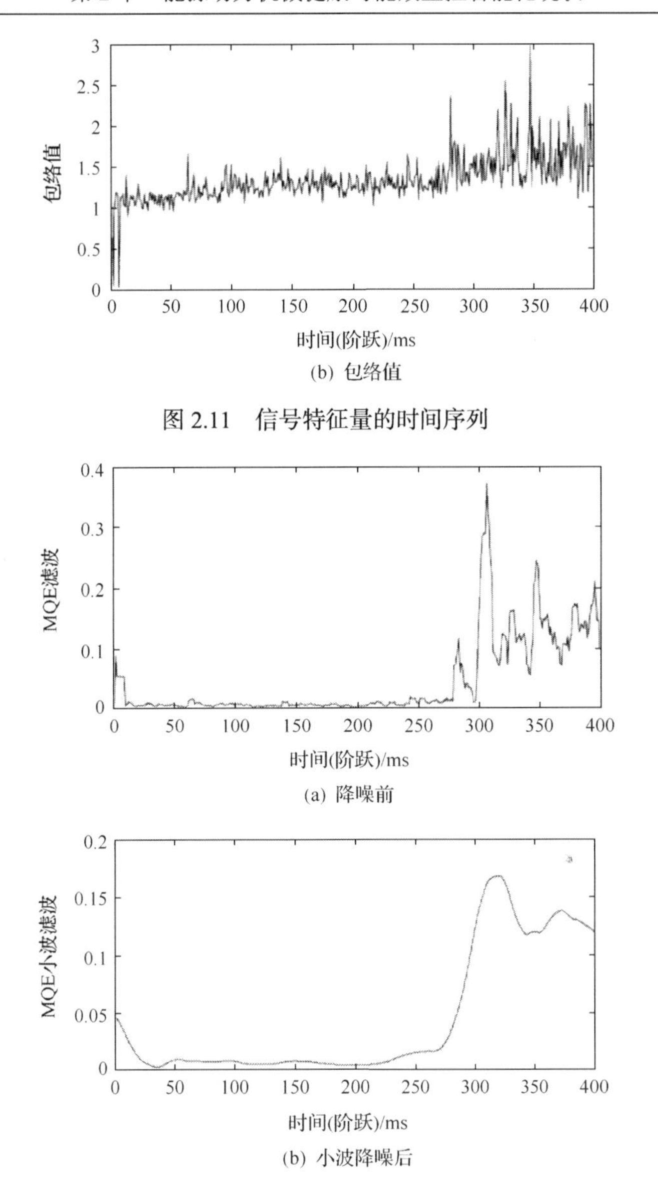

(b) 包络值

图 2.11　信号特征量的时间序列

(a) 降噪前

(b) 小波降噪后

图 2.12　数据融合得到的 MQE 指标

2. 压缩机组能效监控系统向多参数监控、多机组和主辅协调方向发展

能源能效管理和节能减排工作一直受到各国的高度重视，如美国、欧盟和日本等国家和地区均制定了新的能效标准。美国政府十分重视发展新能源，制定了以低碳经济为主体的经济发展方向，并将此作为振兴经济的主要政策手段，以摆脱对外国石油的依赖，占领经济发展新的制高点。美国政府的主要做法包括：运用法律手

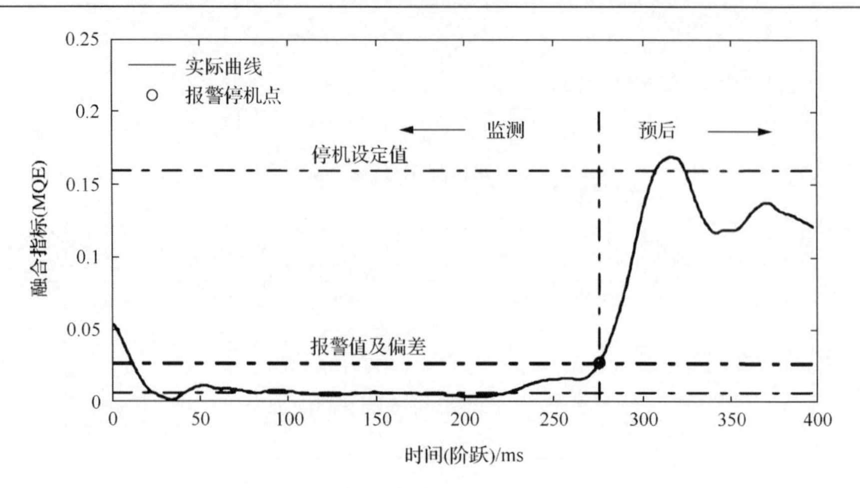

图 2.13　状态监测和穿过阈值线报警图

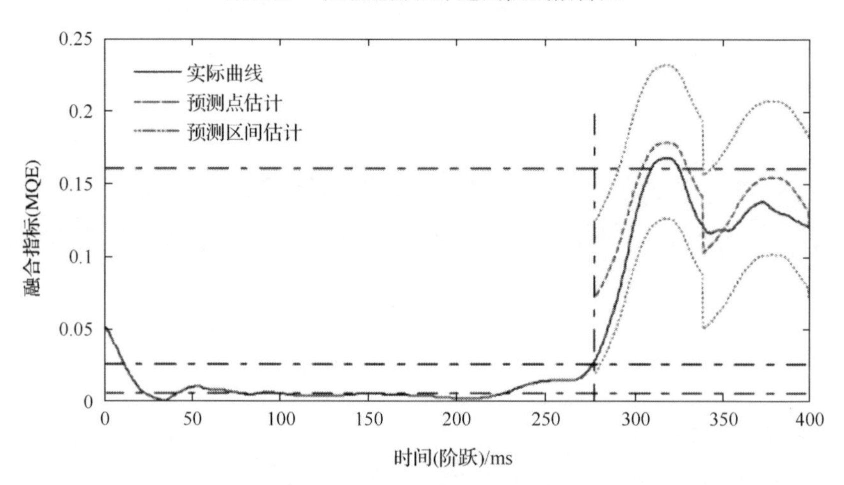

图 2.14　非线性回归模型进行健康衰退的趋势预测

段强化节能减排；制定国家新能源战略，引导企业研发先进技术；制定最低能效标准和自愿性能效标准，切实做到提高能效、节约能源。一方面以法律、法规形式颁布强制性的相关产品、设备的最低能效标准，确保节能目标实现。另一方面鼓励厂家、用户使用自愿性能效标准，获得“能源之星”标识的节能产品可以实行由公益基金提供的资金返还。在炼油化工方面，炼油能力约占美国 10%的加州能源局(Air Resources Bord，ARB)对 BP-Carson、Chevron-EI Segundo、Chevron-Richmond、Phillips66-Carson、ExxonMobil-Torrance、Shell-Martinez 等 12 个炼油厂的能效状态进行评估，提出有超过 400 个能效改进项目，预计可降低温室气体排放 2800 万 t/d、氮氧化物排放 2.5t/d、微粒物质排放 0.6t/d，设备分类描述及减排评估见表 2.1 和表 2.2。在建议整改的项目中，锅炉、电气设备、动力机械、蒸汽系统等均与压缩机有关[20]。

表 2.1　设备分类和项目类型描述

设备分类	描述
锅炉	与余热发电、蒸汽及联合循环系统相关
耗电设备	电驱动的空压机、通风设备、制冷设备、泵、风机及相关设备
其他设备	炼化以外的设备及火炬系统
固定式燃烧机械	固定式的燃气轮机等
蒸汽系统	蒸汽驱动的空压机、风机或泵
换热设备	窑炉及换热器

表 2.2　能效提升项目带来的温室效应气体和指标污染物减排

设备分类	数量	GHG/MMTCO2e	No_x/(t/d)	PM/(t/d)
锅炉	116	0.67	0.49	0.12
耗电设备	70	0.09	0.05	0.009
其他设备	47	1.01	1.14	0.30
固定式燃烧机械	8	0.04	0.008	0.002
蒸气系统	26	0.24	0.22	0.04
换热设备	134	0.73	0.62	0.10
合计	401	2.78	2.52	0.57

能效监控是实现石化行业压缩机系统高效运行的重要手段。美国、德国等工业发达国家相继开发了一些先进的能效监控技术，经实际应用，取得了良好的节能效果。如美国压缩机控制公司(compressor controls corporation，CCC)开发了一款状态监控软件 CPA(compressor performance advisor)，可以将压缩机性能和劣化情况的监测结果显示在与 CCC 服务器连接的远程监控工作站窗口上。该系统除了对常规对象(进出口压力、温度、质量流和速度等)进行监控外，还对气体成分的变化进行了监控，利用工艺参数和气体成分等数据建立性能数学模型，计算、监测和记录生产能力和效率，显示压缩机性能偏离的趋势，识别存在和可能进一步出现的问题等。艾默生过程控制公司开发了一套压缩机性能监控系统，是目前为止功能最多、适应性最强的一种性能监控系统，代表了性能监控系统的发展方向。其主要功能包括优化维修策略、负荷分配、改进控制、提高压缩机潜能等。艾默生过程控制公司的压缩机性能监控系统在某工厂进行了应用考核，主要成效有：优化并行压缩机之间的负荷分配，使产量增加了 3%；量化了压缩机维修的要求，使维修后的性能提高了 10%；改进了往复压缩机性能劣化后的维修计划。以下列举了国外在压缩机组能效监控方面的几个典型案例。

1)CCC 公司性能状态监控软件 CPA

CCC 公司开发了一款状态监控软件 CPA，可以将压缩机性能和劣化情况的监测结果显示在与 CCC 服务器连接的远程监控工作站窗口上，目前在国内还没有推广使用。

监控对象：CPA 除了对常规对象(进出口压力、温度、质量流和速度等)进行监控外，还对气体成分的变化进行了监控。CPA 中支持的气体成分包括：氨气、苯、丁烷、碳化物、癸烷、乙烷、乙烯、氦气、庚烷、己烷、氢气、硫化氢、异丁烯、异丁烷、异戊烷、甲烷、氯甲烷、氮气、壬烷、辛烷、氧气、戊烷、丙烯、丙烷和水蒸气等。

主要功能：利用工艺参数和气体成分等数据建立性能数学模型，创建了压缩比、能量头、效率和能量关于流量、转速和气体成分的数学模型；计算、监测和记录生产能力和效率，作为压缩机运行时的性能参数；追踪压缩机性能参数与健康状态模型值之间的偏离情况和趋势，并在其达到设定阈值后报警；显示压缩机性能偏离的趋势，识别存在和可能进一步出现的问题等。压缩机性能劣化趋势可以在 CPA 性能劣化窗口上显示，如图 2.15 上部所示，其中实点为当前运行性能，实线为正常健康状态的性能曲线。操作者可以观察能量头 Hp、压缩比 Rc、能量和能效等(本图所示为压比与流量关系图)与健康状态的偏离情况。

CPA 还可以基于性能劣化速率的历史量来预测劣化的发展情况，如图 2.15 下部点划线所示，可以帮助操作者进行是否维修的判断。CPA 报警有两种方式：压缩机性能劣化的实测值超过了设定值；压缩机性能劣化的预测值超过了设定的阈值。

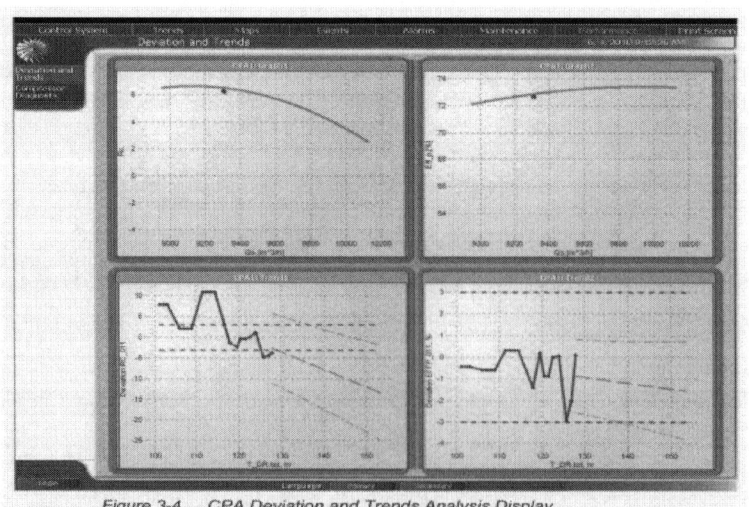

Figure 3-4　CPA Deviation and Trends Analysis Display

图 2.15　CPA 偏离(上)和趋势分析图(下)

CPA 可以利用基于当前气体成分和入口条件的测试结果(图 2.16)，生成压缩机性能曲线图。图 2.17 为压缩比与流量平方的关系图，红线为喘振线，黄线为喘振控制线。

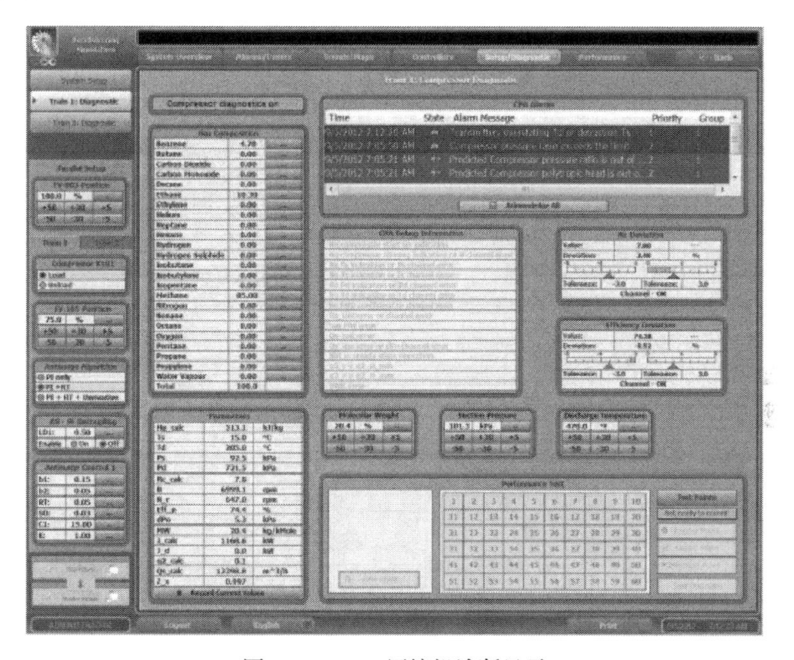

图 2.16　CPA 压缩机诊断显示

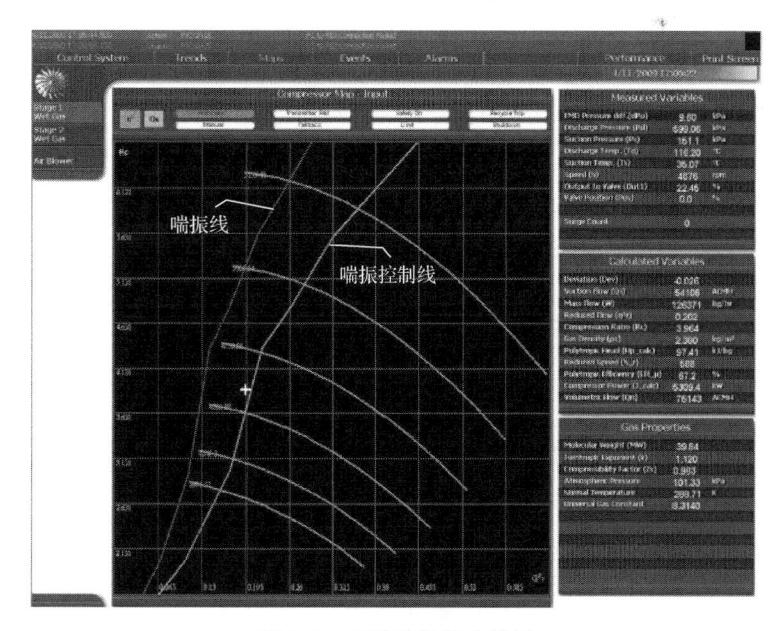

图 2.17　压缩机性能曲线图

2) 汽轮机—压缩机联轴器扭矩监测系统

轴功率是反映压缩机性能好坏的重要指标。当压缩机由电动机驱动时，可以通过电压和电流监测来计算轴功率，而当压缩机由汽轮机驱动时，则可以利用联轴器扭矩监测，由实测的扭矩计算轴功率。扭矩或轴功率的差异可以反映压缩机的性能变化，以便及时对设备和系统进行必要的调整和维修。艾默生公司开发了一款汽轮机/压缩机联轴器扭矩监测系统，其特点是：采用相位移技术，测量精度可以控制在 1%以内；该监测装置在联轴器上装有两个带有“牙齿”的环形部件，并在其外缘成 180°角位置安装两个传感器。当联轴器旋转时，将在传感器的传感线圈中产生 AC 电压信号，利用该信号可以进行扭矩换算。该测试系统的装置示意图如图 2.18 所示。

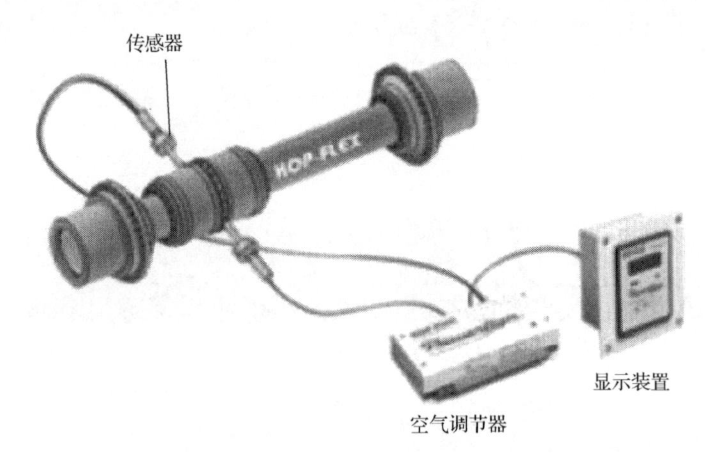

图 2.18　联轴器扭矩测试系统示意图

该测试系统在澳大利亚 Quenos 公司烯烃厂的一台裂解气压缩机上进行了应用，用来分析其功率已达极限但输出参数不能满足产能要求的原因，即功率受限制的原因。通过对扭矩、功率、温度以及转速等的实时监测结果分析，可以进行压缩机系统的故障诊断和早期预警等。该烯烃厂裂解气压缩机运行周期为 7～8 年，在这个周期内，由于受压缩功率的制约，该厂的产能受到限制。对于产能受限的原因，机器组、工艺组和运营部曾进行了多次的争论，究竟是汽轮机结垢、压缩机结垢还是二者都存在的原因所致。解决产能问题的一种方法是提升汽轮机的功率，从 7.5MW 增加到 9MW，但成本非常高。于是，该厂对汽轮机-压缩机联轴器进行了改装，安装了该扭矩测试系统，如图 2.19 所示，以便进行原因分析和改进。改造后开车运行，扭矩测试系统显示汽轮机的功率 7.5MW 不需要升级，主要的能量损失来自压缩机。

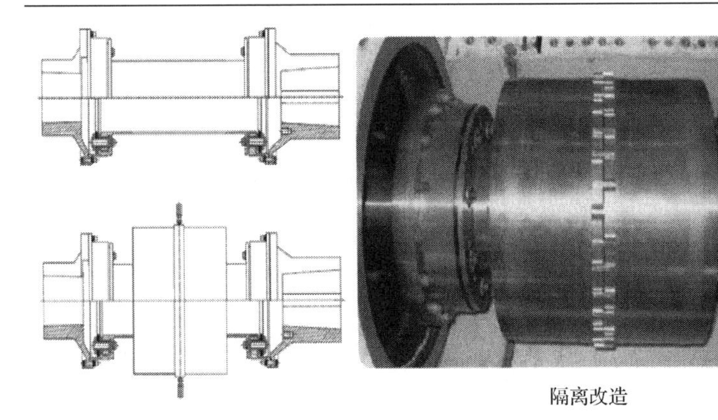

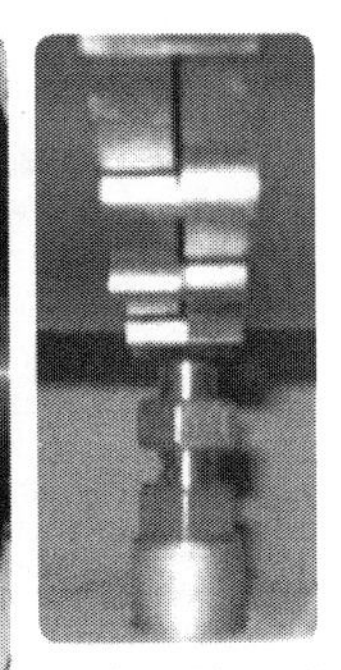

图 2.19　装有扭矩测试系统的联轴器改装实物图

扭矩测试系统在该厂还进行了其他的一些应用，如对压缩机的密封系统进行在线调试，节约了 200kW 的能量；用于监测汽轮机和压缩机结垢，以便及时进行在线冲洗；利用该系统于 2012 年 10 月成功进行了第二套汽轮机驱动裂解气压缩机的安装调试。

该测试系统在能源动力机械领域得到了广泛的应用，表 2.3 中列出了制造商、用户、工业和应用等的相关信息。

表 2.3　主要客户和应用

制造商	用户	工业	应用
Dresser Rand	BP Amoco	石化厂	压缩机-压缩机
Ebara	Exxon Mobil	输气管道	马达-压缩机
Elliot	Linde Adnoc	天然气	性能测试
G.E./A.C. Compressor	Nova Chemical	炼油	透平-锅炉给水泵
Man Turbo	Petrokemya	液化天然气	透平（燃气或蒸汽）
Nuovo Pignone（GE）	SECL Malaysia	电厂	透平-发动机
Planergy	Sulzer	船舶推进	试验台
Rolls Royce	Syncrude	能量存储	膨胀机

3）艾默生压缩机性能监控系统

艾默生过程控制公司开发了一套压缩机性能监控系统，是目前功能最多、适应性最强的一种性能监控系统。该系统具有众多的功能，适用于轴流式压缩机、离心式压缩机、多级压缩机、往复式压缩机、螺杆式压缩机组和发动机等的性能监控，可以帮助压缩机达到最佳的效率，如增加生产能力和可靠性、优化维修策略、避免不必要的停工、对多列压缩机进行负荷分配、改进控制、提高压缩机潜能、优化冲洗频率、保证生产目标等。

艾默生过程控制公司的压缩机性能监控系统在某工厂进行了应用考核，主要效果为优化并行压缩机之间的负荷分配，使产量增加了 3%；确定了压缩机中间冷却器的设定值，使多变效率提高了 3%～4%；量化了压缩机维修的要求，使维修后的性能提高了 10%；改进了往复压缩机性能劣化后的维修计划，每两个月减少了 1～2 天的故障停机；识别压缩机的性能劣化，通过研究，发现了转子磨损。

图 2.20 为该监控系统对某厂中一台 CR-3000 的设备在 2004 年 1 月 1 日 00:00～2004 年 11 月 30 日 23:59 时间段内进行的性能偏离耗费的监测情况，红线为当前的耗费，蓝线为累计耗费。

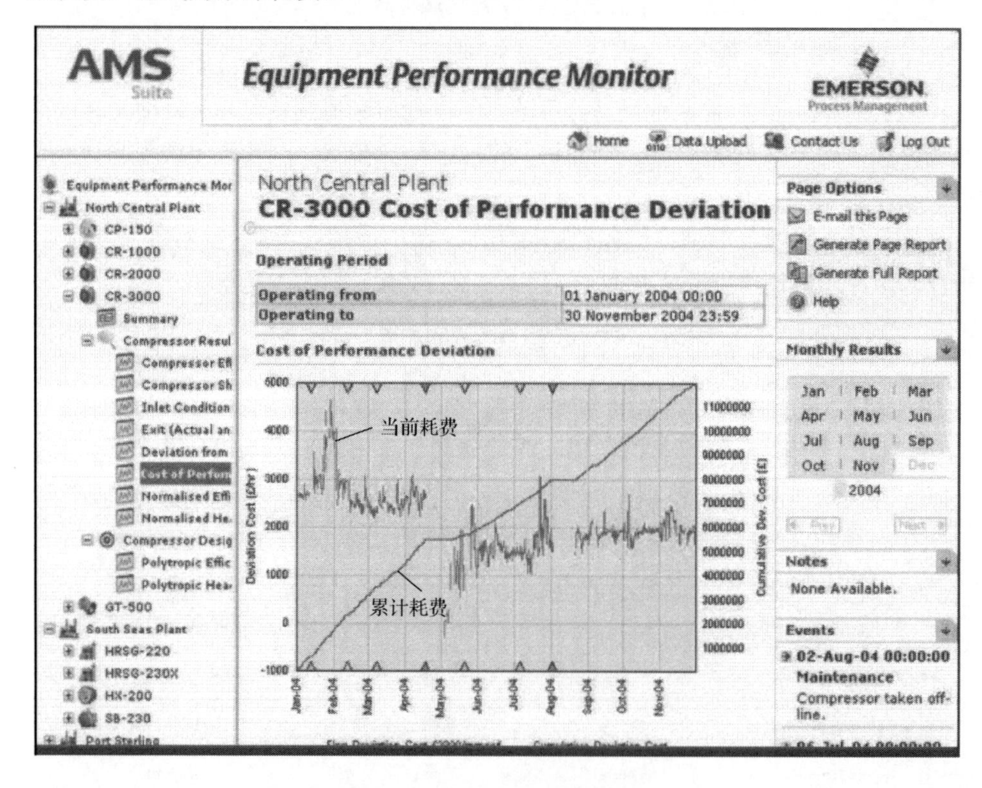

图 2.20　压缩机性能监控系统

4) 美国 OnSet 公司压缩机系统节能策略

美国能源部(Department of Energy，DOE)的能源审计指出，超过 50%的中小型工业设施中的压缩空气系统有机会实现节能。美国 OnSet 公司认为，目前，压缩机组控制系统存在的不足包括：不能很好地处理容积式和透平压缩机混合使用时的效率控制；不能有效地整合不同品牌的压缩机。顺序功能的不足包括：缺乏先进的算法；前馈或者模型预测控制；不能有效的实现压缩机的最佳组合；缺乏远程监控和能效报告能力；缺乏完善的压缩机性能监控；缺乏有效的喘振预测。因此，压缩机空气系统的电能消耗比例高达 79%，如图 2.21 所示。

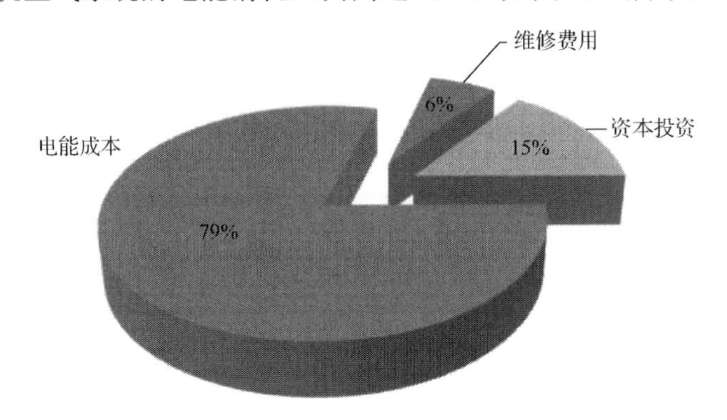

图 2.21　压缩空气系统的消耗比例

为了对压缩机组的能效进行更好的监控，美国 OnSet 公司建议，在对压缩空气系统采取节能控制之前，需要全面分析压缩空气系统，包括系统供给、系统需求、系统图表、分配系统和维护情况。其中，系统图表包括压缩机、空气供给系统和空气使用系统等，分配系统情况包括管道、压损、储罐、空气泄露和冷凝排水等。压缩空气系统的节能策略建议如下。

(1) 监控泄露。泄露引起的压力损失造成的电能损失巨大，例如，一周工作 40h、工作压力在 100psig 的空气系统，等效于 0.25in(6.35mm) 直径孔的泄露量，将造成超过 2800 美元/年的损失。而监控泄露和修补的成本相对比较低，容易实施。相关经验表明，在嘈杂的环境中可以使用超声波探测器来探测泄露，鉴于找到泄露点比修理更难，因此，合理规划探测路径和明确记录探测位置是非常重要的。

(2) 压力和流量监控。合适的压缩空气系统的压损应当低于 10%，过高的压力和流量也带来损失。监控流量，有利于分析压缩机的性能以及并行压缩机的控制。非侵入式的测量仪器能减少对流动的影响。

(3) 监控功率。监控真实的功率是理想的，但不总是能实现，而在监控电流时，准确的计算功率是需要解决的问题。此外，需要选择合理的功率测量间隔。

(4) 其他方面。避免压缩空气的不合理使用、热能回收、进气过滤、冷却进气等都是节能的有效办法。

5) 美国 Flexware 公司的在线性能监控系统

该监控系统通过实时性能与厂家数据进行比较来评估压缩机健康状况。原始运行数据，如排气压力或压比因易受进气压力和温度的影响而不可靠，但是压头和效率是一定的，而且与流程无关。性能计算软件可以通过压力、温度、速度、流量等原始数据来得到输入功，这些值与 OEM 性能曲线同时显示在图中，从而观察到实际值与预测值的差别。在一段时间内记录效率之差，可以监控压缩机状态变化(如图 2.22 和图 2.23 所示，数据来自美国 Flexware 公司)，帮助指定检修表和故障查找。

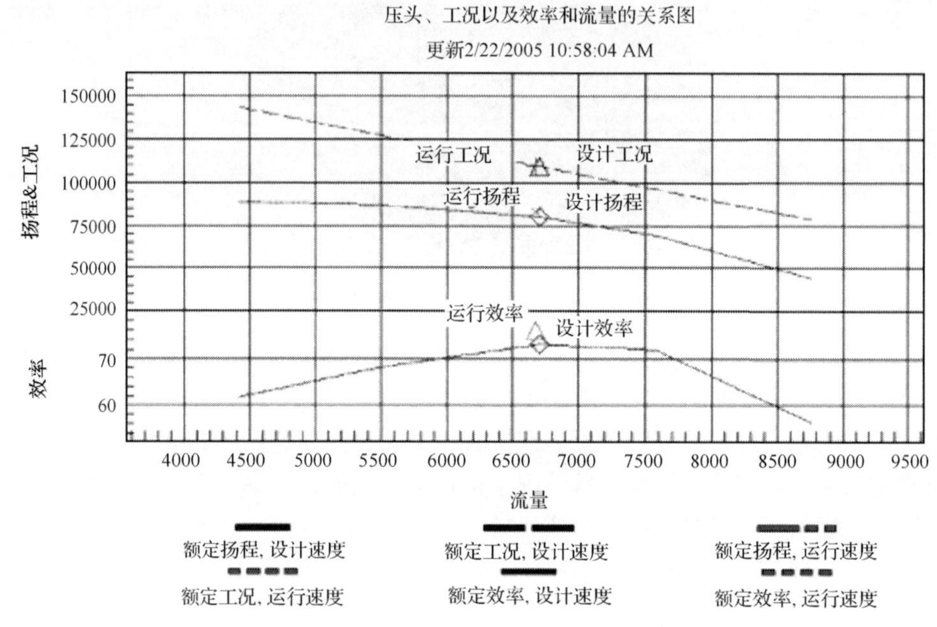

图 2.22　实时性能与厂商设计性能的比较

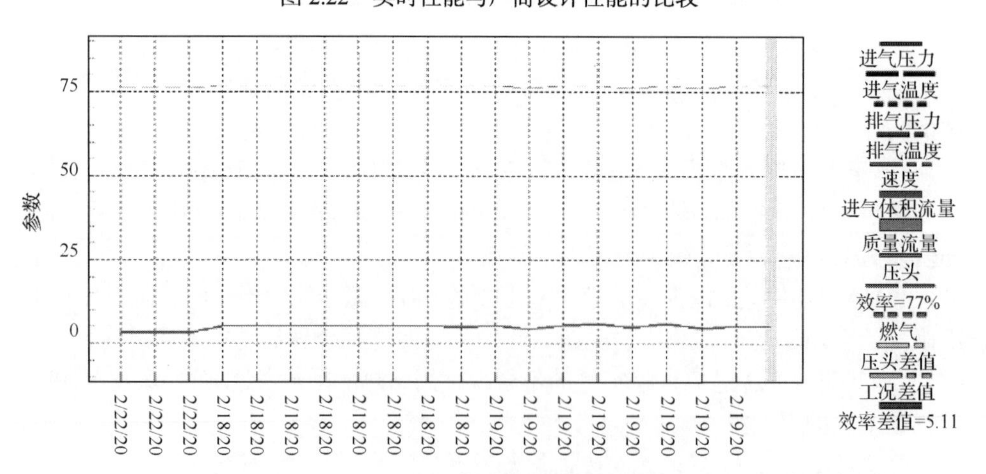

图 2.23　压缩机效率及效率差值的时间序列

6) 芬兰 Gasum Oy 公司的基于模糊聚类的在线性能监控[21]

芬兰 Gasum Oy 公司与 Metso Automation 公司合作，开发了一套压缩机在线性能监测系统，该系统通过采集进出口压力、温度、转速等压缩机运行的历史数据，并采用模糊聚类的预测模型，获得一个评估压缩机性能的指标值，当机组性能显著偏离指标值时，即触发维护指令。

多数过程的性能指标必须由一个参考量来表述，该参考量应是在给定工况下的预期性能模型，典型模型即是由压缩机厂商提供的性能曲线。当厂商不愿提供压缩机性能曲线时，必须通过历史运行数据获得性能指标的参考量。Gasum Oy 公司研究的出发点是：利用现有的厂地设备、数据采集和存储系统，建立一套易用、可靠且低成本的压缩机性能监控系统，该监控系统采用了模糊聚类的数学模型。

模糊聚类模型可以给出当前工况条件下的压缩机预期性能值或参考值，预期性能的其他数据信息也可以被整合到模型中，这一点十分有用，因为压缩机运行的历史数据可能不会包含所有的工况点。

构造性能模型的运行数据由信息管理模块收集，不同工况下的数据被归一化以便于比较。这些数据通过三角模糊隶属函数组织成若干个二维聚类，以确保每个数据点在计算代表所在聚类的均值时拥有相同的权重。当该模型被用来计算预期性能时，性能值由聚类中心的插值得到。

比如，预测模型的二维数据(ε, ns)的每一维被分成 10 个区间，ε 表示压比，ns 表示比转速，这样的模型数据就有 100 个类，每个数据点都影响一个类的值。每个类由属于它的性能指标量的均值来表征，类值的空间坐标由所含数据点坐标的加权平均值计算。每个计算数据点的性能值由包围它的四个类的值加权平均得到。

该方法把模糊函数引入数据映射中，提高了性能模型对原始数据的保真度。图 2.24 即为模型预测的性能参考曲面。

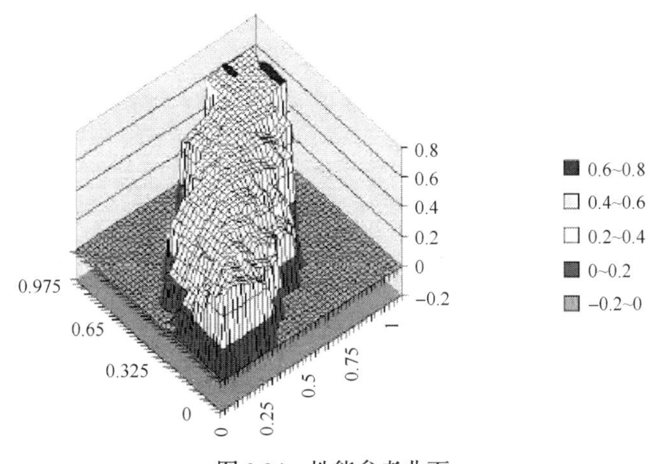

图 2.24　性能参考曲面

如果性能指标的真实过程值与其预测模型值的差异超过一段历史运行区间(如过去 1 小时)差异均值的两倍，则认为压缩机组的运行工况发生变化。图 2.25 为监控系统软件给出的真实性能值与预测模型参考值的时间曲线。

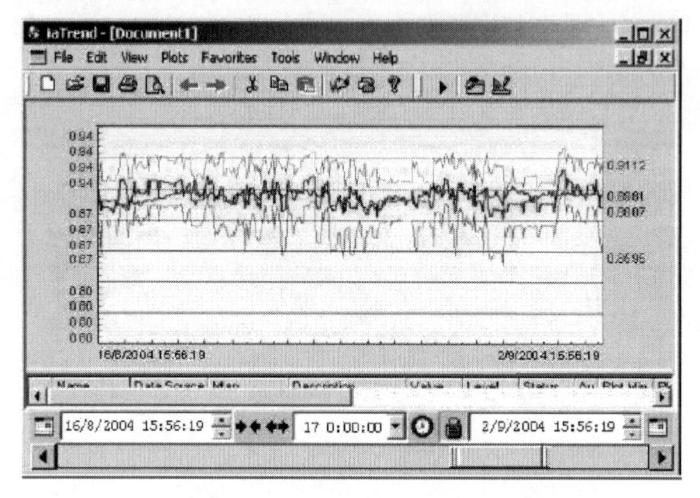

图 2.25　真实性能值与预测模型参考值的时间曲线

该监控系统于 2005 年安装在新比隆 PCL603 型气体压缩机上进行测试，系统收集历史运行数据算得的性能与实测结果相比，差异仅 1.5%。系统有效运行了一个冬季，期间起到了辅助故障识别的作用。图 2.26 为该系统人机界面图。

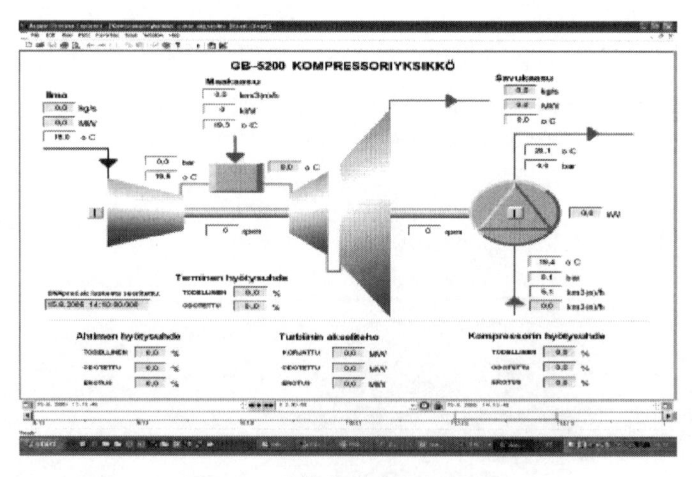

图 2.26　在线监测系统人机界面

7) 采用 ITCC 技术的在线监控系统

综合控制技术(integrated turbine compressor control，ITCC)是用于控制和保护压缩机的新技术，它基于先进的电子技术、通讯技术及控制算法，与传统的压缩机控制技术相比，可以帮助用户更有效、更安全地操作压缩机，同时节省能耗。目前，在石油、化工、冶金等应用广泛的大型机组综合控制系统，比较著名的厂家有美国 Woodward 公司的 Micro Net TMR 系统、Triconex 公司的 Tricon 系统、CCC 公司的 TMR 控制系统、Honeywell 公司的 FSC 系统、英国 ICS Triplex 公司的 Trusted 系统、GE GMR 控制系统等综合控制系统、德国 Hima 公司的 H41/H51 系统等。机组综合控制系统包括：机组联锁 ESD、SOE 事件顺序记录、机组控制 PID(如防喘振控制及调速控制等)及常规指示记录功能、故障诊断功能等。

传统的透平和压缩机控制是将调速控制、过程控制和压缩机控制分别控制和实现的，这三种设备是由不同厂家提供的。而 ITCC 系统充分利用三个基本控制之间的相互影响作用，在增强这些控制模式之间正的相互影响的同时，消除它们之间负的相互影响，提供了性能更好的综合控制。总体而言，ITCC 系统具有以下几个优势：最大程度提高机组运行效率，节省能源消耗与资金；可靠性高；操作和维护成本最小。

应用案例之一是某丙烯压缩机组。丙烯压缩机是乙烯装置里三大关键机组之一，其特点是压缩机由多段组成，并在同一轴系上，各段有独立的防喘振控制回路。ITCC 除了可以实现主机系统控制及辅助系统控制外，还可以实现防喘振控制回路之间的解耦，最大程度改善机组整体运行效率(图 2.27、图 2.28)。

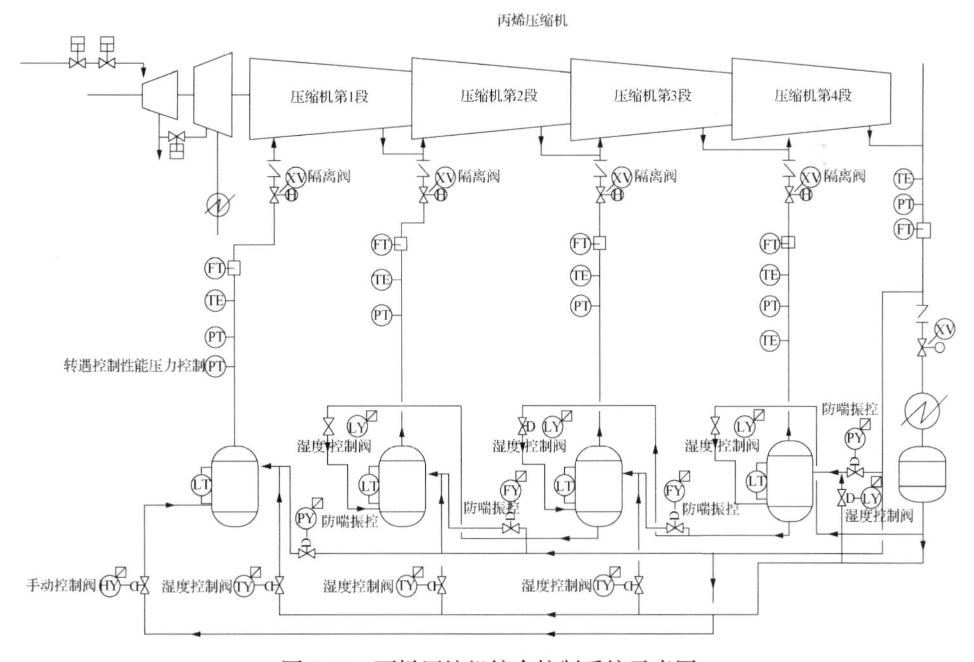

图 2.27　丙烯压缩机综合控制系统示意图

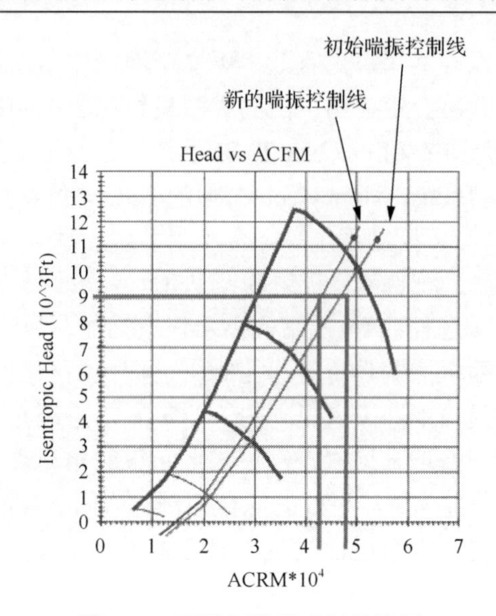

图 2.28 丙烯压缩机喘振线控制

通过采用 GE ITCC 系统，重新设置新的喘振线为用户降低了能耗，每段压缩机可节约 312 马力(1 马力=745.7W)，每天节约 674 美元或每年节约 264000 美元。

应用案例二是某催化裂化装置中富气压缩机控制。富气压缩机是炼油催化裂化工艺过程中的关键机组之一。反应器压力受到分馏系统的影响，最终由富气压缩机入口压力决定。ITCC 可以实现机组启/停机控制、调速控制、辅助润滑油系统控制、密封系统控制等，在保证透平压缩机设备安全的基础上，可以帮助用户实现自动负荷调节(图 2.29)。

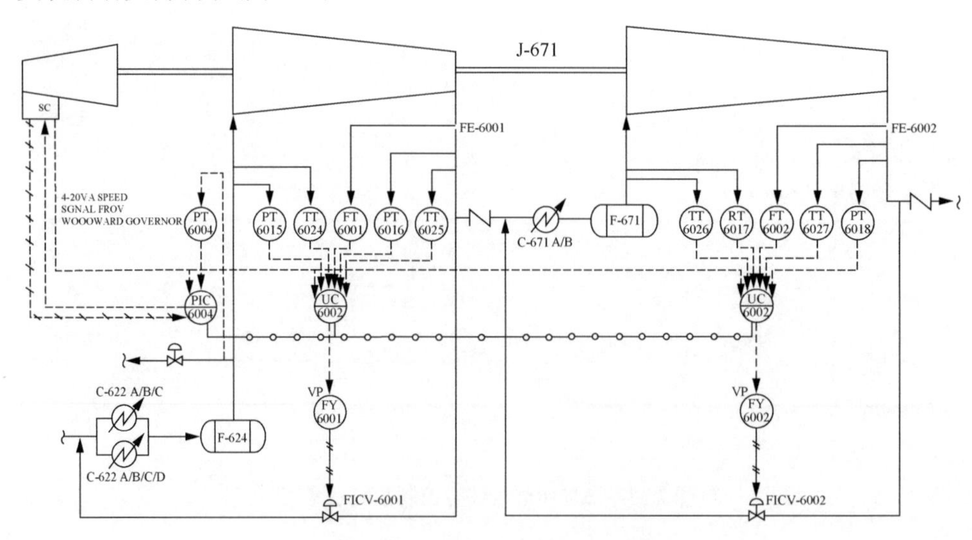

图 2.29 南美炼油厂富气压缩机

采用 CCC 公司 ITCC 控制系统后，节能效果如表 2.4 所示。

表 2.4　富气压缩机节能效益

类别	1 级压缩机	2 级压缩机	合计
改造前	2800HP	2800HP	5600HP/4176kW
改造后	2540	2500	5040HP/3758kW
节能	260	300	560HP/418kW

如果蒸汽价格为 5 美元/t，节省的 418kW 约为 4t/h 蒸汽量，按此计算，可节约 175200 美元/年。

2.1.2　发电机组

发电机组动力机械的健康与能效监控智能化，可实现相关装备和系统在生命周期内的良好运行和高效清洁应用。近几十年来，随着工业化和信息化技术的飞速发展，我国发电机组健康与能效的监控智能化水平得到大幅提升。然而，与国外先进技术相比，在发电机组动力机械健康与能效监控任务精细化、系统集成化、远程化、网络化和在线监控智能化等方面还存在一定差距。同时，环保要求的日益提高，以及能源系统的安全、高效和清洁水平提升，对发电机组动力机械的健康与能效监控提出了全新挑战。

1. 国外发电机组健康监控智能化现状

1) 国外火电机组健康监控智能化现状

美国是世界上最早研制火力发电设备诊断系统的国家。早在 1976 年，美国南加利福尼亚的 Edison 公司与燃烧工程公司签订合同，研制开发 Mohave 电厂煤处理设备的诊断监测系统，该系统于 20 世纪 70 年代末投入实际运行。80 年代初，美国研制出了锅炉“四管”(水冷壁管、过热器管、再热器管、省煤器管)爆管故障诊断专家系统以及汽轮发电机组监测与诊断专家系统。到 80 年代末，美国电力研究院(Electric Power Rearch Institute，EPRI)给 Eddystone 电站研制出针对电站锅炉的锅炉维护工作站(BMW)[22]，它主要可分为 4 个功能模块：水冷壁工况、锅炉图示/管道记录、ESCARTA 专家系统、管道寿命。BMW 可以分析水冷壁工况，计算过热器和再热器管蠕变寿命，诊断管道故障等，其核心是锅炉管子失效诊断专家系统，它是美国开发的用于锅炉事故诊断的第一个专家系统，该专家系统除了诊断锅炉爆管事故外，还可以培训电厂的技术人员熟悉爆管事故及指导运行人员采取正确的步骤调查锅炉爆管事故。

美国 Emerson 公司的机械健康监控系统，旨在对电厂过程自动化系统和停机保护系统进行升级和优化。其代表性的 CSI6500 系统将实时的设备健康状态反馈与电厂过程自动化集成，是一套完整的在线机械监控解决方案。高效的智能化监控，除了依靠 CSI6500 的现场智能以外，高质量的传感器也至关重要。要想准确把握汽轮机的运行性能，电厂需要机械健康状态的实时反馈、设备状态信息记录、历史数据回放以进行深入分析。CSI6500 拥有现场预测分析、连续且同步的瞬态数据记录、所有通道的动态数据实时显示和动态回放等功能。CSI6500 的振动检测模块的一个独特的功能是自适应监测。CSI6500 会在工艺流程发生改变时调整监测策略。该功能通过现场智能激活"基于事件的数据采集方式"，即通过自适应监测来实现。根据不同工况，如负载与转速的改变，自动调整监测方法。

对于大型汽轮机组而言，超速与振动过大是极其危险的情形之一，因此，为保证机组的运行安全，必须配置相应的超速、振动监测装置。美国本特利内华达公司开发的 Bently3500 系统是一套应用于大型旋转和往复式机械上的振动等监测与保护系统。Bently3500 系统将传统的检测流程数字化、集成化，能够同时检测包括轴振、偏心、轴位移、加速度等机组振动监控常用测点，并且将测量得到的实际数据以数字的方式汇集到监测器中，从数量与质量上提高了检测系统的监测能力。

日本在火电厂故障诊断技术研究方面亦处于世界领先水平。早在 20 世纪 80 年代初，日本 MHI 公司就研制出了用于汽轮发电机组故障诊断的专家系统，还研制了电站锅炉诊断专家系统。90 年代，日本应用人工智能技术，开发了燃煤火力发电厂运行支援系统，包括高效运行的支援功能和对应于设备异常的支援功能。前者又包括燃烧管理、热平衡管理、凝汽器真空管理，其作用是寻找运行过程的最佳控制参数，提高机组运行的经济性；后者主要是警报解析，其作用是通过对机组运行数据的在线监测，找出异常现象的发生原因，提供实现机组运行状态稳定和恢复原来运行工况的操作指导。

20 世纪 90 年代前期，欧洲智能系统和高级控制实验室 LEA-SICA 研制出了 Tiger 故障诊断系统，该系统每秒采集 600 多个模拟变量和数字变量，并监控燃料系统、冷却水系统、冷却空气系统、水循环系统、润滑油系统等众多子系统。Tiger 是目前半定性仿真在工程中最成功的应用。

2) 国外水电机组健康监控智能化现状

加拿大的学者研究了水电系统的计算机辅助运行和预测模型，该模型可以为合理安排水电机组的检修时间提供数据支持。Siemens 公司的研究人员等报道了对水电设备进行监测和趋势分析、推行状态检修的一个实例。

欧盟也开展了远程维护预知维护系统研制(remote maintenance for facility exploitation，REMAFEX)工作，其样机已在西班牙的 IBERDROLA 水电站和葡萄牙 EDP 水电站投入使用。就维护系统而言，它使用了预知维护技术，且可远程控制，如西班牙的电站，可在马德里作远程维护。此外，该系统与电厂原有的 SCADA 及 MIS 系统相互通信和连接，从而构成一个 CMMS 系统[23-24]。

国外开发的水电机组监测分析系统有：德国 Schenck 公司的 Vibrocontrol 4000 系统，主要用于水轮机振动的监测和分析；加拿大 VibroSyst M 公司的 AGMS 系统和 ZOOM 2000 系统，分别用于监测发电机的空隙和水轮发电机组的振动；瑞士 VIBRO-METER 公司 VM600 系统；英国 BNC 公司的 HydroVU 系统；德国 Siemens 公司的 Scard 系统等。

美国电力研究院、加拿大魁北克水力研究所和美国声学股份有限公司在水轮机汽蚀监测方面具有很高的声望[25]。他们基于声波传播原理，开发出一系列的产品，采用加速度传感器测量声强，可以监测汽蚀发生和发展的全过程，并利用实验得出的相对标准来评判水轮机汽蚀的严重程度。

3) 国外风电机组健康监控智能化现状

国外对风力发电系统的故障诊断研究工作开展较早，针对风力发电系统容易发生故障的部件已经开展了较多的研究。目前的研究重点主要在电气系统(发电机)、叶片、传动系统(齿轮箱)等方面。国外主要是通过对风力发电机的输出信号如电流、电压和功率等来进行分析，以诊断故障[26-27]。Caselitz P、Giebhargt J、Kruger T 等[28]通过研究发电机输出功率的频谱特性，分析了转子不平衡、气动力不对称故障，指出二者的特征可从一倍频处幅值增大反映出来，但是不能从电功率的谱上区别开来。Casadei D 等[29,30]用转子调制信号谱来诊断发电机的定子和转子不对称故障，结果表明，转子信号调谱中的故障信息比电流谱更清晰。Douglas H 等[31]研究了故障信号的非稳态特性，采用小波分析和统计方法研究定子的线圈故障。Wurfel M[32]则通过 FFT 分析转子电流来判断与发电机相连的滑环的状态变化以诊断电机的故障，在大型风力发电机组(>2MW)上取得了较好的结果。

Jeffries W Q 和 Amirat Y 等[33-34]通过电机终端的功率谱密度来分析叶片的不平衡和缺陷(利用双相干和归一化双谱技术)。Tsai C S[35]则对电机的功率谱进行小波变换后，利用类似的技术来分析叶片损害。对于叶片最重要的雷击故障，Kramer S[36]指出，不能通过发电机的终端输出来进行监测，为此，采用光纤电流传感器网络来帮助确定遭闪电损坏的位置，取得了一定的效果。

风力机的齿轮箱在恶劣环境下工作，损坏率很高。Mohanty A [37]通过解调异步电机的电流信号来诊断齿轮箱故障，通过幅值和频率解调来监测转轴旋转频率，然后，对解调的电流信号实施离散小波变换，从而达到降噪和移去干扰的目的。最后，利用某一特定层次的谱来诊断齿轮故障。Eren L[38]提出轴承缺陷信息可以调制于定子电流中，通过小波包变换，电流信号可以用来监测轴承缺陷，并且可以顾及变速导致的轴承故障的频率成分变化。

国外对人工智能在风力发电系统故障诊断上的应用也进行了广泛的研究[39]。人工智能诊断方法包括人工神经网络、数据挖掘、模糊逻辑、专家系统等。为了提高诊断准确率，更好地适应工程需要，近年来还出现了多种诊断技术结合的诊断方法，如小波神经网路、模糊自组织神经网络、基于模糊集的故障树、基于粗糙集的人工神经网络、基于模糊推理的专家系统等。Caselitz P 等[40]应用人工智能技术对包括塔架、机舱和动力部分在内的风力发电系统进行了故障诊断，该方法需要对每一个风力发电机进行单独训练。Garcia M C，Sanz-Bobi M A，Del Pico J 等[41]从风电系统健康管理的角度提出了在线预测智能系统，利用人工神经网络实现了对风力机各部件和整机的健康状况评估，并使用模糊专家系统技术对故障进行诊断。

在风电机组故障诊断产品方面，国外各大风力发电设备厂商都有自己的系统级监控产品，如丹麦的 VESTAS 公司，德国的 NORDEX 公司，美国的 GE 公司都有自己配套的 SCADA 产品，可以完成风电机组运行参数(风速、功率、转速、变桨角度、机舱及部件温度、齿轮箱温度、发电机输出电压电流、塔架晃动等)采集和监控。其他的设备监控厂商也在努力的研发并推出自己的产品，例如，美国的 AREVA 公司推出的 OneProd 系列风电机组监控系统可以提供风电机组的整机监控，延长风力机的运行时间。

振动监测是目前应用与风电机组传动系统运行状态监测和故障诊断的主要技术，在 21 世纪初，国外一些从事振动监测的公司就有针对风电机组的产品，例如，世界著名轴承制造商 SKF 公司的风电机组振动监测系统；丹麦的专业数据采集与监控设备公司从 1997 年开始致力于风电机组故障诊断产品的开发，其监控产品(turbine condition monitoring，TCM)系统已经应用到超过 100 个风电场；德国的 PRUFTECHNIK 公司生产的 VIBXPERT 系列监控产品及 FAG 公司推出的 FAGXI 系列监控产品，利用加速度传感器进行振动分析，已经应用到风力发电场的在线监测。另外，德国的 SGS 公司也从事风电机组元件监控和故障诊断的产品开发，并提供润滑油监控等服务项目[42]。其中一些国外产品很早就进入我国市场。

国内一些振动监测专业公司在十年前就开始风电机组振动监测系统的研发，并相继推出产品，例如，北京的英华达公司、唐智公司等。国家能源局于 2011 年颁布的推荐性国家能源行业标准 NB/T 31004-2011《风力发电机组振动状态监测导则》，对于风电机组振动监测与故障诊断技术的发展起到了有力的推动作用。目前市场上有许多风电机组振动监测系统产品，其中英华达、威瑞达等公司的产品占有较大市场份额。

相比于传统监控任务侧重风机本体的振动和状态监测，对风机叶片和塔筒的健康监测将是下一步的研究和发展重点。

表 2.5 介绍了部分国内外风电机组健康和能效监控智能化应用商业系统。

表 2.5　国内外风电机组健康和能效监控智能化应用商业系统

<table>
<tr><th>研发单位</th><th>代表性系统</th><th>应用及功能实现</th></tr>
<tr><td>Pruftechnik 公司</td><td>VIBXPERT FFT 数据采集与信号分析仪</td><td rowspan="12">齿轮箱振动、负荷、机舱内外温度现场数据采集、包括振动信号，轴承状态，监测和过程等参数
扩展油液监测、视频监控、应力片疲劳监测和温度监测
将采集功能和连续在线监测功能相互结合并与保护系统集成
机组振动进行时域、频域、轴心轨迹等方面的分析
信号和数据采集、分析和处理、显示存储和输出及传输等
准确地感知自身的状态和外部环境条件，通过优化调整控制策略和运行方式，始终运行在最佳工况点
具有诊断推理、报警输出、和数据管理功能</td></tr>
<tr><td>GE 公司</td><td>Bently Nevada 系统</td></tr>
<tr><td>SKF 公司</td><td>SKF WindCon 系统</td></tr>
<tr><td>德国 SCHENCK VIBROGMBH 公司</td><td>VIBRO-IC 系统</td></tr>
<tr><td>金风科技公司</td><td>风电机组在线监测系统</td></tr>
<tr><td>北京英华达公司</td><td>EN3600 风电机组振动监测与故障诊断系统</td></tr>
<tr><td>北京唐智科技有限公司</td><td>JK07460 风力发电机传动系统故障诊断装置</td></tr>
<tr><td>西北工业大学</td><td>CAMD-6100</td></tr>
<tr><td>东方振动和噪声技术研究所</td><td>DASP 系统</td></tr>
<tr><td>丹麦 Gram&Juhl 公司</td><td>机组振动监测系统</td></tr>
<tr><td>远景能源公司</td><td>智慧风场系统</td></tr>
</table>

4) 国外核电机组健康监控智能化现状

在国外核能利用较为发达的国家中，核电站故障诊断系统已经得到了较大的发展。许多系统已经通过了模拟机验证，有些系统甚至已经在核电站中实际应用。而国内在这方面的工作开展较晚，其中最早的是清华大学核研院开发的核电站二回路故障诊断专家系统[43]，该系统已经通过了模拟机验证。目前，很多学者和研究院所也对此开展了一些理论方法的研究，如将故障树、神经网络、专家系统等方法在核电站的故障诊断中的应用，并取得了一定的成果，但能够真正投入运行的诊断系统还比较少。

目前，国外在核工程领域已进行的一些故障诊断系统的研究实例有以下几项。

(1) 美国阿贡国家实验室(Argonne National Laboratory，ANL)开发的 PRODIAG 诊断系统[44-45]，该诊断系统利用功能和部件特性，并结合了基本物理原理的方法，其系统分析过程是利用物理原理和过程部件的热工水力特性。系统由两级结构组成，第一级是专家系统，该系统具有所有过程知识，其诊断方法是流程图法，这一级执行系统级诊断，在大范围内搜索系统各参数的非平衡性，如果发现参数不平衡的存在，则假设与此参数有关的部件发生故障；第二级是采用递归神经网络识别可能失效的部件。

(2) 德国核设备反应堆安全研究所(Gesellschaft für Anlagen-und Reaktorsicherheit，GRS) 开发了一个故障早期诊断系统[46]。该系统是通过监测和分析振动和噪声信号来诊断故障的。主要诊断方法是对比实际信号与已知的参考信号进行判断，振动监视系统采用快速傅立叶变换对堆内的振动信号进行特征提取，从而确定部件状态。

(3) 挪威的能源技术研究院(Institute of Energy Technology，IET)开发的 Aladdin 状态监测系统[47-48]。该系统采用神经网络的方法，已经实际应用于美国南卡罗开那州的“VC Summer”核电站。首先，建立了一个由多个子模型组成的描述系统正常工作状况的参考模型，通过系统实际运行时检测到的信号与模型的计算值的比较来判断故障的具体情况。

(4) 韩国开发的试验性的主控室人机界面实时仿真系统中，也包含有事故诊断功能[49]。诊断过程分三部分：第一部分用于部件或设备的失效诊断；第二部分用于操作人员决策以提高其操作能力，此部分功能通过一基于规则的知识库来提供；第三部分使操作人员了解整个电站的安全状态。

此外，还有许多学者对核电站故障诊断技术进行了研究工作，如加拿大的 R.P.Leger 等采用统计对照表和神经网络对重水堆的传热系统模型进行故障检测和诊断[50]；韩国的 Kun Mo 等采用动态神经网络集合模型对核电站的瞬态特性进行检测、分类和预测[51]；土耳其的 Serhat Seker 等采用 Elman 递归神经网络对高温期冷堆和旋转机械进行故障诊断[52-53]，相关的总结如表 2.6 中所示。

表 2.6　国外核电机组健康和能效监控智能化应用商业系统

研发单位	代表性系统	核心组成技术及功能应用
美国阿贡国家实验室	PRODIAG 诊断系统	两级结构系统 第一级为具有所有过程知识的专家系统，采用流程图法诊断方法 第二级采用递归神经网络，识别可能失效部件
德国反应堆安全研究所	故障早期诊断系统	振动和噪声信号监测和分析 对比实际信号与已知的参考信号进行故障诊断
挪威的能源技术研究院	Aladdin 状态监测系统	采用神经网络方法 比较系统实际运行时检测到的信号与模型的计算值，进行故障诊断
美国电力研究所	DAS 系统	核电站警报的处理 利用核电站的监测信息判断异常状态
日本原子能研究所	DISKET 系统	基于规则的专家系统 比较实际报警及其他过程变量信息的组合情况与已知的情况进行故障诊断

5) 国外太阳能发电机组健康监控智能化现状

Stellbogen D 等[54]利用光伏阵列的电路仿真，通过测量光伏阵列中节点的值与预估的值进行比较来判定是否发生故障；King D L 等[55]用红外热成像的方法检测太阳能电池的局部区域击穿和热斑效应； Takashima T 等[56]在不同故障状态下提取多种特征参数，在 PS IM 仿真环境下，利用事件相关度数学模型对阵列进行故障诊断，该方法需采集多种故障状态及不同环境下光伏电池阵列的输出特性；Drews A、Keizer A 等[57]利用卫星观测光伏阵列所在地区的天气情况，将模型预测得到的光伏阵列所能发出的功率与检测得到的实际功率进行比较，来判断阵列是否存在故障，该方法虽能判断阵列是否故障，但不能对故障点定位；Yagi Y、Kshi H 等[58]由统计数据通过智能学习方法诊断出故障点，需要集合整个阵列各故障点下的统计数据如光照强度、温度以及输出功率等；Chouder A、Silvestre S 等[59]采用实时监测外部环境的方法，通过模型计算出阵列的应输出功率，并将其与实际输出功率比较，从而判断阵列是否故障，这种方法难以实现故障点的精确定位；Shimizu T、Hirakata M、Kamezawa T 等[60]采用功率单元补偿的方法，即当光伏电池板因故障不能发出功率时，用功率单元弥补损失的功率。

6) 美国艾默生公司 CSI 6500 机械健康状态监控系统案例

旋转机械占电厂设备的百分之五十。通常这类关键的设备都有停机保护系统来防止灾难性事故，但是其稳定性和可靠性大多无法满足电厂的需求。电厂设备跳机会造成一系列严重问题，如高额的维修费用、生产停滞、影响用户等等。根据调查结果显示，有 50%的导致停机的机械失效是由于生产过程中工艺条件变化引起的，其中更有 90%的设备故障是可预测，甚至是可以控制或避免的。

美国 Emerson 公司是过程自动化方面和预测维修技术的全球顶尖领导者，Emerson 公司机械健康监控系统旨在对电厂过程自动化系统和停机保护系统进行升级和优化。其中，CSI6500 系统获得了业内的好评并被广泛认可。CSI6500 将实时的设备健康状态反馈与电厂过程自动化集成，被证实能够切实实现对整个电厂流程的预测和保护，是一套完整的在线机械监控解决方案(图 2.30)。在国外，CSI6500 拥有庞大的电厂用户，被广泛用于世界各地的电厂，并为它们带来了可观的收益。

CSI6500 中的 Plant Web 新扩展了 API 670 设备保护监测系统，整合了保护、预测、实时状态监控和过程自动化。通过 CSI6500，不仅可以监测电厂中最关键的设备，还能将振动监测转化为预测性报警，通过 AMS 设备管理平台对汽轮机做瞬态分析并提供有效决策支持，其特有的 PeakVue 专利技术可用于辅助机械滚动轴承和齿轮箱状态的监测和分析。

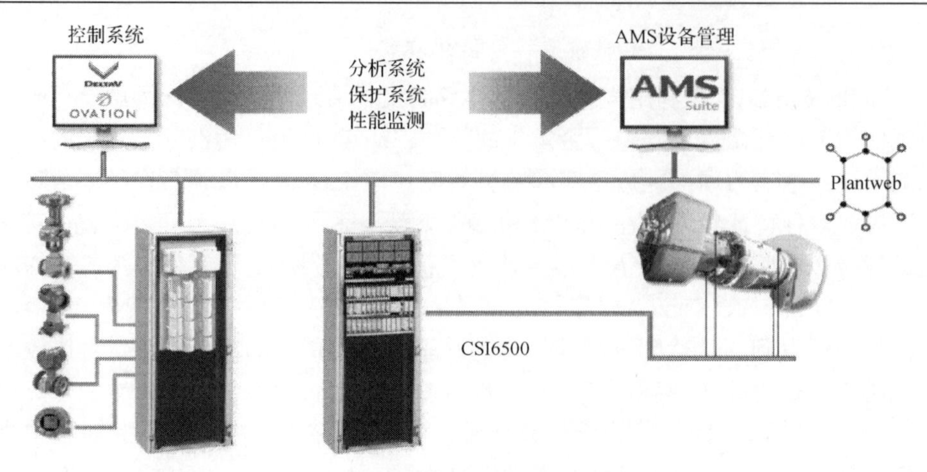

图 2.30　CSI6500 系统工作原理图

高效的智能化监控，除了依靠 CSI6500 的现场智能以外，高质量的传感器也至关重要，它们是精确信息的起始点。Emerson 公司的位移传感器安装方案如图 2.31 所示。

要想准确把握汽轮机的运行性能，电厂需要机械健康状态的实时反馈、设备状态信息记录、历史数据回放以进行深入分析。CSI6500 拥有现场预测分析智能、连续、同步的瞬态数据记录，所有通道的动态数据实时显示和动态回放功能。

除了保护并实时监测汽轮机，CSI6500 同样能监测故障的发展趋势并帮助提供维修计划建议。通过细致划分时域波形和频谱的特征，CSI6500 可以定义多达 255 种分析参数，并用于诊断各种不同的故障。

CSI6500 的振动检测模块的一个独特的功能是自适应监测。CSI6500 会在工艺流程发生改变时调整监测策略。该功能通过现场智能激活“基于事件的数据采集方式”，即通过自适应监测来实现。根据不同工况如负载与转速的改变，自动调整监测方法。

2. 国外发电机组能效监控智能化现状

目前，国内外对于发电机组的能效监控智能化方向的研究及系统开发均主要集中在火力发电机组部分。由于其他发电方式的动力源不同于火电，难以对其建立合适的能效评价标准。水电、风电以及太阳能光伏发电等清洁能源存在着特殊的适用价值，而核电机组的安全运行又是人们所首要关注的问题，因此，国内外各大发电企业对这些发电方式所关注的重点为机组的健康监控，而较少考虑机组的能效监控状况。

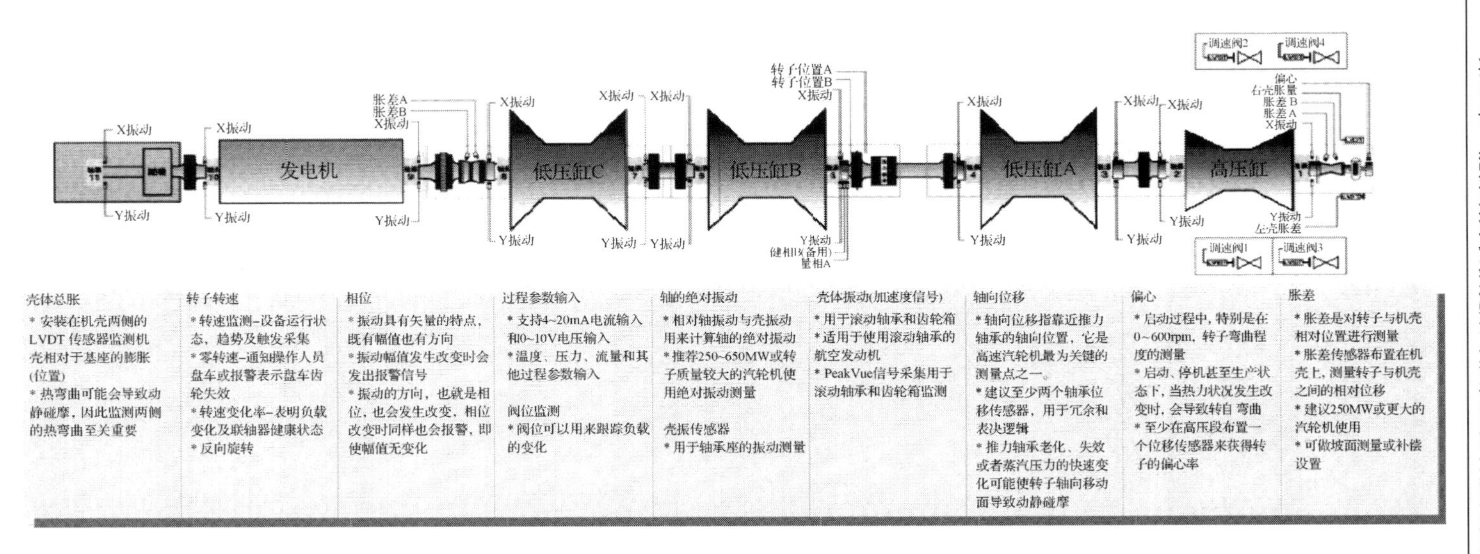

图2.31　大型汽轮机传感器布置方案

在机组能效监控智能化方面，丹麦 ABB 公司开发的 optimax 软件包括过程信息管理、性能计算、电站负荷优化调度和基于模型的诊断专家系统等功能模块，以电站发电成本为核心，利用实时数据进行在线热力计算，对机组能效状况进行实时监测和分析，从而指导工作人员对机组进行优化调整。该软件目前已在浙江长兴发电厂等多家电厂投入运行。

美国 GE 公司开发的 Efficiency Map 系统能够及时地测量、追踪电厂性能变化并帮助电厂运行人员来预测最高效的运行方式。该系统对电厂设备的能效状况进行实时的在线监测计算，并显示其性能劣化趋势，从而通过优化模块提供电厂设备的最佳运行方式。

丹麦以火电技术高效先进而著称，不仅拥有世界上效率最高的超超临界机组(效率 47%～48%)，而且具有全球最高的平均供电效率。究其原因，不仅因为它应用了高参数的机组技术，也因为丹麦重视发电厂运行性能监测和优化系统的发展和应用。作为丹麦最大的能源和电力生产企业，Dong 能源公司拥有全国总电力装机容量的二分之一份额，它所研制和开发的 Turabs 火电厂在线性能监测和优化系统(以下简称 Turabs 系统)代表了火电厂性能分析和诊断系统的国际先进水平。

如图 2.32 所示，Turabs 系统包括三种不同的功能模块，执行电厂机组不同目标的功能。Turabs 系统功能模块包括：①Turabs online 在线程序，作为主计算模型；②Turabs what if 分析工具，进行连续计算；③Turabs PQ 应用程度，实现机组间的相互关联优化，机组的运行区间，绘制机组运行区间内的燃料消耗量和功率偏差值的分布图。

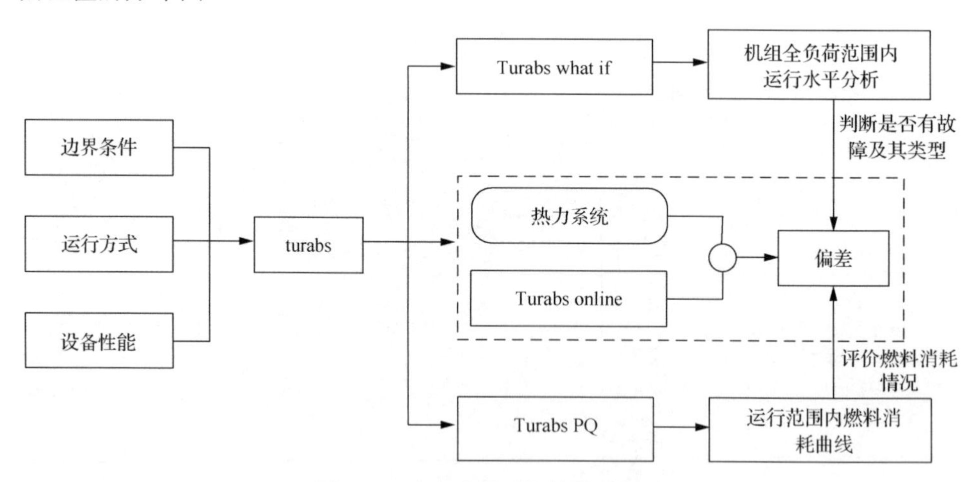

图 2.32　全息诊断系统结构示意图

图 2.33 为该系统的运行优化主画面以及系统与电厂物理系统的部署方式示意图，该系统于 2003 年投运，第一年就为五个燃煤火力电厂节省了近 1000 万欧元

的成本。

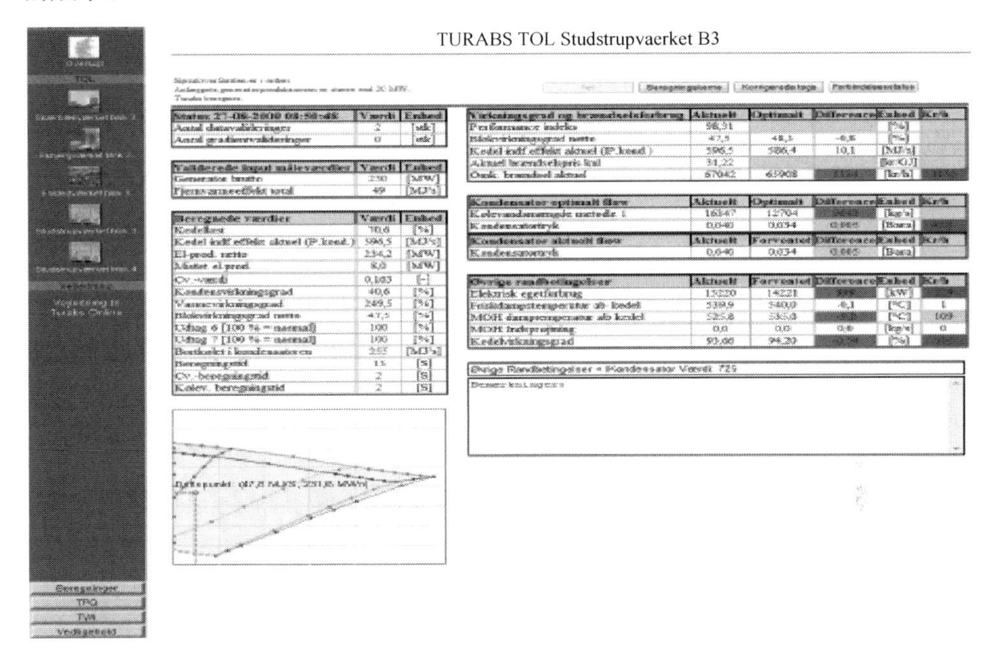

图 2.33　Turabs 火电厂在线性能监测与优化系统优化指导主画面

此系统依赖于精确的数学模型才能发挥作用，因此，其在每个具体电厂实施均需要开展大量的试验测试和模型标定工作，应用于煤种来源多变的特殊条件则工作量更大。

2.1.3　航空发动机及燃气轮机

国外在 20 世纪 60 年代末即开始研究发动机状态监视和故障诊断系统，70 年代开始应用于民用航空发动机。70 年代后期，战斗机发动机也开始装备状态监视和故障诊断系统。随着电子技术和计算机技术的迅速发展，航空发动机的状态监视和故障诊断技术得到了迅速发展，国外的各种发动机的状态监控与故障诊断系统陆续投入使用。到 21 世纪初，欧美等国提出了 PHM 技术，标志着航空发动机的“视情维修”和安全性、维修性和经济性监控已进入了一个新的阶段。民航方面，航空发动机健康管理(engine health management，EHM)技术可以实现降低维修保障费用、提高航空公司的签派率并降低维护维修成本的目的，可以完成发动机的机械系统和气动热力系统的实时监控和诊断、传感器故障诊断隔离以及发动机健康状况和工作寿命预测等任务。

国外在燃气轮机健康和能效的智能监控技术方面做了很多工作，形成了较为完整的燃气轮机健康管理理论体系，开发了燃气轮机健康管理系统，逐渐在燃气轮机实际运行和管理中得到应用。基于燃气轮机的状态监测系统，健康管理针对监测参数进行特征提取、故障诊断，并给出优化控制策略，做出维修决策。其中，故障诊断是健康管理中的主要模块。根据诊断对象，燃气轮机故障诊断主要分为气路故障诊断、振动故障诊断、油路故障诊断等。能效监控是指通过热力参数、机械参数的监控获取燃气轮机关于能效的信息，并通过相关手段获得最佳能效和经济性。

1) 发达国家占据了航空发动机与燃气轮机健康与能效监控技术的制高点，得到了极大收益

国外在 20 世纪 60 年代末即开始研究发动机状态监视和故障诊断系统，70 年代开始在民用航空发动机上得到应用。70 年代后期，战斗机发动机也开始装备状态监视和故障诊断系统。后来，电子技术和计算机技术的迅速发展，大大促进了航空发动机的状态监视和故障诊断技术的发展。自 80 年代以来，国外的各种发动机的状态监控与故障诊断系统陆续投入使用，如美国 GE 公司为发动机大修试车而设计的 TEMPER 系统和 EMC 系统，PW 公司研发的 MAPNET 系统，RR 公司研发的 COMPASS 系统，但在当时这些系统的功能和构架都比较简单。直到 1985 年美国研制了 CETADS (comprehensive engine trending and diagnostics system) 系统，并用于军用航空发动机的故障分析诊断后，航空发动机健康管理的概念才开始提出并得到迅速发展。到 21 世纪初，欧美等国在 B777、A380 及 JSF 项目中提出并实施了 PHM 技术，标志着航空发动机的“视情维修”和安全性、维修性和经济性监控已进入了一个新的阶段。近十年来，随着航空发动机状态监视与故障诊断技术的发展，航空发动机健康管理这一全新的概念被提了出来。工程应用及技术分析表明，EHM 技术可以实现降低维修保障费用、提高航空公司的签派率并降低维护维修成本的目的。发动机健康管理系统主要包括数据管理、健康状况分析、故障诊断和发动机寿命分析四个模块，可以完成发动机的机械系统和气动热力系统的实时监控和诊断、传感器故障诊断隔离以及发动机健康状况和工作寿命预测等任务。

军用装备历来是高新技术的试验场，健康与能效监控的最新技术在发达国家的军用航空发动机和军舰燃气轮机上得到了充分应用，达到了极高的技术水平。国外将配装 PHM 系统作为五代机发动机的重要标志，代表机型主要有配装于 F22A 的 F119 发动机、配装于 EF2000 的 EJ200 发动机以及配装于 F35 的 F135 发动机。

F119 采用的是双 FADEC+独立发动机诊断单元 (comprehensive engine diagnosis unit，CEDU) 的机上健康管理架构，如图 2.34 所示，并配合地面支持保障系统进行趋势分析和失效处置。机上健康管理由 FADEC 和 CEDU 共同完成。FADEC 提供互为备份的双通道控制结构，飞行包线内对发动机从启动到最大状态进行全状态控制，提供与综合飞行推进控制数据三总线接口，具有高故障容错能

力，内置 STORM 模型，具有机内测试以及故障检测、隔离、适应等功能，并负责向飞行员发送提醒、警报和建议信息。CEDU 则提供预防、诊断和处置发动机故障的功能，从 FADEC 采集和存储发动机运行数据和发动机特定传感器的数据，整定和处理振动、滑油碎屑、滑油水平、N1 转速传感器相位等信号数据，存储机内测试以及维修所需的数据。机载自调整实时模型 STORM 系统记录了发动机在起飞和巡航状态下的性能健康参数和 STORM 调整参数，能够实现气路控制用传感器的在线诊断和隔离。前中介机匣、后支撑环以及附件机匣均安装有振动加速度传感器，采用离散傅里叶变换分析技术进行实时振动频谱分析。除了采用滑油压力和滑油温度传感器之外，还采用了专用的机载感应式碎屑在线监视和滑油水平监测技术。该健康管理系统还具有事件记录功能，可以记录事件发生之前 20 秒及之后 3 秒的状态数据。可以在线计算关键部件的使用寿命消耗情况，热端部件的蠕变寿命，I 类、II 类、IV 类 LCF 循环数，启动次数、加力点火次数，发动机工作时间、发动机飞行时间、发动机总累积循环数等寿命使用参数，并由 CEDU 实现。

除了机载系统外，地面支持保障系统的主要功能是将机上记录存储的数据下载到飞机综合维修信息系统(integrated maintenance information system，IMIS)进行更详细的分析，包括关键参数的趋势分析、关键部件的寿命使用累计、失效处置、故障隔离以及维修任务的优化。除此之外，还有基地级主工作站，二者之间通过加密网络通讯。基地级主服务器为各用户提供应用程序。

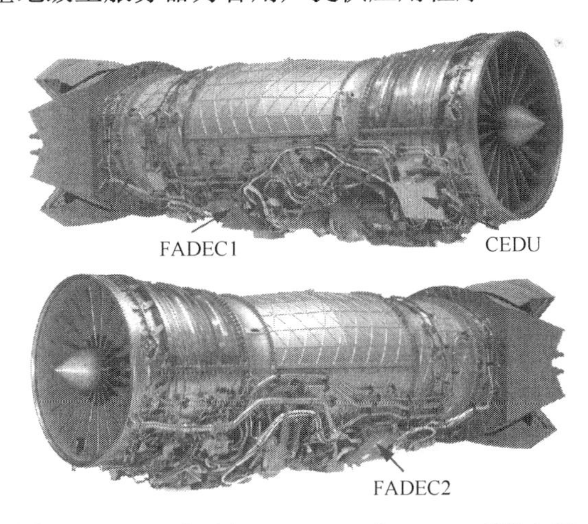

图 2.34　F119 发动机双 FADEC 与 CEDU 系统布局

欧洲 EJ200 发动机的 EHM 系统是四代发动机健康管理技术的典型代表，采用的也是机载系统和地面支持系统的综合健康管理结构方案，如图 2.35 所示(图示为 2007 年后，机载系统改进设计后的功能结构)。其中，机上主要功能为机内测试、故障检测、寿命消耗计算和存储记录，而地面支持保障系统则完成性能关键参数趋势分析、详细的故障诊断和隔离、寿命管理、发动机机群管理以及后勤规划等。

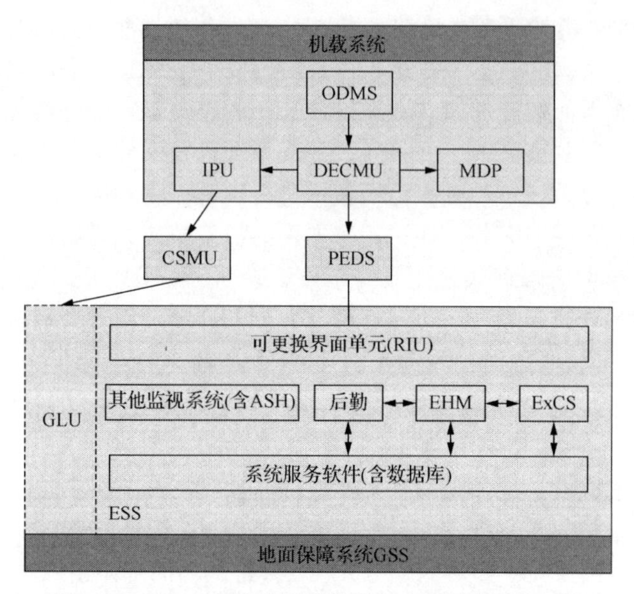

图 2.35 EJ200 发动机机载监视和地面保障系统架构

DECMU. 数字电子控制和监视单元；MDP. 维护数据面板；ODMS. 滑油碎屑监视系统；IPU. 接口处理单元；CSMU. 坠毁免损坏存储单元. PEDS. 便携式数据存储器；EHM. 发动机健康监视系统；ExCS. 经验捕获系统；ESS. 工程保障系统；GLU. 地面加载和数据传输

机载系统由发动机数字控制和监视装置 DECMU、机载滑油碎屑系统 ODMS、接口处理单元 IPU 和维修数据面板 MDP 组成。其中，DECMU 合并了原来发动机的数字控制和监视功能，并负责发动机在允许飞行包线内可靠的控制，检测发动机运行过程中的故障，监视发动机的配置、寿命使用和振动水平，以及所有故障相关数据信息的存储记录和传输，DECMU 在发动机上的布局情况如图 2.36 所示。ODMS 系统则负责监视发动机的滑油碎屑和超限事件的报告。MDP 则用于为飞行员提供检测的特定故障信息。IPU 是进行数据传输和分发的接口单元。EJ200 机载系统在稳态时记录发动机特征参数，并计算修正发动机推力水平保持不变。EJ200 发动机配有两个振动加速度传感器，传感器可监视低于 1kHz 以下的转子动力学特性，分别安装于前中介机匣和后支承环。振动工作周期为 0.5s，采样频率为 2.5kHz，其中，204.9ms 进行数据采集(512 个样本)，295.2ms 进行处理。机载系统采集低压转子信号，并生成 100 个等间隔转速带宽信号，其中，第一个转速带宽为 0～30%，第 100 个为 103%至极限工作转速。机载计算的振动特征参数有：通过 10 个回转周期采集样本离散傅里叶变换导出的低压转子转速基础频率振动幅值、高压转子转速基础频率振动幅值、可编程高阶振动幅值；两个传感器宽带 RMS 值；剔除转子基频、可编程高阶频率前后传感器的残余振动幅值。除上述机载计算的振动特征参数外，机载监视系统还记录、存储每个转速带宽下的每转最大振动幅值以及环境静压、法向加速度、法向角速度、飞行马赫数和进气温度等飞行状态参数，记录、存储振动时间前后的振动数据。

图 2.36 EJ200 发动机 DECMU 布局

此外，机载监视系统还提供振动特征参数趋势分析和超限预报功能，并根据发动机振动故障模式库，支持进行振动故障隔离。该系统可检测和诊断的故障模式主要有：发动机正常衰退导致的不平衡；低压压气机转子叶片结冰；高压转子弯曲；FOD、鸟撞和叶片掉块；挤压油膜、碰摩、连接松动引起的不稳定；轴承降级。

机载系统同时监视滑油消耗水平和滑油碎屑水平，并进行超限限制报警。该机滑油碎屑传感器安装的也是 GASTOPS 公司生产的全流域滑油碎屑在线传感器。机载系统根据机载飞行任务剖面数据计算部件的寿命消耗情况，并负责部件寿命消耗的更新。机载系统负责记录异常事件发生前后短时间内的发动机特征参数，并将事件显示在维修数据面板上。

地面 EHM 系统是整个飞机地面保障系统的一个组成部分(图 2.37)，提供发动机性能、振动、滑油、关键部件寿命等的趋势分析，负责对机上发动机部件的寿命使用情况进行核查，并提供关键部件的可用剩余寿命，提供异常事件的手动故障隔离引导，将机上检测情况提交维修保障部门，同时提供同类事件的统计分析功能，以制订维修计划。

F35 战机是美军未来五代战机重点发展的主力机型，代表了当今战斗机和发动机的最高发展水平。F35 配装的 PHM 系统代表了当今 PHM 技术的最高发展水平。F35 整机采用预测与健康管理系统架构(图 2.38)，通过先进传感器、智能算法和智能模型(神经网络、专家系统、模糊逻辑)来预测监控和管理飞机各系统的健康状况，完成故障检测、故障隔离、故障预测、剩余寿命预计、部件寿命跟踪、性能降级趋势跟踪、辅助决策和资源管理等功能。F135 发动机 PHM 系统是整个飞机 PHM 系统的一个子系统。

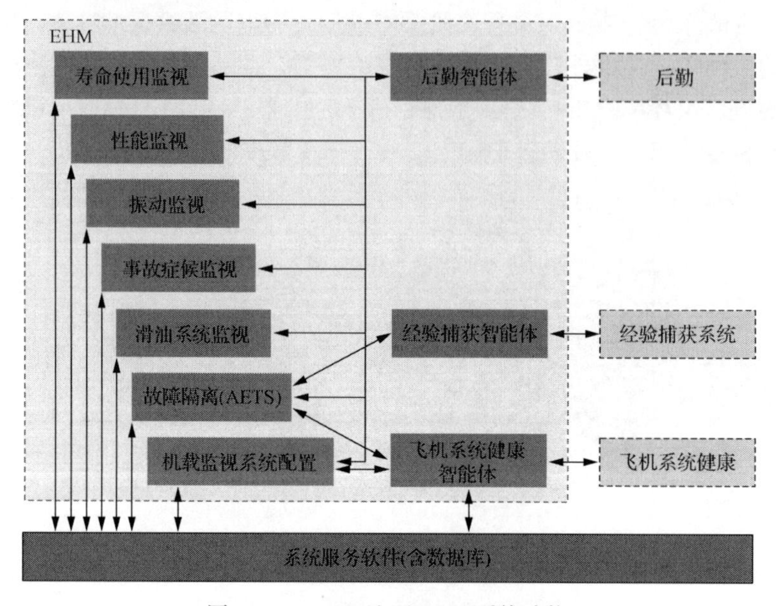

图 2.37　EJ200 地面 EHM 系统功能

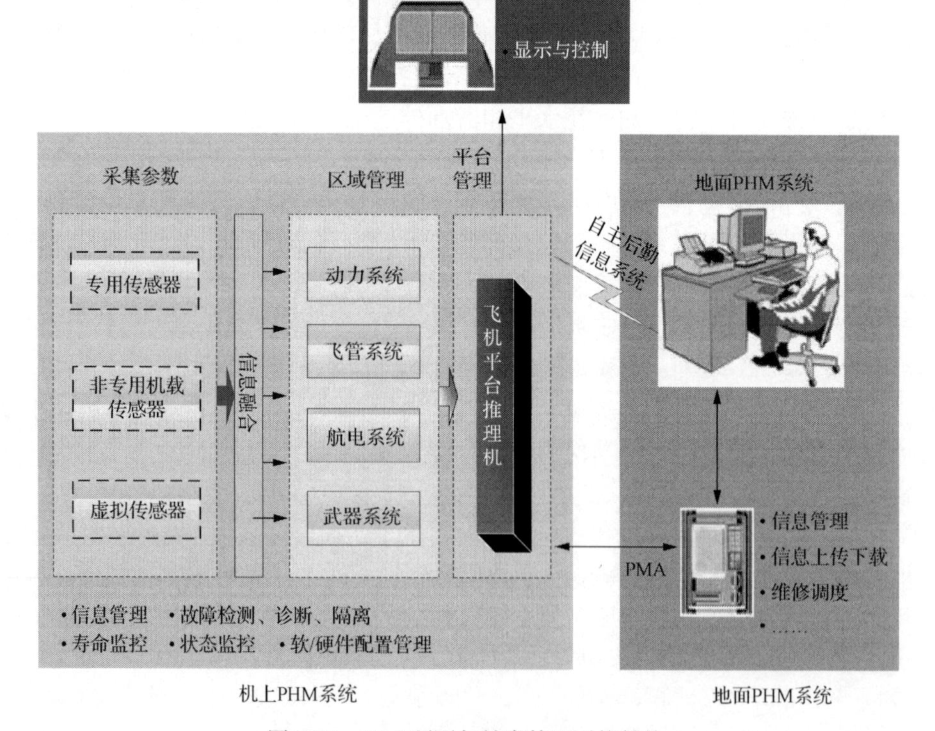

图 2.38　F-35 预测与健康管理系统结构

F135发动机延续了F119发动机双FADEC和独立发动机预测健康管理区域管理器的模式，如图2.39所示。PHM系统架构突出了故障预测的技术特征，采用了更为先进的分层区域管理和信息融合推理机技术，以及先进传感器集成、先进算法和智能模型来实时监视、诊断、预测和管理发动机的健康状态，使得F135的PHAM系统具有更为强大的机载诊断隔离能力。此外，PHAM系统与飞机PHM系统直接交联，通过数据链进行空地通讯，可获得地面PHM系统的实时支持。

图2.39　F135发动机PHAM与FADEC布局

F135仍沿用F119的成熟STORM系统，记录发动机在起飞和巡航状态下的性能健康参数和STORM调整参数，实现气路控制用传感器在线诊断和隔离，此外，还具备增强的气路部件在线故障诊断和隔离能力。除了前中介机匣，后支撑环以及附件机匣均安装有振动加速度传感器，除采用离散傅里叶变换分析技术进行实时频谱处理外，F135还针对主轴承开发了超高频振动早期故障诊断(冲击能量和应力波分析)和基于物理失效的预测技术，针对风扇叶片开发了电涡流/微波在线监测技术，用于直接监视叶片的叶尖间隙和位置，从而达到监视叶片健康状况的目的。除了沿用F119的机载感应式碎屑在线监视技术外，F135还增加了滑油品质监视技术，与滑油液位监测合成为一个传感器。

F135发动机PHAM系统可以在线计算和跟踪关键部件的使用寿命消耗情况，包括热端部件的蠕变寿命，I类、II类、IV类LCF循环数，启动次数、加力点火次数，发动机工作时间、发动机飞行时间、发动机总累积循环数等寿命使用参数，并能够根据任务剖面实时计算关键系统和部件的剩余寿命情况，从而能够实时评估发动机遂行预定任务的能力并向指挥员提供决策支持依据。

F135发动机区域管理器负责与其余子系统、飞机级健康管理器的协调，提供发动机 PHM 专用传感器的数据处理、存储。在飞行中，带有时间标记的健康特征、寿命使用和故障事件等相关的 PHM 数据通过数据链下载到自主后勤信息系统。此外，子系统状态和其他相关的健康管理信息也在着陆信号发出后传输到自主后勤信息系统。自主后勤信息系统负责更新飞机状态并进行离线的 PHM 处理。离线预测与健康管理接收 PHM 数据并负责解译 PHM 数据嵌入的代码，以此为基础给出缓解故障的必要维修操作。F135 发动机的多数故障状态需要诊断到外场可更换单元水平。

总的来看，美军所有现役四代机及五代机均已配装了机载健康管理系统，且取得了非常好的应用效果，为推行新型维修保障体制奠定了坚实的技术基础。根据统计情况，美国海军 A-7E 飞机 TF-41 加装发动机监视系统后，A-7E 平均故障率由每 10 万飞行小时 11 次显著下降至每十万飞行小时 1 次，每飞行小时维修人时减少 64%。F/A-18E/F 超级大黄蜂 F414-GE-400 发动机配装的先进飞行中发动机状态监视系统(inflight engine condition monitoring system，IECMS)经过大于 15000h 严格的飞行试验并在超过 40 架战机上进行了机群装机评估，在美国海军应用评估阶段取得了 100%的发动机异常检测率和 0 虚警率。

美国、英国、法国等在舰船燃气轮机状态监视和健康管理技术的成功应用，优化了燃气轮机的运行性能，增强了运行可靠性，减少了故障诊断的时间和费用，延长了燃气轮机的使用寿命，提高了舰艇的在航率。

LM2500 舰用燃气轮机是美国 GE 公司于 20 世纪 60 年代以 TF39/CF6-6 航空涡扇发动机为蓝本研制的航改式燃气轮机。此后进行了系列改进完善，发展了多个型号，派生了 LM2500+、LM2500+G4 等性能提高型舰用燃气轮机，形成了系列化的发展图谱。由于该系列燃气轮机性能优越，美国等多国海军均采用它作为军用作战舰艇的动力装置。从 70 年代初正式投入使用以来，LM2500 系列燃气轮机已经销售了 2000 多台，占据了世界舰船燃气轮机的绝大部分份额。目前，用于舰船推进的 LM2500 和 LM2500+燃气轮机总的运行时数已超过 5 千万 h，这是其他任何一种舰船燃气轮机都难以企及的高度。

LM2500 舰用燃气轮机配装了美国海军开发的综合状态监视与健康管理系统——“海神”系统。“海神”系统是一套综合性软件模块包，融合了在线和离线的燃气轮机监测、性能分析和趋势预测技术和方法，为安装了全权限数字电子控制(full authority digital electronic control，FADEC)系统的 LM2500 舰用燃气轮机提供全面的状态监视、故障分析诊断、故障预测以及视情维修等功能。“海神”系统涉及了舰用燃气轮机全寿命管理的多个方面，包括实时故障监测与报警、趋势分析与预测、离线技术状态分析等。“海神”系统用特定模块跟踪计划维修系统，内嵌实时发动机模型，进行性能监测、传感器有效性检测、存储与趋势分析、事件记录、振动诊断和离线分析。

“海神”系统采用多层次的状态管理体系结构。该结构基于燃油数字控制，以计算机快速网络技术为支撑，集成状态监测和状态评估，为舰船现场操作和维修人员提供状态特征、状态变化趋势以及故障诊断方法，也为离线技术分析制定信息存储系统并全面补充和协助舰船燃气轮机的高级故障诊断、检测和维修决策。

“海神”系统包括五个主要功能部件：实时监测、趋势分析/预测、性能诊断、人机界面和桌面离线模拟。

实时监测系统除了能完成常规的舰船燃气轮机实时、在线性能监测任务，如启动/停机顺序监测、故障性报警/降工况/停机监测、参数数据正确性判断、滑油成分监测等功能外，还包括燃气轮机实时性能模型、传感器信号实时确认与故障诊断、高频振动的在线监测、参数数据自动存储与性能分析以及自动维修决策。

趋势分析和预测系统基于舰船燃气轮机安全运行和性能分析的需要，包括了压气机转速超限趋势、喘振裕度衰减趋势、压气机效率递减趋势、燃油消耗量增量趋势等常用有效趋势。这些趋势特征以图形的形式表示，它们基本上反映了燃气轮机的性能衰减规律。通过对这些趋势特征的分析来评估燃气轮机部件当前和未来的技术状态，预测对燃气轮机采取的具体检查、保养和维修内容，如压气机孔探仪检查、压气机水清洗、燃油喷嘴更换等。

除了能模拟舰船燃气轮机各个运行过程(慢车以下的稳态或瞬态工况外)，“海神”系统还能从捕获的稳态数据中诊断出某些性能故障。用来诊断性能的参数主要有：压气机热效率、压气机空气质量流率、高压涡轮热效率、高压涡轮燃气质量流率、低压涡轮热效率、低压涡轮燃气质量流率和动力涡轮进口燃气温度。这些性能参数来自于燃气轮机稳态工况数据。性能诊断的方法是将实时性能参数与性能故障模式库中的参数值进行比较。性能故障模式根据经验得到或由系统的性能模型仿真而成。这种方法能诊断出舰船燃气轮机的常见性能故障，如压气机可转导叶传动装置失效、压气机积垢引起空气质量流率和等熵效率下降、燃烧室积垢引起的动力涡轮进口燃气温度升高等。

根据不同的大气条件和不同的性能下降的严重程度，“海神”系统还可以通过性能模型仿真，模拟分析出这些性能下降的原因。通过模拟可以得到故障模式的规律，从而确定被观察的参数偏离正常值范围的程度。“海神”系统提供两种级别的用户界面，一种供维修/操作人员使用，另一种供舰船技术工程师使用，内容包括气动热力参数、状态指示灯、报警指示灯、性能信息、传感器信息、趋势信息、故障信息、振动信息等，可以显示每个发动机的告警或提示信息，还可以根据用户的配置选择显示多条趋势或性能曲线。

桌面离线模拟是一个基于 MATLAB 的分析和仿真工具，能离线地对存储的燃气轮机运行参数进行深层次的数据分析，供更高级别(基地级、舰队级)的维修管理人员和技术人员了解燃气轮机的技术状态水平、评估燃气轮机的性能、分析产生故障的原因和确定故障的维修措施。桌面离线模拟主要特征有：能让操作人员/

维修人员进行数据重显；关键运行工况“回放”；利用模型进行性能仿真；离线性能诊断和趋势预测；在特定运行条件和应用状态下开环/闭环的性能模拟。与电站燃气轮机不同，舰船燃气轮机由于其独特的运行/维修环境，其状态监视系统的这种“桌面离线模拟”功能对性能的有效监测显得尤为重要。它允许燃气轮机在停机状态下(甚至在陆地上)就可以通过“工况回放”功能进行燃气轮机的性能分析和诊断，可以比在线或在舰艇现场更详细地分析动力装置的作战技术性能，为舰船燃气轮机的远距离、脱机状态的性能分析和诊断提供了有效措施。

舰船燃气轮机状态监视和健康管理技术的成功应用优化了燃气轮机的运行性能，增强了运行可靠性，减少了故障诊断的时间和费用，延长了燃气轮机的使用寿命，提高了舰艇的在航率。除此之外，LM2500 舰用燃气轮机还提供了进行直观视情维修的重要手段——设置孔探口，使用内窥镜。LM2500 有孔探口 40 处，其中压气机 14 处，压气机后机架 10 处，涡轮中机架 16 处，可对压气机叶片、燃烧室、燃油喷嘴、高压涡轮、涡轮中机架衬套和低压涡轮进口进行探视。

英国是最早应用舰船燃气轮机的国家，所用燃气轮机主要是英国 RR 公司生产的“奥林普斯(Olympus)”、“苔茵(Tyne)”以及后来的“斯贝(Spey)”SM1A 及其功率提高型 SM1C 舰用燃气轮机。英国 RR 公司为了提高其“奥林普斯”、“苔茵”及“斯贝”舰用燃气轮机的可用性，大力发展状态监控和健康管理技术，先后研发并投入使用了多个单独的监测装置，主要有：低循环疲劳计数器(low cycle fatigue counters)、涡轮寿命监测仪(turbine life usage)、动力涡轮进口温度分布监测器(power turbine entry temperature spread monitoring)、性能及气动热力评估系统(performance and aerothermal assessment)、振动监测装置(vibration monitoring)、滑油屑末监测装置(debris in oil)、排气碎屑分析器(exhaust gas debris analysis)。最后将这些独立的成熟的健康管理(EHM)技术集成到一起，形成一个完整的综合性的在线监控系统。

除此之外，“奥林普斯”、“苔茵”及“斯贝”舰用燃气轮机还设置孔探口，可对燃气轮机进行直观观察，然后决定是否需要维修，这极大地提高了可用性。“奥林普斯”和“苔茵”燃气轮机虽然孔探口有限，但仍能对热端进行检查，并作出良好判断。“斯贝”SM1A 在压气机、燃烧室和涡轮均设置许多孔探口，提高功率的“斯贝”SM1C 预定的孔探口更多。

WR-21 舰用燃气轮机是美国、英国和法国合作，以 RR 公司 RB211 和 TRENT 航空发动机为基础，将间冷回热技术引入到简单循环发动机结构中发展而来的新型大功率先进循环燃气轮机。WR-21 配置了代表最新技术的一整套数字控制器/传感器，它提供了基于维护保养的整台 WR-21 的运行监测、趋势和调节。双以太网通道提供 WR-21 和舰船之间通信的灵活性。WR-21 装备有一整套运行监测与发动机趋势传感器，提供工程技术人员用以分析性能、研究趋势和按计划进行维护所必需的资料。在故障发生之前，能通过预测故障来减少停机。在正常运行期间，该系统自动监测数百个系统参数，其中12个参数是评价发动机安全运行的关键参数。遥控终端设施具有商用流行的以奔腾为基础的CPU虚拟机械环境结构。使用经一台与通用以太网接口相连的笔记本计算机实现机旁操作和随机诊断。通过控制系统中的遥控插头，该数字控制器适合于全船计算机环境，并且可以在船上的任何地方实施故障诊断。这样的虚拟机械环境将是WR-21及其周边环境的监控和故障诊断的有力保障，也是虚拟现实在舰船推进系统中的第一次应用。除此之外，WR-21舰用燃气轮机上还广泛分布内窥孔，可以方便地检查全部的回转部件、中间冷却器和回热器。

2) 各大跨国巨头均推出了成熟、成套的航空发动机与燃气轮机健康与能效系统产品，占据了全球市场

国际上最著名的三大航空发动机制造公司各自推出了自己的航空发动机健康管理系统。

美国GE公司在航空发动机健康管理方面先后推出了ADEPT(aircraft data engine performance trending)、GEM(ground-based engine monitoring)、SAGE(system for the analysis of gas turbine engines)、RD(remote diagnostics)等健康管理系统。SAGE主要用于CF6、CFM56、GE90和CF34的状态监控。SAGE状态监控流程主要包括数据记录、数据传输、数据分析和修复活动。数据记录主要实现从标准设备获取包括巡航、起飞、爬升三个阶段的质量优良的数据。数据传输主要实现将数据通过ACARS报文、软盘等途径输入到系统中的功能。数据分析主要实现根据获得的原始数据对发动机整机性能进行评估和趋势分析，判断发动机是否能够正常运行或者产生了不正常的性能偏离，为发动机维修管理提供长期趋势预测。修复活动主要实现根据状态监控结果对发动机进行检查、维修或者确定需要重点关注的发动机清单。RD系统需要通过GE航空的CWC(customer web center)进行访问。与SAGE的数据储存在各航空公司不同，RD的数据储存在GE。RD的主要功能包括监控参数趋势图、监控参数报警、重点监控发动机、客户通知报告、GE报告、客户报告等模块。一般情况下，故障信息、起飞、爬升、巡航以及超限数据直接通过ARINC/SITA数据网络传递到GE。RD的标准诊断程序(standard diagnostics)可以实现监控发动机趋势、管理报警、访问报警详细记录、管理重点监控发动机、产生趋势图、打印/保存/输出报告中的图或数据、监控在翼数据(如果可用)、查看历史数据等功能。当开始数据处理时，异常检测工具(anomaly detection tools)首先寻找问题，一旦发现问题，自动进行电子报警，将信息通过电子邮件发送到运营商。同时，数据也发送到标准诊断程序和GE产品支持部门，这样，GE就能与客户同时检查数据。获得的信息用于发布维修建议以解决发现的问题。除RD提供的标准功能外，GE还开发了大量的数据分析方法，并逐步集成到RD中。

PW公司在航空发动机健康管理方面先后推出了ECM I(engine condition

monitoring)、TEAM Ⅰ、TEAM Ⅱ、ECM Ⅱ、TEAM Ⅲ、EHM(engine health monitoring)、ADEM(advanced diagnostics & engine management)等健康管理系统。ECM Ⅱ使用由飞机计算机或者机组获得的稳定状态的巡航在翼数据。数据首先写入计算机文件，修正到海平面静态条件下，然后与特定的发动机/飞机构型下的基线相比。在翼数据和基线(EPR是控制量)之间的差值被称为原始偏差值。根据这些偏差值的趋势图，就可以识别出可能的发动机故障、仪表和安装问题。EHM覆盖了ECM Ⅱ以及TEAM Ⅲ的功能，可以实现基本巡航参数分析(ECM Ⅱ)、扩展巡航参数分析(TEAM Ⅲ)、起飞EGTM分析以及起飞减推力分析。ADEM是基于Web的软件工具，具体功能包括实时机队信息、自动报警和趋势通告、飞机超限报警、自动报警隔离、机队报警状态和管理、飞行数据趋势、在翼单元体性能分析、重点关注发动机。根据ADEM的交互式发动机趋势分析，监控参数有110余个，并支持散点图、折线图、一次回归、二次回归和三次回归。

RR公司的全资子公司OsyS提供的发动机相关软件和服务，包括设备健康监测(equipment health monitoring)、电子飞行包(electronic flight bag)、燃油管理和优化(fuel management and optimization)、排放管理和报告(emissions management and reporting)、机队规划(fleet planning)、机队可靠性管理和报告(fleet reliability management and reporting)、风险规划和维护(risk informed planning and maintenance)、运行安全和管理报告(operational safety and management reporting)等。RR公司TotalCare服务包括运行支持(operational support)、修理和大修(repair and overhaul)、信息管理(information management)等部分，致力于根据机队数据的修正、管理和解释，为客户提供最大的运行能力。发动机健康监测的优势在于，先进的失效预测避免了运行中断的损失，有效的航线维护建议增加了在翼时间，主动机队管理能力减少了非计划拆发，发动机裕度预测最大化了在翼寿命。发动机机队管理可提供一致的发动机维修计划的形式、发动机工作范围定义和送修管理、主动机队维修规划和退租状态管理等服务。RR公司在航空发动机健康管理方面先后推出了COMPASS(condition monitoring performance analysis software system)、EHM。COMPASS是用于分析发动机在翼记录的性能数据的地面系统。根据其帮助文件，COMPASS的主要功能包括数据录入、数据分析、趋势解释和故障诊断、报警生成、绘图、间接数据、系统维护。

下面以RR公司trent900发动机的EHM系统为例进行说明。该系统由机载部分与地面部分共同组成，机载部分首次实现了基于Web的远程监控与诊断，有赖于该技术，国际民航当局才能确认2014年3月8日失踪的马来西亚MH370波音777飞机的最终坠落地点位于南印度洋。图2.40为trent900 EHM系统的概念图。

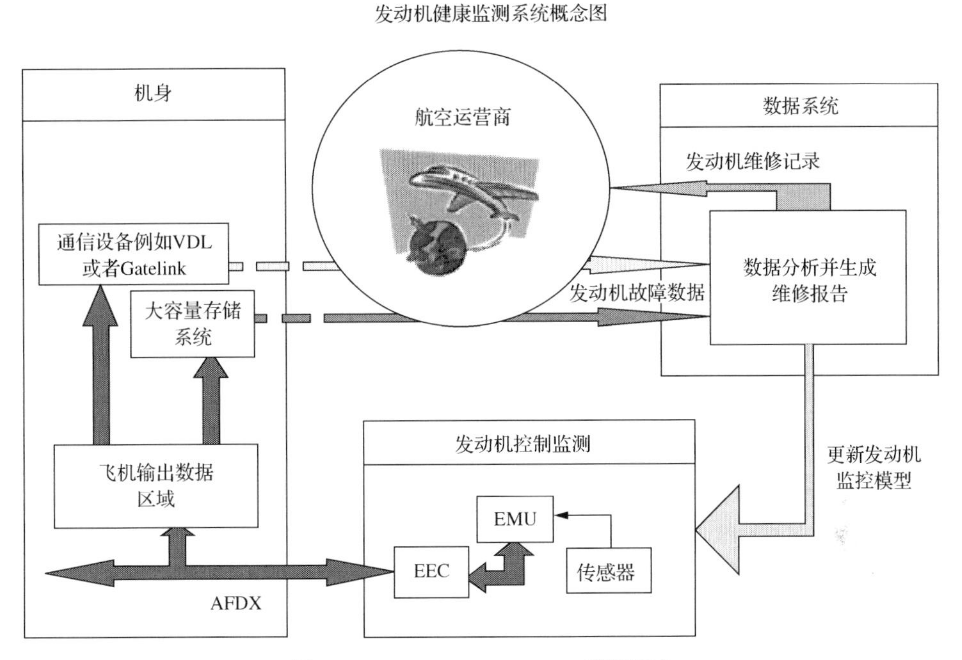

图 2.40　A380/trent900 EHM 系统概念

世界三大工业燃气轮机制造厂商美国 GE 公司、日本 MHI 公司和德国 Siemens 公司都建立了与燃气轮机配套的健康与能效监控系统。

美国 GE 公司开发的燃气轮机性能监控系统通过传感器测量、测量数据管理、燃气轮机性能趋势评估技术向电力企业提供燃气轮机历史运行数据、燃气轮机连续实时的性能趋势分析和优化的燃气轮机运行和维修计划[61]。其系统的主要功能如图 2.41 所示，其中，灰色部分为主要的商业子系统。

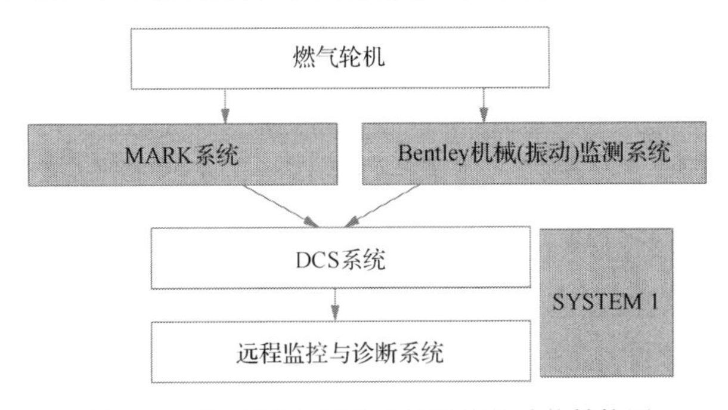

图 2.41　GE 健康与能效监控系统的功能结构图

在工厂监控层面，其核心系统是负责能效监控的 MARK 系列热力参数监控系统，另外还有负责机械监控的 Bentley 监控系统，二者采集的信号通过 DCS（distributed control system）分散控制系统整合。美国 GE 公司最新的 MARK VI

具有高效率、高可靠性的特点，继承了美国 GE 公司作为世界一流燃机设备供应商的优良品质。Bentley 的机械监控和保护系统目前最新的是其第 7 代产品 3500 系统，该系统具有全面的机械监测参数，能够提供“行业内最齐全”的机械监测，并能灵活调整监控和显示内容。3500 系统还具有停机保护功能，并可以灵活配置高达完整三冗余 TMR 的安全裕度，具有很高的可靠性。除此之外，3500 系统与 SYSTEM1 系统的连接非常简单，只需通过一根网线就能实现对接，从而将监控数据和状态监测、诊断系统联通。

在 DCS 系统和远程监控诊断层面，美国 GE 公司开发了 SYSTEM1 平台，该平台用于“识别和选定工艺过程的实施优化、状态监测和事件故障诊断”，其应用范围相当广泛，具有很好的开放性。在燃机方面，它可以整合 MARK 系统的热力信号和 Bentley 的机械监测信号，既可以完成现场单机或多机的健康、能效监控，又能提供基于互联网的远程监控服务。

与 GE 公司类似，MHI 公司和 Siemens 公司也具有相当水平的健康和能效监控系统，其整体结构类似，细节技术方面各有特点，此处不再详细介绍。

3) 传感器等基础工业是航空发动机与燃气轮机健康与能效监控的发展基础

高性能先进传感器是航空发动机和燃气轮机先进控制和健康管理的基础，其主要供应商有 Meggit 公司、Gastops 公司、PCB 公司、Kulite 公司、Ametek 公司、美国 GE 公司等，生产的测量温度、压力、振动、叶顶间隙、叶尖计时、燃油流量、滑油碎屑等高性能传感器覆盖了发动机主要部件或系统。

(1) 温度测量。

高温温度传感器按测量原理分类，主要包括高温热电偶传感器和基于光学测温原理的光纤高温传感器。高温热电偶传感器可测量高达 2300℃的温度，技术相对成熟，当前国内外均有成熟的产品，已经实现产业化，生产厂家众多。但热电偶存在三大固有缺点：一是热电偶输出信号弱且容易被共模噪声干扰；二是热电偶长期工作在高温环境下会有很大的漂移；三是热电偶对腐蚀剂敏感，寿命短。由于其测温原理的限制，现在还在继续研究用热电偶的方式测量高温温度场的厂家已经不多了。

目前，最主流的燃气轮机温度监测所采用的传感器主要是光纤形式的。原因有三点：一是光纤弹性较好，有较长的预期寿命；二是尺寸较小，以便更接近热表面，减小平均化效应；三是光纤传感器可以测试多个点的温度，减小系统复杂性。国内外在这方面所做的研究工作已经不少，代表性工作的有 Willsch M[62]等研制的光纤式温度传感器(图 2.42)。

在光纤高温传感器研发方面，美国、英国、法国、德国、日本等发达国家都做了大量的研究，并在不同程度上进入了实用化阶段，已经形成系列产品。美国是该技术的领跑者，其试用中的单晶蓝宝石光纤温度计已可测量 2000℃的高温，其精度比热电偶高 10 倍。此外，美国的 Accufiber、Allison、Luxtron 以及 Savannah River 等多家公司已经开始生产工业及军用光纤高温传感器，其核心技术对外严格保密。

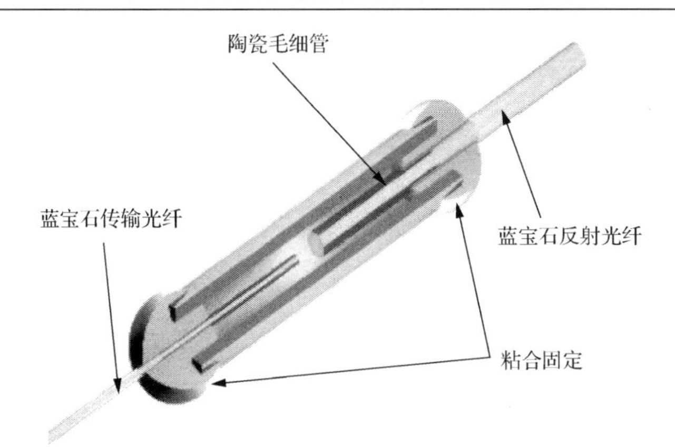

图 2.42　光纤式温度传感器样例

此外，美国纽约州的布法罗市 CBT 公司多年来也一直致力于航改型和重型结构燃气轮机传感器的研发。当前，CBT 已开发出用于燃气轮机高温燃气通路测量的基于光纤的传感器系统。其光纤传感器探头安装在燃气轮机第一级涡轮进口，测量的是燃烧室下游的燃气温度。主要优点是不受校准漂移、热冲击和热循环的影响。

英国 Land 公司研发的基于光纤传输的涡轮叶片红外高温计，主要用于航空发动机涡轮叶片温度的测量，其中 FP11 型测温范围为 600～1300℃，精度为±0.25%。

光纤高温传感器的测温原理是将外部温度的变化转换为光信号特征的变化，如强度、光谱、相位和极化状态等，然后再反推出温度值。目前主要技术有：①探测物体发出的热辐射或探测一些热膨胀系数或折射率随温度变化的材料的光程改变；②探测紫外线激发的可见荧光随温度变化的强度或延时时间。其主要优点为体积小、重量轻，目前研制的传感器能测量高达 1600℃的温度[63]。但是，在电磁干扰、辐射和旋转的恶劣环境下，其灵敏度、精确度和范围的测试性能将受到很大限制。高温环境下，还需要对纤维线和纤维头进行特别的封装保护，而高温下封装和纤维材料的热膨胀系数不匹配，容易导致传感器失效[64]。此外，由于涉及光路设计且信号处理部分复杂，致使系统整体复杂程度高，集成性差。目前为止，光纤传感系统均是有线测量，不能实现实时工况的长期测量[65, 66]。

有线测量在高温等恶劣环境下的适应性有一定局限。有线连接方式一般包括两方面：一是表头内部，温度、压力等物理量转变为传感器电容、电压等信号变化时的有线连接；二是传感器输出信号与信号处理系统的有线连接。无论哪种有线连接，在高温环境下都面临着严重的高温失效问题。另一方面，燃气轮机是典型的旋转机械，不可避免的会面临旋转信号的传输问题。现有的传统方法是应用滑环引电器，将旋转的电信号换成静止信号进行采集，但其使用周期较短、容易损坏且贵金属接触点昂贵。因此，面向下一代燃气轮机工况监测，急需无线、耐高温的测量手段。近十几年来，将无线信号传输技术应用到燃气轮机测试中，已经成为科研人员的研究热点之一。

美国密歇根大学研制的无线旋转机械测试系统如图 2.43 所示。从图中可以看到，此系统主要由传感器、电源、发射端和接收端组成。其中，温度、压力传感器的信号经过有线连接传输到发射端，再通过无线传输，传到接收射端的安装在轴上的温度较低区域。

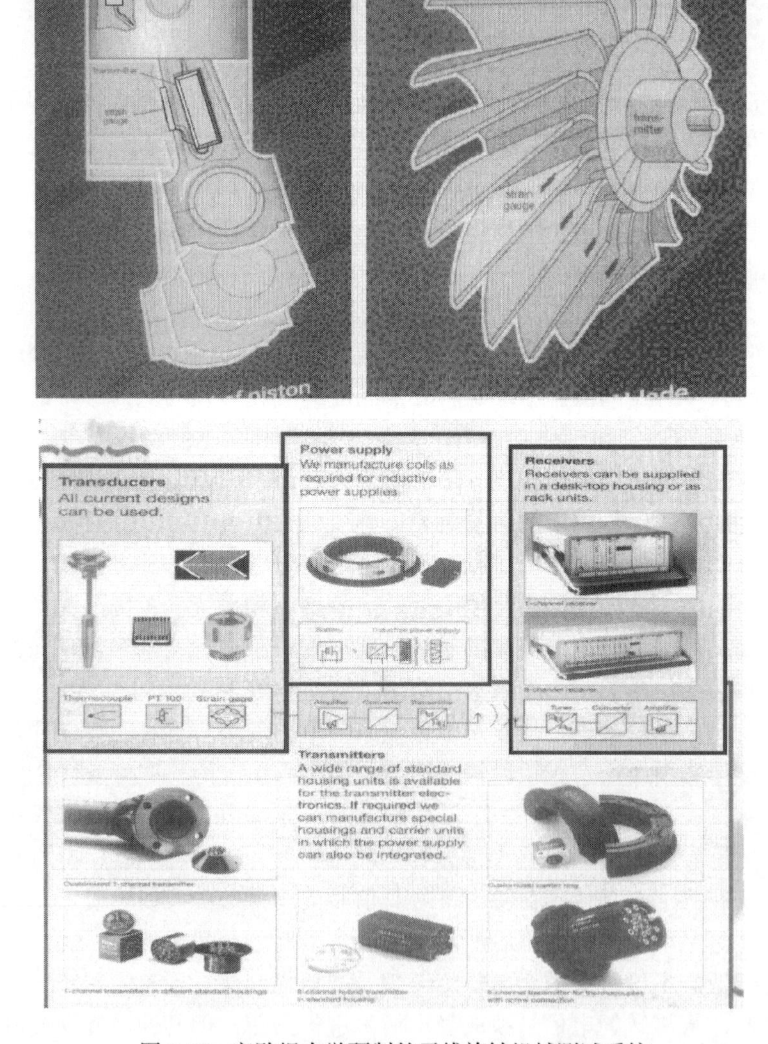

图 2.43　密歇根大学研制的无线旋转机械测试系统

应用于美国 GE 公司的高效燃气轮机测试实验是全球最大的遥测系统，如图 2.44 所示。904 通道遥测系统用于测量高效燃气轮机内部温度及涡轮叶片振动。蒸汽涡轮机叶片振动测量遥测发射机集成在机体内部以符合动平衡指标。

图 2.44　美国 GE 公司高效燃气轮机测试实验系统

温度测量中，基于 MEMS 工艺的传感器应用越来越受到重视，这得益于 MEMS 传感器自身优良的特性，以及在燃气轮机高温高压的工作件下其表现出的良好的适应能力，这主要体现在以下三个方面：首先，MEMS 传感器相比于传统传感器的一大特性就在于其更小的尺寸，而这对于燃气轮机的温度监控具有重要意义，对于一些热电偶等测试方法无法达到的测试区域，MEMS 温度传感器可以凭借其小尺寸特性轻松的完成监测要求；其次，MEMS 传感器的集成性更好，相比于一般的传感器，能更有效地避免不必要的线连接，而这对于高温高压的测试环境是有决定性意义的，可以大幅降低因为线连接的高温不稳定性引起的传感器失效；最后，一些新型的 MEMS 材料，包括蓝宝石、碳化硅等本身就具有优良的高温特性，这也是很多光纤型传感器选择上述材料作为敏感膜片乃至光纤材料的原因，而直接利用上述材料制作敏感器件会更有利于实现系统的小型化。

目前的 MEMS 温度传感器还不具备实现分布式测量的能力，主要采取和光纤技术相结合的方法，光纤本身不再是敏感元件，而是作为传输信号的载体。这方面的例子比较多，Nabeel A，Riza 等[67]采用的敏感核心器件 single crystal SiC chip 应用了 MEMS 技术，集成在光纤中，以探针的形式实现了分布式测量，如图 2.45 所示。

还有一些类似的例子，如 DesAutels 等[68]采取了类似的方式，这里就不再做进一步的列举了。

此外，国内外的研究人员在高温测试新原理、新材料和新技术方面也进行了有益的探索，如高温声表面波(surface acoustic wave，SAW)传感器和 RF 供能的 LC 传感器等。

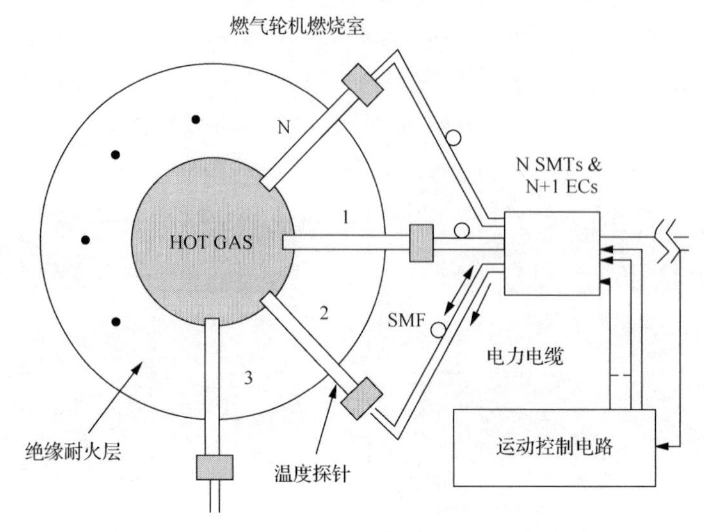

图 2.45　MEMS 的 SiC 温度传感器与光纤技术结合

SAW 传感器的原理是基于探测由温度引起的声表面波相位速度的变化[69]。速度的变化可以通过监测传感器的频率和相位特征得到，然后反推出与速度变化有对应关系的温度值。目前，所有的声波传感器都是压电声波传感器，它利用震荡电场产生机械波，机械波沿着基底传播，然后转换成电场用于测量。SAW 传感器特别适合应用于难以插入探针测量的恶劣环境。但是，由于声波通过或在材料表面传播时，任何传播路径特征的变化都会影响波的速度或相位，所以，这个技术的主要困难是声速不仅强烈依赖温度，而且依赖传播路径上的环境、几何体和材料特性，这导致了低系统容量、低带宽，限制了其应用范围。

RF 供能的 LC 传感器的专利和论文在过去十几年发表了很多，主要因为这种传感器不需要携带电源和暴露连线。众所周知，电源经常是传感器寿命和工作温度范围的限制，有 RF 供能的“虚拟电池”是化学电池外的一个很有发展前途的选择。由于尺寸小和特性稳定，RF 供能的 LC 传感器特别适合于需要短距离传输高能量的恶劣环境。目前已经成功应用于高温压力传感器[70, 71]、高温化学传感器[72]和湿度传感器[73]等。其主要困难在于提高其 Q 值及通讯距离。

另外，在温度传感器方面也有类似做成射频识别技术(radio frequency identification，RFID)标签的[74]，主要采用两种方法：一种是在原标签集成电路中增加一个对温度敏感的电路；另一种是在原电路的内部振荡器使用温度敏感型，温度变化改变振荡器的频率，用频率指示温度。但目前还没有查到应用到高温测量的射频标签传感器的相关文献，其主要原因是很难做出耐高温的处理电路。

2008 年，波多黎各大学的 Wang 等提出了一种应用在恶劣环境下旋转部件监测的被动无线温度传感器[75]。如图 2.46 所示，一个完全被动的 LC 遥测方案与高介电系数的对温度敏感的陶瓷材料相结合，阅读器通过天线与传感器进行能量和信息交换。最终，传感器被成功制造并在 235℃下进行了标定。不足之处是耦合距离只有 2.5cm。

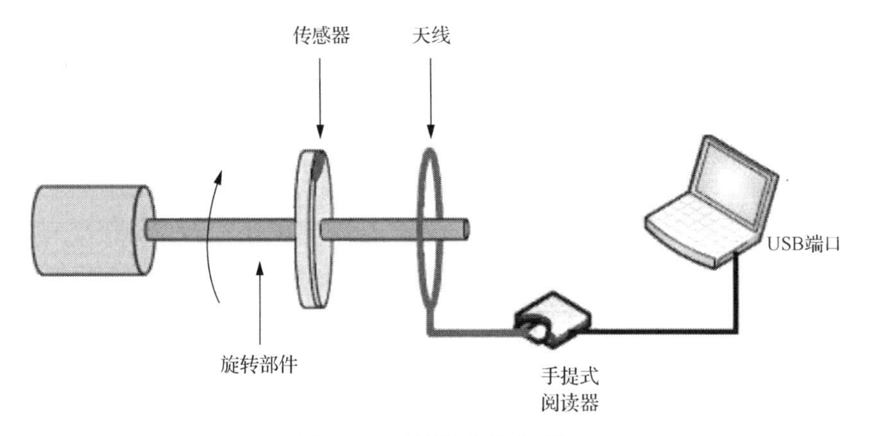

图 2.46　无线温度传感系统

2011 年，中佛罗里达大学的 Ren 等提出了一种无线被动敏感方法来测量介质加载谐振腔的谐振频率[76]，如图 2.47 所示。该谐振器由 SiCN 陶瓷材料制成，可耐 1500℃高温。谐振器通过放置在共面波导(coplanar waveguide，CPW)线末端的天线与共面波导线实现耦合。宽频带的信号通过两个天线对传播，并在谐振器的谐振频率 12.6GHz 以最大的谐振频率传递到谐振器。测试结果显示，距离 40mm 以内和仿真结果符合的很好。这个技术以植入燃气轮机发动机内部的温度压力传感器为发展目标。

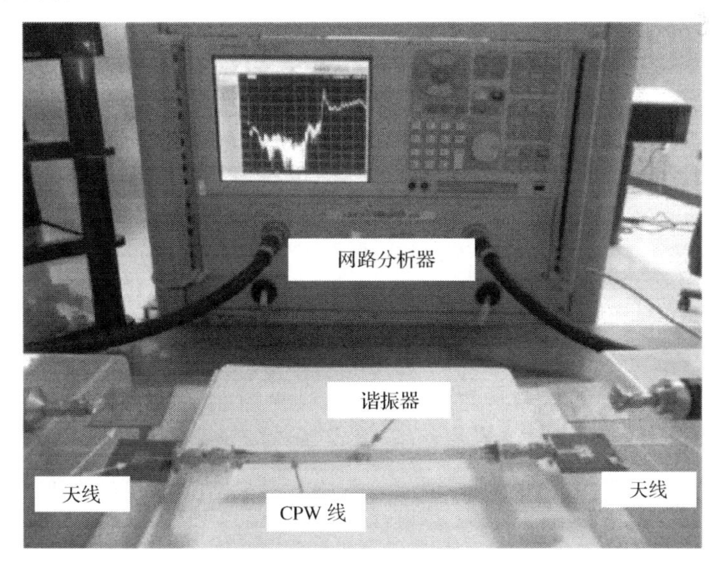

图 2.47　最终的无线敏感装置

(2) 压力监测。

对燃气轮机内部环境压力的实时监测具有重要意义，关系到燃气轮机的设计、效率、安全、寿命等。但是，其内部的高温、氧化、腐蚀性环境，也对传感器提出了苛刻的要求。为了实现测量的目的，有必要寻找耐高温、耐腐蚀、小型化、无线的传感器产品，或是研究开发相应的传感器材料、工艺和集成方法

压力或压强的测量，主要是采用压力传感器，将压力、压强信息转化为电、光信息等易测信息。目前，测量压力、压强的最经典方法是采用膜结构，如图 2.48 所示，膜结构的一侧为密闭的参考压力腔，另一侧为环境压强。当环境压强发生变化时，膜两侧的压强差发生变化，敏感膜发生变形。因此，膜结构将环境压强的变化转化为敏感膜形状的变化。

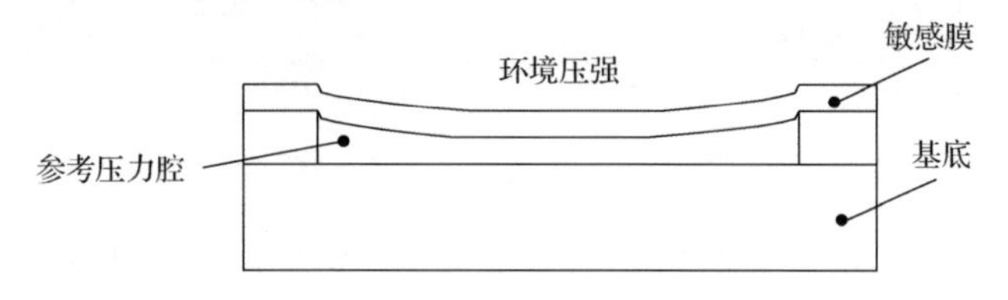

图 2.48　压力传感器的经典机械结构

根据将敏感膜变形量转化为易测量的方法的不同，可以将压力传感器分为压阻式、电容式、谐振式、场效应管式、光纤式、压电式、微电子场发射式等。

面向燃气轮机内部环境的压力监测，需要传感器至少能够经受住 400℃或以上的高温，表 2.7 给出了在 400℃以上的测量领域已经公开的各厂商的产品情况。

表 2.7　各主要生产厂商的耐高温压力传感器

型号	公司或机构	核心材料	敏感原理	最高使用温度
XTEH-10L-190	美国 Kulite	SOI*	压阻	538℃
EWCTV	美国 Kulite	SOI	压阻	1093℃(带水冷)
PT500-701	中国普量电子	未给出	压阻	1000℃(带水冷)
GH14D	奥地利 AVL	压电晶体	压电	400℃
FOP-MH	加拿大 FISO	氧化硅光纤	FP 光纤式	450℃
176M0X	美国 IMI	压电晶体	压电	530℃
176MXX	美国 IMI	压电晶体	压电	530℃
	美国 LUNA	氧化硅光纤+耐合金封装	FP 光纤式	1050℃

* SOI 绝缘体上硅

可以看出，即使是在世界范围内，能够在 400℃以上高温环境中工作的传感器种类依旧很少，核心技术掌握在少数国外公司或是研究机构手中，具有很高的

技术壁垒。其中，美国的 Kulite、IMI、LUNA 等公司在该领域具有很强的技术实力。Kulite 公司在 1986 年率先推出了基于 SOI 的耐高温压力传感器，并且能够承受高达 32000G 的加速度，使得燃气轮机叶片环境压力的测量成为了可能。在 2001 年，Kulite 公司进一步推出了能够耐受超高温（500℃以上）的压力传感器。目前 Kulite 公司持有压力传感领域 200 余项专利，产品应用于航天、航空、军事等多个领域与 NASA、MIT 等研究机构保持着良好的合作关系，在基于碳化硅（SiC）等新材料的耐高温压力传感器的研究上，也处于国际领先地位。美国的 IMI 传感器（IMI Sensor）公司，隶属于 PCB 压电公司（PCB Piezotronics）。PCB 创立于 1967 年，专注于基于压电晶体的压力传感器、加速度计等的研发。IMI 的压力传感器采用压电测量原理，更偏向于测量动态压力或是压力变化。美国的 LUNA、加拿大的 FISO 等公司，则主要是专注于光纤传感器产品，并处于世界领先的地位，在能源、医疗、工业控制领域，均具有较高的市场份额。

从传感器价格来看，耐高温压力传感器的价格普遍较高，即使是耐温在 300～400℃范围的传感器，价格也在 1500 美元左右，而耐温在 400℃以上的传感器，国外传感器品牌如 Kulite、IMI 等，单支传感器的价格均在 1 万元人民币以上，并且供货周期很长。

从技术路线上看，目前，各主要耐高温压力传感器厂商采用的技术手段主要包括基于绝缘体上硅（SOI）的半导体式传感器、基于压电晶体的压电式压力传感器以及基于光纤干涉测量原理的光纤式压力传感器。具有水冷系统的 SOI-MEMS 压力传感器和光纤式压力传感器的耐高温能力更强，能够承受 1000℃以上的环境温度。但是，这两类传感器均具有体积较大、系统复杂的问题，在燃气轮机上安装的时候，都只能将探头安装在燃气轮机的腔壁上，而压电晶体式压力传感器受制于压电材料的耐高温能力，主要受限于材料的居里温度限制，当温度高于居里温度后，压电材料不再具有压电效应，传感器失效。因此，对于压电式耐高温压力传感器的研究，主要集中于具有高居里温度的压电晶体的开发上。

对比目前的各种技术路线，半导体式 MEMS 压力传感器具有较强的发展潜力，在耐高温、小型化、测量、可集成性等方面，具有综合的优势，如图 2.49 所示。

随着耐高温压力传感市场的不断扩大，以及对传感器耐温能力要求的不断提高，耐高温压力传感器在近十年来得到了学界与产业界越来越多的重视，其中，对于新材料的研究是近年来的重点。按照工作原理来分，高温压力传感器有压阻式、电容式、压电式压力传感器；按照主要材料来分，高温压力传感器有硅基（带水冷）、蓝宝石上硅（silicon on sapphire，SOS）基、绝缘体上硅（silicon on insulator，SOI）基以及碳化硅（silicon carbide，SiC）基 MEMS 压力传感器。

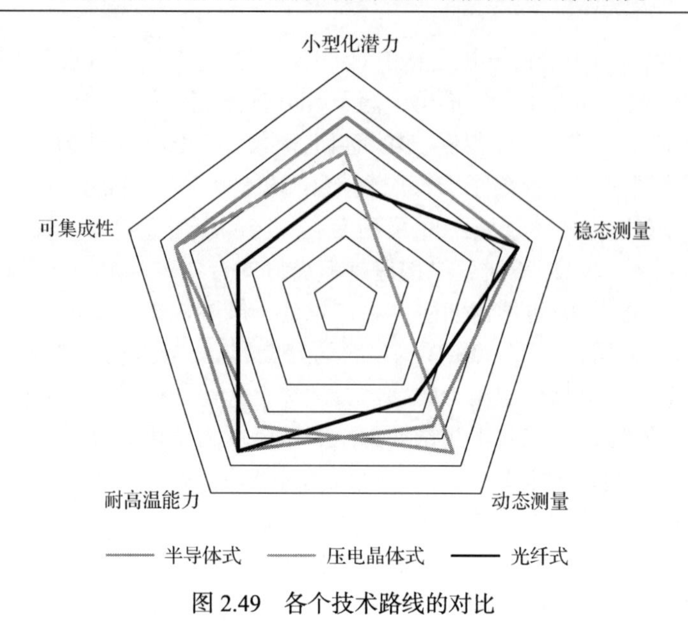

图 2.49　各个技术路线的对比

SOS 的主要基体和压力敏感膜材料为蓝宝石，在蓝宝石上沉积单晶硅，经过掺杂、光刻后，在蓝宝石表面形成单晶硅压敏电阻，将敏感膜的变形转化成电阻变化，如图 2.50 所示。由于蓝宝石是绝缘体，因此，可以有效降低 Si 在高温下的反向漏电流，提高了器件的使用温度。但是，SOS 压力传感器的应用化进展缓慢，并有逐步被取代的趋势，其中最主要的原因是，蓝宝石具有很强的化学惰性和机械强度，造成了 SOS 传感器加工困难、工艺成本高，同时，SOS 的材料成本高并且不易和 IC 工艺兼容，此外，近年来，随着 SOI 技术的逐渐成熟，SOS 有可能逐渐被 SOI 所取代。

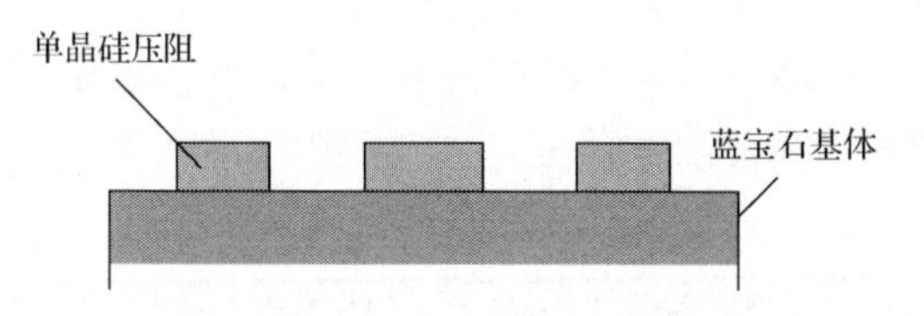

图 2.50　SOS(蓝宝石上硅基)结构示意图

SOI 作为一种新型半导体原材料，也属于 Si 基材料的一种，不同的是，其在表面 Si 层下预埋了一层氧化绝缘层。绝缘层的引入，实现了表面 Si 元件(如压敏电阻)和基体硅之间的介质隔离，降低了扩散电流和寄生电容，使器件可以在更高的温度下工作。但是，当温度进一步升高到 600℃左右时，Si 材料开始发生半导体失效和本征化[77]，因此，理论上，图 2.51 所示 SOI 基 MEMS 传感器在不加冷却措施的情况下，使用温度一般不超过 500℃至 600℃。这一使用温度对于一些应用背景，如地热勘探、汽车电子等已经够用。但是，显然还不能满足如燃气轮机等高达 1000℃左右环境下测量的要求。

图 2.51　SOI 结构示意图

大多数报道的 SOI 基 MEMS 压力传感器的最高检测温度都不超过 550℃[77-80]。美国 Kulite 公司与美国麻省理工学院联合报道了一款 SOI 基 MEMS 传感器[81]，如图 2.52 所示。采用了直接键合的工艺，封装后的器件可以在 607℃的高温下工作，是目前公开发表的 SOI 基 MEMS 压力传感器的最高使用温度。

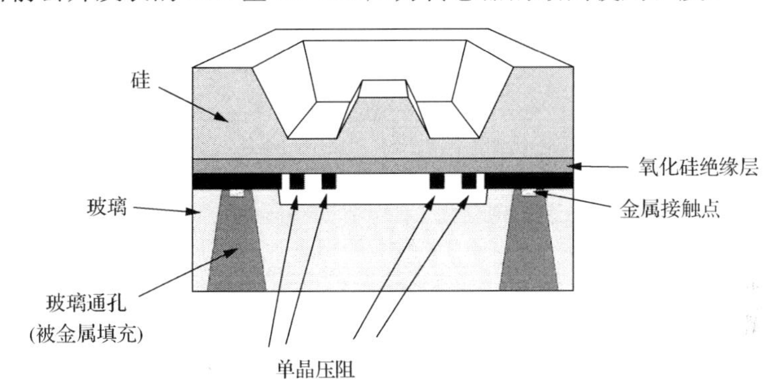

图 2.52　美国 Kulite 公司与美国麻省理工学院联合报道的 SOI 压力传感器[80]

为了进一步提高 MEMS 压力传感器的耐高温能力，人们开始寻找全新的半导体材料以替代 Si。SiC 作为一种第三代宽禁带半导体，以其良好的热稳定性和机械稳定性、耐化学腐蚀等特点，近年来得到了国内外研究者的重视和青睐。SiC 的汽化温度接近 Si 的两倍，杨氏模量是 Si 的 2～3 倍，击穿电场是 Si 的 10 倍[82, 83]。可见，SiC 具有比 Si 更加优异的耐高温性能(熔点)、导热性能(热传导系数)、机械性能(杨氏模量)、半导体性能(禁带宽度)。

目前，国内外的诸多研究机构和企业已经开始对 SiC 耐高温压力传感器进行研究，包括 NASA、美国凯斯西储大学、荷兰代尔夫特理工大学、瑞士的 SAMLAB 等研究机构，都在高温压力传感器方面开展了诸多探索。然而，市场上仍然未见公开的 SiC 基压力传感器。这主要是因为 SiC 的研究相较其他类型的传感器起步较晚，尚缺少从技术突破到完全产业化的时间。同时，SiC 具有的极佳的耐高温能力和潜力，使得其成为了下一代燃气轮机健康检测系统的关键器件，各国都会对其进行一定的信息保护。但是，我们仍然可以从国内外研究机构的研究情况中，看出 SiC 压力传感器在高温传感器领域中强劲的发展势头，如表 2.8 所示。

表 2.8 SiC 基 MEMS 压力传感器国内外研究情况[84-97]

研究机构	材料	工艺路线	工作模式	高温测试情况
凯斯西储大学	SiC 敏感膜/Si 基底	体硅	电容	400℃
	SiC 敏感膜/Si 基底	体硅	压阻	400℃
	全 SiC	表面工艺	电容	574℃
北京大学	SiC 敏感膜/玻璃基底	体硅+表面	电容	未给出
	SiC 敏感膜/玻璃基底	体硅+表面	电容	未给出
代尔夫特理工大学	SiC 敏感膜/Si 基底	表面工艺	电容	未给出
NASA Glenn 研究中心	全 SiC/AlN 密封腔	体硅	压阻	600℃
瑞士 SAMLAB	全 SiC	机械球磨	压阻	600℃
爱荷华州立大学	全 SiC	激光加工	形变测量	425K
清华大学	全 SiC	工艺研究		

对于 SiC 耐高温压力传感器的研究，报道的最高测试温度为 600℃，这主要是受制于各研究机构的测试环境和测试条件。在 600℃以下，并未观察到传感器的失效或是性能下降，而且，从已知 SiC 材料的性能来看，SiC 应该完全具有面向 1000℃甚至更高环境温度测量的能力，但是尚未见此类研究的报道。制约 SiC 基 MEMS 器件广泛研究和应用的主要瓶颈是 SiC 晶圆由于出货量较少，成本仍然较高，为 Si 的近 20 倍，同时，SiC 的相关 MEMS 工艺研究尚不如 Si 基 MEMS 成熟。相信随着应用领域的不断拓展，产品出货量的不断增加，SiC 的价格也会像早年 Si 基器件一样不断下降。

(3) 振动测量。

振动量主要用于航空发动机机械旋转和传动部件的失效检测。在分布式控制策略中，振动检测的重点是风扇和涡轮的机械失效问题。这两种条件都要求加速度能够在测量截面环境条件下可靠工作。对于涡轮而言，在靠近涡轮区域进行非直接测量也能得到丰富的振动信息，但这种方式测量受噪声影响较大。

航空发动机应用的振动传感器多数都是压电式加速度计。压电加速度计没有移动部件，因而可靠性非常高。压电加速度计是由多种压电形式(圆盘形、方形或长方形)以及配重组成的机械组件。这种传感器利用压电效应将机械能转化为电能，实际上就是一个具有高共振频率的弹簧-质量系统。当传感器是压缩模式时，可用于进行纵向测量，而当传感器是剪切模式时，可进行横向测量。目前，国外已有一种新型的推-拉系统兼具了加速度计剪切和压缩模式的优点。此类传感器典型灵敏度范围为 10～125pC/g，在发动机振动监视应用中，传感器灵敏度的标准是 50pC/g，这类传感器工作温度范围可达 780°C，并具有高可靠性(MTBF >10 万 h)、高频率范围(工频上限可达 60kHz)以及很好的线性度(<1%)等优点。但是，在应用中需要专门配备电荷放大器和信号调理。

满足发动机工作条件的振动传感器(标准惯性传感器或光学传感器)要求：40kHz，1000g，温度范围–65～750℃。惯性传感器、压电加速度计和非接触式多普勒速度干涉仪目前已有成熟的货架产品。但是，多普勒速度干涉仪测量的是被测对象与其安装位置之间的相对加速度。由于在航空发动机上很难得到两个对象之间的准确相位关系，因而无法保证测量结果的准确性。所以，目前航空发动机上多数都是采用的压电式加速度计，这类传感器非常适合风扇旋转部件的健康监视，但是要应用于涡轮仍需进行改进。当前通过振动测量进行状态监视的主要缺点是传感、信号处理和模型的集成可能会产生不合理的阈值。此外，除了传感单元需要工作在高温条件下外，信号处理等也需要在高温下工作，因而高温环境仍是采用振动监视涡轮健康监视的重要技术挑战，目前，虽有能够工作于 600°C 的高温传感器，但是其工作频率较低。在未来发展中，只要基于 SiC 和 SiCN 的传感技术得到突破，满足涡轮监视用的加速度计就能成功研制出。

(4)叶尖间隙和叶尖计时。

叶片的叶尖间隙随着发动机的工作点变化而变化。叶尖间隙变化的主要机理是发动机静止和旋转部件因载荷会产生位移或变形。载荷可以分为两类：发动机自身载荷和飞行过载。发动机载荷同时产生轴对称和非对称的间隙变化，而飞行载荷产生非对称的间隙变化。叶尖间隙传感器需要满足压气机或涡轮截面的环境条件要求。压气机的环境条件为 15～1800 kPa、–60～700℃。对涡轮叶尖间隙，环境条件更加严酷，为 300～4000 kPa 以及 700～1700℃的高温。目前，已有电容、涡流、光学和微波探针等类型传感器的样机投入试用，用于压气机截面的传感器，技术成熟度为 5 级，用于涡轮的仍处于验证阶段。其中，电涡流、微波等有望短期内实现装机应用。

电容式传感器通过测量涡轮转子叶片与涡轮机匣上电极之间的电容来检测间隙，这种方式要求涡轮叶片和盘必须要导电或涂有导电材料。电容的大小与叶片和电极之间的距离相关。由于压气机叶片叶尖区域小且间隙相对大，叶片叶尖和机匣电极之间的电容通常很小，例如，在涡轮中，电容值大概只有 0.02pF，这使得用常规方法直接进行测量非常困难。一种可行的解决办法是将电容与频率调制振荡器绑定，当电容变化时，振荡器频率会发生变化，振荡器频率变化由解调器处理可以得到很高的分辨率。电容和距离仍通过标定曲线进行关联，将测量值直接与校准曲线比较就能得到间隙的变化值。一般情况，电容式传感器只能短时耐受高达 1300°C 的温度，因而不适合用于涡轮主动间隙控制。另外一种改进电容式传感器测量涡轮叶片间隙的方式是通过改变测量位置的几何形状提高传感器的空间分辨率，例如，将几个传感器进行堆叠可提高时间到达测量的横向分辨率。Fabian 等开发了一种叶尖间隙传感器，用于微型燃气发动机的主动间隙控制。由于微型涡轮发动机比正常的发动机自旋速度更高(最佳工作状态是 80 万 RPM)，因而无法通过叶片-叶片的方式测量叶尖间隙。为解决这一问题，可将所有探针作为一个电极，而用整个涡轮的机匣作为另一个电极，则二者之间的电容实际上反映的是整个涡轮的平均叶尖间隙。

涡流探针包括主动式和被动式。主动式会在被测对象中诱导产生电涡流，而被动式则是当被测对象通过静态电磁场时诱导产生涡流。当叶片通过时，感应线圈中会产生一个电压峰值脉动。对每个传感器的电压进行标定，并跟踪转子叶片的转速。涡流传感器的一个优点是传感器的运行不需要改变发动机的机匣，即可以不用对机匣打孔就可以实现对叶片间隙的测量。涡流探针能够耐受 500℃的高温环境，且由于机匣外温远低于机匣内温度，这一温度完全可以胜任涡轮的应用要求。

光学探针采用测量激光离开叶片的反射光的方式，检测激光离开叶片叶尖的反射光来测量间隙。由于离开叶片激光的散射会使得传感器接收的光能量减少，从而限制了系统的分辨率。使用两个集成的光纤激光探针(integrated fiber optic laser probes，IFLOP)检测通过叶片的外观宽度就可以测量叶片的叶尖间隙。由于激光光斑宽度与叶片外观宽度一一对应，随着叶尖间隙的增加，叶片的宽度也随之线性增加。在设计时，两个 IFLOP 探针成一定角度，使得一个反射离开即将转入的叶片，另一个则反射离开转出的叶片。测量值之间的时间间隔对应于与叶尖间隙相关的叶片外观宽度。这种探针已在 NASA 的旋转破坏试验器上进行了试验，结果发现可在 2mm 范围内测试精度达到 0.01mm。但是，此类探针仅适用于压气机截面相对安全的环境条件，而涡轮截面燃烧物、碎屑以及提高的温度环境都会对探针的有效性和生存力产生重大影响。

微波叶尖间隙测量系统可采用微波共振腔变化或类似现代雷达系统基于相位的测量原理。在基于相位的微波叶尖间隙测量系统，微波传感器发出一个微波信号，经过涡轮叶片后反射，将返回信号与内部的参考信号进行对比，信号之间的相差变化与目标的位移变化相关。相位由反馈信号与参考信号的传播距离确定。基于微波的传感器设计工作温度高达 1400°C，分辨率约 5μm，而带宽高达 25MHz。此类传感器可在油污环境下有效工作，并可以透过滑油、燃烧产物以及其他污染物。Meggitt 公司生产的微波传感器已在涡轮叶尖间隙测量进行了成功演示。但是，此类系统还需要改进才能用于发动机的飞行环境下，预计这类传感器很快就能初步实现机载应用。

(5) 燃油流量。

燃油流量控制需要在燃烧室附近进行测量。在智能航空发动机中，每个喷嘴的流量或至少其中的部分应当与模式因子和燃烧不稳定性控制一同独立控制。传感器的工作环境条件非常恶劣，通常在 300～4000 kPa、700～1700℃的环境下。目前，此类传感器还没有取得很大的进展。仅在 2007 年 3 月，圣地亚哥精确发动机控制公司报道了一种计划新产品 eXVG 智能燃气燃油计量活门，设计用于电站燃气轮机使用的大型涡轮(功率高达 10MW)和回转机械(功率高达 1 万 3 千马力)。运行压力最大为 35bar，体积流量范围为 5.5～5500l/h，工作温度范围为–65～125℃。此类产品是燃气涡轮发动机性能控制技术进步的一个重要标志。

(6) 滑油碎屑传感器。

机载早期失效检测中，最典型的两个参数是碎屑产生率和颗粒大小范围，其趋势分析可提高检测成功概率，并有助于确定发动机还能安全使用多长时间。在新一代电子碎屑传感器中，电磁感应原理和静电原理得到了应用，既可对颗粒分别计数，也可测量整体累积总数，且都可提供碎屑产生率和颗粒大小范围信息。总的来看，电子碎屑传感器主要有两类：捕获颗粒、指示并截留用于后期检查的传感器/收集器；不收集颗粒的全流域装置。

量化碎屑监视系统由感应式磁传感器、离心碎屑分离器和信号调理器组成，如图 2.53 所示。系统能够提供超过设定阈值的离散铁颗粒实时计数信号。其中，传感器可安装在离心式碎屑分离器内，或安装在其他高效的回油孔穴内以增强碎屑捕获效率。由其采集的碎屑颗粒可用于目视检查，也可转移至实验室进行深入分析。用户可用开发的监视技术验证并诊断传播过程中暴露的失效模式。此外，可由发动机健康管理系统启动机内测试验证传感器在没有碎屑信号下的工作性能。

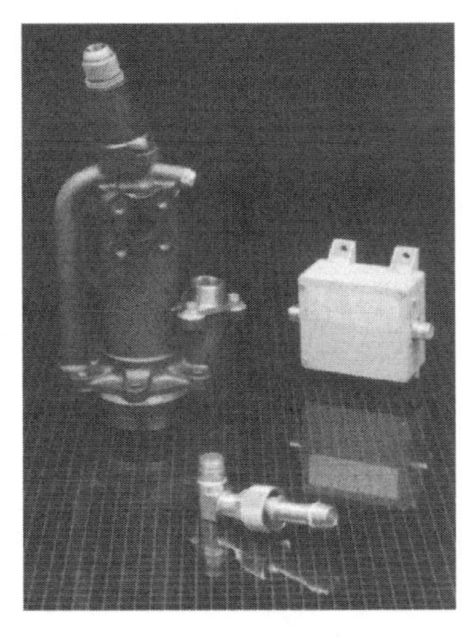

图 2.53　量化碎屑监视器

国外已有多种类型的全流域感应式碎屑监视器，如图 2.54 所示，滑油流完全通过传感器内部管路，在传感器管路外缠绕一个或多个感应线圈。当滑油流中有金属颗粒通过时，在线圈产生与颗粒的体积和磁特性密切相关的电感变化信号。由于轴承、齿轮、其他负载轴承和滑油润滑部件使用材料的密度相近，因此，该类传感器可有效测量碎屑的质量。此外，对于铁磁性颗粒，质量、材料磁化率和形状决定了信号的幅值。而对非铁磁金属颗粒，表面区域和导电率决定了信号的幅值。由于铁磁和非铁磁金属颗粒诱导产生的信号相位相反，因此，可据此区分出是铁磁性还是非铁磁性颗粒。由于颗粒的质量由其形状决定，尽管在颗粒某一维上尺寸相同，但质量仍可能变化较大，颗粒检测阈值通常以颗粒大小规定，且检测阈值通常规定为相同质量的等效球直径。同时，颗粒检测阈值也与传感器通径密切相关，通径越小越灵敏。此外，可在传感器下游布置高效率碎屑捕获装置，进行碎屑信号的确认。

图 2.54　感应式全流域碎屑监视器

航空发动机轴承打滑和保持架磨损等失效模式，直到破坏也只产生非常细小的粉状碎屑。感应式小颗粒传感器能够采集所有磁颗粒，并提供采集碎屑的总质量信号。通过相关的电子器件和软件记录该信号，系统也能指示出离散、大颗粒，从而可覆盖各种失效模式产生的磁碎屑颗粒。这类传感器一般也配有机内测试功能以确认传感器功能是否正常。此外，将传感器安装在碎屑分离器或孔穴中，可提高小颗粒碎屑捕获效率，从而大大增强传感器的有效性。

静电滑油碎屑监视器仍处于研究阶段，但是已有证据表明，新产生磨损颗粒的结果使得滑油碎屑上存在的静电荷更大，使得系统对良性碎屑更不敏感，从而有利于减少检测虚警，且能够检测出金属、非金属(例如陶瓷)等多种材料，具有更宽的颗粒检测范围。这种类型的传感器主要有以下两种类型。

在线滑油传感器。全流域在线滑油传感器，安装在代表性磨损碎屑样本通过处的滑油管路中。传感器是被动式的，由双环状磨屑静电荷敏感元件组成，其输出与磨损碎屑的大小和数量相关。

磨损现场传感器。静电磨损现场传感器检测原理与在线滑油传感器相同，主要差别在于传感器固定在滑油润滑部件接触面附近，而不是安装在回油管路上。试验表明，磨损现场传感器可在部件降级的最早阶段检测到磨损前的表面开裂/

摩擦发射、表面化学局部变化等先兆事件。相比较于一般的碎屑传感器，磨损现场传感器失效检测时机更早，因而非常适合进行部件状态的早期检测和预测，同时，对倾向于快速降级/危险性关键部件的失效监视也有重大意义。

4) 发达国家高度重视航空发动机与燃气轮机健康与能效监控关键技术和产业标准研究

为了推动航空发动机健康管理技术和系统的发展，国外启动了一系列有针对性的研究计划，先期开展了大量关键技术研究。例如，波音公司的 AHM(airplane health management)计划，美国国防部的 JSF-PHM(joint strike fighter-prognostics health management)计划，美国 GE 公司的 IMATE(intelligent maintenance advisor for turbine engines)计划，美国空军的 CETADS(comprehensive engine trending and diagnostic system)计划，美国 VAATE(versatile affordable advanced turbine engine)智能发动机项目的 EHM(engine health management)计划，GE 英国分公司领导的跨国项目 TATEM 计划等。从上述计划的相关资料看，目前，国外在航空发动机健康管理方面已经发展到工程验证阶段，许多技术已经在 C-17、F/A-18 等平台上进行过验证演示，并且表明航空发动机健康管理系统的实施能够显著提升发动机的性能，降低发动机的使用、维修保障费用，提高发动机的可靠性和安全性。根据“军机先行”的原则，可以估计出下一代民用发动机 EHM 将继续向功能高度集成、机载功能更加强大、健康管理更加智能的方向发展，并且对硬件设备如智能传感器、耐高温传感器提出了要求。

国外非常重视 PHM 技术的标准化问题，国外至今已基本形成了系列化的行业和通用技术标准可供 PHM 技术借鉴使用，标准的颁布机构包括国际标准化组织(International Organization for Standardization，ISO)、自动机工程师学会(Society of Automotive Engineers，SAE)、美国航空无线电公司(aeronautical radio incorporation，ARINC)、航空无线电技术委员会(Radio Technical Commission for Aeronautics，RTCA)等。

国际标准化组织(International Organization for Standardization，ISO) 13374/OSA-CBM/OSA-EAI 标准着重于信息处理的标准化，是用于 PHM 进行信息处理的重要指导性标准。

IEEE 颁布的相关接口标准主要有 IEEE1451、IEEE STD 1232 和 IEEE STD 1636 三大系列的标准族，其中，IEEE1451 着重于传感器和动作筒与后端信息处理之间接口的标准化，提供了传感器到微处理器、控制网络、数据采集和装置系统连通性的通用接口和使能技术。IEEE STD 1232 简称 AI-ESTATE，是适用于所有测试环境的通用信息交换和服务标准。IEEE STD 1636 系列标准简称为 SIMICA，该标准定义了维修信息采集与分析软件接口，目标是提供一种维修信息的顶层模型。

美国航空无线电公司(aeronautical radio incorporation，ARINC)系列标准最主要的是制定了飞机机内测试设备设计和实现、飞机机载维修系统的标准，对于现代飞机维修系统的设计和实现具有较大的影响。

自动机工程师学会(Society of Automotive Engineers，SAE)发布的航空标准(ARP-推荐实践，AIR-航空信息，AS-航空标准)具有权威性，被各国航空航天行业广泛采用，并有相当部分被采用为美国国家标准。SAE推进学部设立了专门的E-32航空推进系统健康管理委员会，形成了较为完整的发动机健康管理标准体系。

航空无线电技术委员会(Radio Technical Commission for Aeronautics，RTCA)美国航空无线电委员会是专门由美国民间非营利性股份公司运作的国际著名组织，主要针对航空领域内的通信、导航、监视和空中交通管理系统问题提出一致性的建议。在健康管理系统研发当中，机载装备软件认证DO-178B、环境条件和测试程序DO-160F(目前已更新至G版)、机载硬件DO-254、地面软件DO-278可用于发动机预测与健康管理软硬件环境考核以及安全等级评价的认证。这四份标准可作为健康管理系统的软硬件认证依据。

2.2 我国能源动力机械健康与能效监控智能化现状

2.2.1 压缩机组

近年来，我国在石化与冶金行业压缩机组健康与能效监控方面取得了不小的进步，大型透平压缩机组、大型往复压缩机、高炉鼓风机、烧结机主抽风机等设备都上有在线状态监测系统，十几年前，这些系统大都是进口产品，目前，关键技术由国外公司垄断的局面正在改变，我国自主开发的在线监测系统已得到了应用。特别是在炼油、化工等复杂环境下应用在线监测诊断系统，国内一直处于尝试和探索阶段。在健康监控方面，国内一些企业采用优化综合控制系统对旧机组控制系统进行改造升级，取得了较好的安全和节能效果。我国在往复式压缩机的状态监测和故障诊断方面开展了一些基础研究工作和实践应用，取得了较好效果。在能效监控方面，目前，大型透平压缩机组、大型往复压缩机都装有振动在线状态监测系统，振动在线监测系统甚至成为了新购机组的标准配置，但是长期以来对其低效率工况运转没有足够的重视，截至目前没有一套低效工况监测系统，更没有高耗能设备效率单独分析、诊断、考核体系，导致部分机组的运行效率比设计效率低。近年来，我国石化与冶金行业的先进企业已开始重视压缩机组的提效节能工作，通过监控系统的改造升级，压缩机组的能效明显改善，如应用气量无级调节改造往复式压缩机负荷调节系统，提升往复式压缩机能效，应用ITCC系统，提升透平压缩机能效。

1. 石化行业大型透平压缩机组、大型往复压缩机都安装在线状态监测系统，十几年前这些系统大都是进口产品，目前，关键技术由国外公司垄断的局面正在改变，我国自主开发的产品已得到应用

离心压缩机作为动力、制冷、冶金、石化、气体分离及天然气输送等工业部

门的关键设备，由于其体积小、流量大、质量轻、运行效率高、易损件少、输送气体无油气污染等一系列优点而得到了广泛的应用。许多大型的离心压缩机机组由蒸汽透平和离心式压缩机构成，因此称为透平压缩机组。

国内大型重要透平压缩机组、大型往复压缩机都上有在线状态监测系统，十几年前，这些系统大都是进口产品，目前，关键技术由国外公司垄断的局面正在改变。特别是在炼油、化工等复杂环境下应用的在线监测诊断系统，国内已处于推广应用阶段。例如，北京化工大学开发的状态监控系统正在对在役运行的近千台压缩机、泵进行实时动态监控，提高了机组运行的可靠性，如图2.55所示。

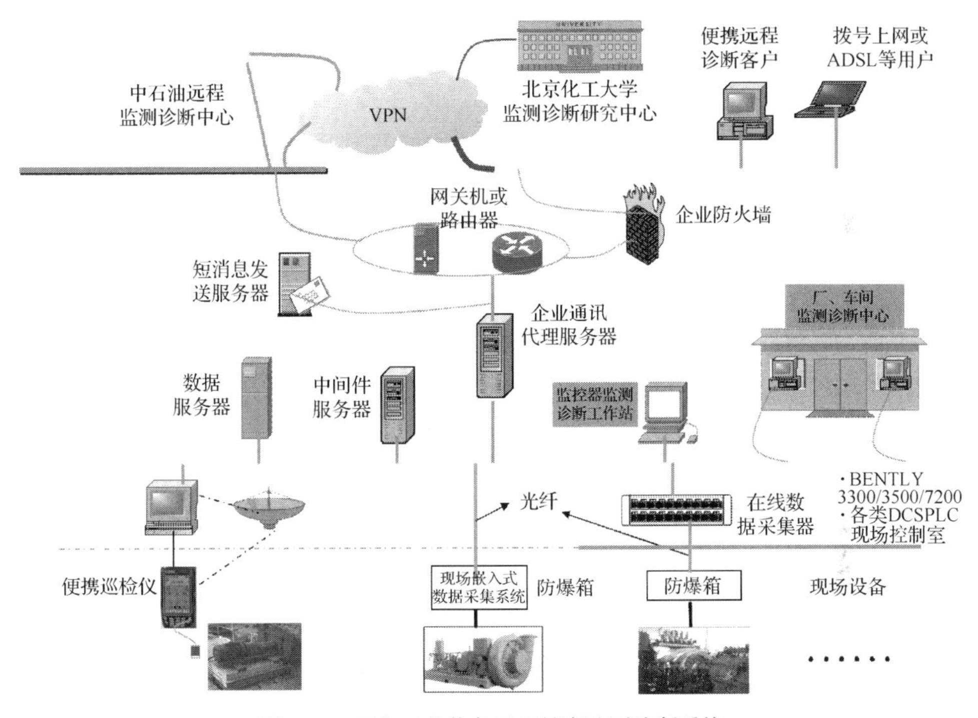

图2.55　石化工业装备远程健康监测诊断系统

往复式压缩机完成振动保护报警，系统报警数据同时上传DCS，为实施振动高联锁(表决)停机创造条件

国内2000年以前的机组采用单体、分散式控制方式，2000年以后新上的大型机组大多采用了优化综合控制系统。近年来，一些企业采用优化综合控制系统对旧机组控制系统进行改造升级，取得了较好的安全和节能效果。如齐鲁石化2009年采用CCC Vanguard控制系统进行改造。CCC Vanguard控制系统是实时多任务开放式系统，采用先进的安全型CPCI总线构架，双重化冗余容错的硬件体系结合全面的冗余容错技术和Fallback策略，使系统可靠性达到99．99%。先进的实时多任务操作系统将关键任务与非关键任务按优先等级实施控制，保证系统的执行速率不随I/O点数的增加而下降，如防喘振、调速、抽汽控制执行速率为20ms，而一般监测为100ms，使机组的精确控制成为可能。主要改造效果：CCC

控制系统投用后，在系统负荷增加的同时，GB201 一段吸入压力较以往平均下降 20kPa 左右，提高了裂解炉的裂解深度，使乙烯收率、双烯收率较以往有较大提高，同时，装置的产能也有较大提高；CCC 控制系统投用后，2 台裂解气压缩机的超高压蒸汽消耗量有所下降。大庆石化公司裂解老区大机组电子调速系统是 20 世纪 60 年代的产品，近年来停工事故频发，每次开工时间很长、过程复杂。2010 年，该系统被改造为进口的 ITCC(透平压缩机综合控制系统)后？，机组实现了长周期稳定运行。茂名石化 1996 年投产的 1 号裂解装置三大机组(裂解气压缩机 C300、乙烯压缩机 C600、丙烯压缩机 C650)原有控制方式为采用现场分立仪表并通过彼此间通讯协同控制，通讯速率慢，可靠性差，已不能满足裂解装置安全生产和节能的要求。改造采用 TRICONEX TS3000 TMR 控制系统，完成了机组的调速控制、防喘振控制、开停机控制、安全联锁保护和常规监控等，提高了压缩机运行的安全系数。主要改造效果：联锁基本实现了“三取二”表决方式，提高了联锁的可靠性；在开车阶段，实现了卡边控制。压缩机性能控制(入口压力控制)回路，控制可靠，经济性高。速度抽汽控制协调性好，减少了蒸汽消耗量；防喘振控制回路之间实现协调控制，多参数动态计算，控制基准更准确，缩小了安全裕度，增加了压缩机运行的可调范围，减少了回流，实现动态控制调解而非简单的保护[98]。

目前，我国绝大多数往复式压缩机组只有简单的性能参数监测(如流量、温度、压力、油压等)，没有配置在线状态监测与故障诊断系统。近年来，我国在往复式压缩机的状态监测和故障诊断方面开展了一些基础研究工作和实践应用，取得了较好效果，如我国自主开发健康监测诊断系统正在大量推广应用(图 2.56、图 2.57)，往复压缩机组监测诊断系统自主率占 95%以上，通过远程监测中心预警，曾避免多起氢气爆炸等重大事故，取得了良好的经济和社会效益。中国石油天然气股份有限公司独山子石化分公司采用离线监测、在线监测方式多种方法对乙烯厂、炼油厂的共计 54 台往复式压缩机进行综合监测，既保证了关键机组实时监测，同时，又将公司所有的往复式设备全部纳入监测和故障诊断体系。机组监测方案如表 2.9～表 2.11 所示[99]。

表 2.9　机组监测方案(一)

装置	设备位号	介质	投用时间	监测方式	监测参数	备注
空气	J0202	氧气	1995 年 8 月	振动监测；动态压力示功监测；超声监测；缓变量监测(远红外温度、撞击)	键相信号，主轴承温度，壳体振动，十字头振动，十字头滑块温度，压力填料温度，活塞杆位置，阀门温度，气缸压力	超声信号、振动信号、相位与转速信号、红外信号、压力信号值；键相传感器 12 只；KIENE 压力测试阀 2 只/缸
乙烯	10-K-302A/B	甲烷	1995 年 8 月			
乙烯	10-K-701A/B	氢气	1995 年 8 月			
聚乙烯	21/22-C470	乙烯、氮气	1995 年 8 月			
聚乙烯	22C480	乙烯、氮气	1995 年 8 月			
聚丙烯	PK301	丙烯、氮气	1995 年 8 月			
聚丙烯	PK2301	丙烯、氮气	2002 年 9 月			
乙二醇	C-220	二氧化碳	1995 年 8 月			
乙二醇	C-320	乙烯、甲烷	1995 年 8 月			

表 2.10　机组监测方案(二)

装置	设备位号	介质	投用时间	监测方式	监测参数	备注
空分	J0102A/B	氧气	1995 年 8 月	振动监测；动态压力示功监测；缓变量监测(温度、撞击)	键相信号，主轴承温度，壳体振动，十字头振动，十字头滑块温度，压力填料温度，活塞杆位置，阀门温度，气缸压力	换贺尔碧格带引压孔的气阀；键相传感器 27 只；超声信号、振动信号、相位与转速信号、红外信号、压力值(需装配带有压力引出孔的阀)；KIENE 压力测试阀 2 只/缸
空压	J1003	空气	1995 年 8 月			
空压	J1002B	空气	1995 年 8 月			
制氢	J202A/B/C/D	氢气、二氧化碳	2004 年 9 月			
甲醇	C102A/B	新鲜气	2004 年 6 月			
甲醇	C103A/B	循环气	2004 年 6 月			
甲醇	C101A/B	天然气	2004 年 5 月			
销售	C-12	丙烷、异丁烷	1995 年 8 月			
销售	C-3	丙烷、异丁烷	1995 年 8 月			
重整	C-202/A、B	氢气	2007 年 9 月			
重整加氢	C-402	含硫氢气	2007 年 9 月			
加氢裂化	C-1002/A、B	氢气	2004 年 9 月			
加氢裂化	C-3002/A、B	氢气	2007 年 9 月			
二火炬	J-001\002\003	瓦斯气	2008 年 10 月			

表 2.11　机组监测方案(三)

装置	设备位号	介质	投用时间	监测方式	监测参数	备注
重整加氢	C-401/A、B	氢气	2002 年 9 月	振动监测；超声监测；缓变量监测(温度、撞击)	键相信号，主轴承温度，壳体振动，十字头振动，十字头滑块温度，压力填料温度，活塞杆位置，阀门温度	键相传感器 5 只
二丙烷	K-1/1,2,3	丙烷气	1996 年 9 月			

中国石油天然气集团公司(中石油)锦州石化公司有关键往复压缩机 27 台，实现在线监测或安装振动保护开关的设备有 16 台，占 59%，11 台往复式压缩机在线监测或保护工作正在进行中。

2. 长期以来，业界对大型透平压缩机组、大型往复压缩机低效率工况运转没有足够的重视，并且没有低效工况监测系统和高耗能设备效率分析诊断系统，导致部分机组的运行效率比设计效率低

目前，国内流程工业装备如大型透平压缩机组、大型往复压缩机都装有振动在线状态监测系统，振动在线监测系统甚至成为了新购机组的标准配置，但是，长年来对其低效率工况运转没有足够的重视，没有对高耗能设备效率单独考核，例如，中石油化工板块共有关键透平压缩机组 422 台，已上振动在线监测系统 165 台，而到目前为止，没有一套低效工况监测系统，更没有高耗能设备效率单独分析、诊断、考核体系，其中，有部分机组的运行效率比设计效率低 10%～20%，

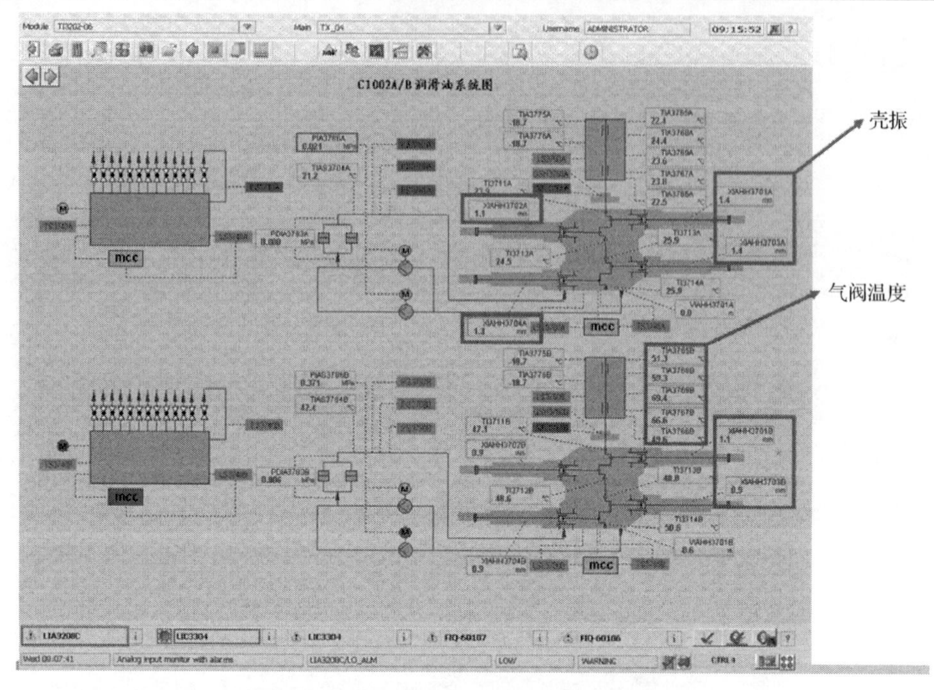

图 2.56　加氢裂化往复式压缩机状态监测

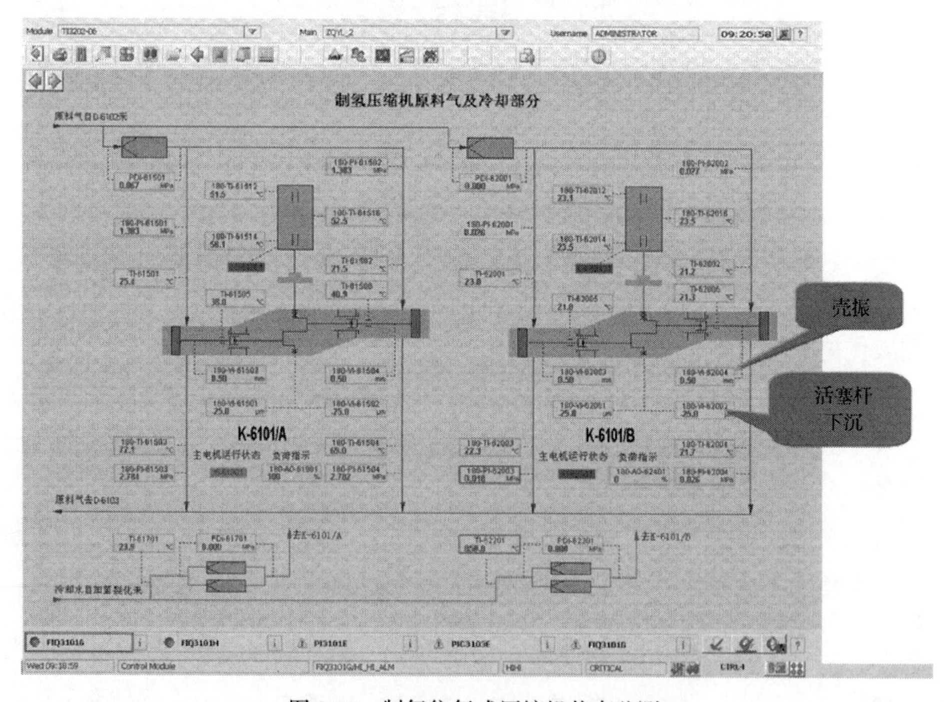

图 2.57　制氢往复式压缩机状态监测

甚至有的机组运行效率只有 30%～40%，这种现状在国内石油化工、电力、冶金等大型企业是普遍存在的[1]。目前，炼化企业节能部门一般只是定期检测机组效率，平均每半年甚至更长检测一次，缺乏长期、连续的监测、记录手段，导致机组的效率偏低。可见，运行效率偏低是目前国内石化装备系统普遍存在的共性问题。其中，往复压缩机流量调控技术节能潜力大。受工况变化、设计选型余量大等因素影响，国内往复压缩机实际运行负荷常低于额定工况，通过流量调控可获得显著的节能效果。目前，在役往复压缩机多以旁通流量调节为主，近年逐渐引进国外先进的气量无级调节产品，取得了明显的节能效果。如中国石油广西石化公司蜡油加氢裂化装置新氢压缩机安装气量无级调节系统后，年节省电费 960 万元[100]；锦州石化公司二加氢新氢压缩机安装气量无级调节系统后，年节省电费 600 万元。

3. 我国石化行业先进企业已开始重视压缩机组的提效节能工作，通过监控系统的改造升级，压缩机组的能效明显改善

(1) 应用气量无级调节改造往复式压缩机负荷调节系统，节能效果显著。

由于产能过剩等因素影响，石化、冶金等行业要求调节产能，工艺流程具备自适应调节能力。尤其针对往复压缩机，降低部分负荷下的功耗十分重要，往复压缩机流量调控是提高压缩机能效水平的有效途径。就国内现状而言，往复压缩机流量调控技术节能潜力大。受工况变化、设计选型余量大等因素影响，国内往复压缩机实际运行负荷常低于额定工况，通过流量调控可获得显著的节能效果。目前，在役往复压缩机多以旁通流量调节为主，近年逐渐引进国外先进的气量无级调节产品，取得了明显的节能效果。

例如，中国石油化工集团公司(中石化)北京燕山分公司炼油厂 1300kt/a 中压加氢裂化装置氢压机 K501B，使用气量无级调节系统后，可根据工艺实际气量需要连续调整压缩机的负荷，改变了原来只能在 0%、25%、50%、100%四个负荷状态下运行的状况，节能效果显著，电流与功率随负荷变化情况如表 2.12 所示。

表 2.12　燕化加氢裂化装置氢压机 K501B 主电机运行参数

序号	负荷/%	电流/A	实际功率/kW	序号	负荷/%	电流/A	实际功率/kW
1	0	148	1307	9	65	230	2032
2	30	158	1396	10	70	250	2208
3	35	160	1413	11	75	265	2341
4	40	165	1458	12	80	275	2429
5	45	175	1546	13	85	285	2518
6	50	185	1634	14	90	290	2562
7	55	195	1722	15	95	295	2606
8	60	215	1899	16	100	298	2632

又如，中国石油广西石化公司蜡油加氢裂化装置新氢压缩机气量无级调节系统改造。蜡油加氢裂化装置设有三台 NUOVO PIGNONE 制造的型号为 4HF/3 的新氢压缩机。基本参数如表 2.13 所示[100]。

表 2.13　压缩机基本参数表

各级情况	入口		出口	
	压力/MPa	温度/℃	压力/MPa	温度/℃
一级	2.172	40	4.24	110
二级	4.19	45	8.25	119
三级	8.18	45	17.735	134
驱动电机	电压/V	6000	功率/kW	6000

安装气量无级调节系统前，负荷调节仅能通过卸荷器选择 0%、50%、90%及 100%四种工况。装置处于低负荷运行，单台压缩机设计流量为 55000Nm/h。新氢压缩机最经济的运行方案只有一台负荷为 90%，另一台负荷为 50%。这样的调节即造成能量的巨大浪费，也严重制约装置的操作性。新氢压缩机可以实现一台负荷为 100%，安装无级气量调节系统的压缩机就可以根据所需氢气量实现无级调节，从而达到节能效果和装置的可操作性。主要节能效果：①年节省电费 960 万元。按目前装置处理量计算，在未安装无级气量调节系统之前，新氢压缩机 90%负荷主电机电流为 450A，安装无级气量调节系统之后，新氢压缩机可以在 30%以上任一负荷运行，目前新氢压缩机 45%负荷主电机电流为 230A，新氢压缩机主电机的工作电压为 6000V，按照电费市场价 0.5kW · h 时，一年按 8400h 运行时间照此推算，该机在装置目前处理量运行时，全年效益提高巨大(根据如新氢压缩机 120-K101/B 未安装 HydroCOM 系统，则需 90%负荷运行来计算)：Q=0.5×1.732×6000×(450-230)×8400/1000=960 万元。②大幅降低压缩机级间冷却水量。在安装无级气量调节系统之前，不管系统需要多少氢气，新氢压缩机 90%负荷运行后，多余的氢气都经排气阀压缩后温度升高，必须通过级间冷却器冷却后返回至各级入口，安装贺尔碧格 HydroCOM 无级气量调节系统之后，系统需要多少氢气就压缩多少氢气，多余的氢气在压缩机每级缸入口就返回，不经过压缩，不经过级间冷却器冷却，大大减少冷却水量。

(2)应用 ITCC 系统，提升透平压缩机能效。

随着计算机技术和网络技术的发展，国内外大型机组控制采用的主流控制方式为 ITCC 系统。ITCC 系统具有高可靠性、功能强大、组态灵活和容易操作等优点，且集调速控制、防喘振控制、性能控制、负荷分配控制、解耦控制、协调控制和安全联锁保护控制等功能于一体。该系统能很好地保证机组长周期、稳定、高效的运行，能够预见性地给予操作指导。在能效优化方面功能强大，可达最佳效率。中国石油化工股份有限公司齐鲁分公司烯烃厂裂解气压缩机原有控制系统不能实现并联运行负荷分配的控制策略及充分发挥压缩机的效率，加之控制精度低，即使在目前超负荷运行状态下仍会产生回流，造成能量浪费，如装置低负荷运行时，则会有长期的回流，浪费大量能量。2009 年采用 CCC Vanguard 控制系统进行改造。CCC 控制系统是实时多任务开放式系统，可靠性达到 99．99%。先进的实时多任务操作系统将关键任务与非关键任务按优先等级实施控制，保证系统的执行速率不随 I / O 点数增加而下降，如防喘振、调速、抽汽控制执行速率为 20ms，而一般监测为 100ms，使机组的精确控制成为可能。表 2.14、表 2.15 分别列出了 CCC 控制系统投用前后，2 台裂解气压缩机的蒸汽消耗情况[98]。

表 2.14　齐鲁乙烯装置 CCC 控制系统投用前蒸汽消耗情况

项目	乙烯产量/$(t \cdot h^{-1})$	GB201 一段吸入压力(表)/kPa	GB1201 一段吸入压力(表)/kPa	GT201 抽汽量/$(t \cdot h^{-1})$	GT201 复水量/$(t \cdot h^{-1})$	GT1201 抽汽量/$(t \cdot h^{-1})$	GT1201 复水量/$(t \cdot h^{-1})$	两透平 SS 总消耗量/$(t \cdot h^{-1})$
2008-07-01	98.0	65.9	51.4	238	91	54.0	41.1	424.1
2008-07-02	95.0	74.0	50.2	240	92	55.0	40.6	427.6
2008-07-03	93.9	74.8	50.6	241	90	54.7	41.0	426.7
2008-07-04	94.1	71.2	51.7	240	91	53.9	42.0	426.9
2008-07-05	93.9	76.8	44.7	239	93	53.8	41.3	427.1
5 日均值	95.0	72.5	49.7	240	92	54.3	41.2	426.48

表 2.15　齐鲁乙烯装置 CCC 控制系统投用后蒸汽消耗情况

项目	乙烯产量/$(t \cdot h^{-1})$	GB201 一段吸入压力(表)/kPa	GB1201 一段吸入压力(表)/kPa	GT201 抽汽量/$(t \cdot h^{-1})$	GT201 复水量/$(t \cdot h^{-1})$	GT1201 抽汽量/$(t \cdot h^{-1})$	GT1201 复水量/$(t \cdot h^{-1})$	两透平 SS 总消耗量/$(t \cdot h^{-1})$
2009-10-01	101.4	52.9	50.4	239.0	91	87.0	43.3	421.4
2009-10-02	102.8	55.4	48.8	240.0	92	89.2	43.0	425.2
2009-10-03	102.3	51.3	48.3	240.1	90	90.3	40.7	423.0
2009-10-04	101.8	49.7	47.0	239.0	91	91.0	39.1	420.8
2009-10-05	101.8	50.3	48.0	239.9	93	89.7	40.9	422.3
5 日均值	102.0	51.9	48.5	239.6	92	89.4	41.4	422.5

大庆石化公司裂解老区大机组电子调速系统是 20 世纪 60 年代的产品。近年来停工事故频发，每次开工时间很长、过程复杂。2010 年将该系统改造为进口的 ITCC 系统后，机组实现了长周期稳定运行。ITCC 系统在裂解装置的成功应用，

实现了系统效率最大化，提高了系统的可靠性，避免了过程中压缩机停机以及喘振和压缩机损坏，使控制过程中的扰动影响达到了最小化，提供出了简单一致的启动和停机，各阀门都能够平稳过渡到正常运行条件，稳态过程控制和压缩机负荷平衡更加良好，减少或消除了再循环或放气，压缩机运行更能贴近喘振线处，减少再循环要求并节约了成本，整个系统性能更加优化，极大地提高了系统可靠性，减少了压气机和透平控制器间的相互作用，并将喘振(解耦)事件的危险最小化，合并了多个控制层处理过程的扰乱，最大限度地减少了运行和维护的费用，更快、更多的交互式控制消除了喘振，延长了压缩机寿命[101]。

茂名石化 1996 年投产的 1 号裂解装置三大机组(裂解气压缩机 C300、乙烯压缩机 C600、丙烯压缩机 C650)原有控制方式采用现场分立仪表并通过彼此间通讯协同控制，通讯速率慢，可靠性差，已不能满足裂解装置安全生产和节能的要求。改造采用 TRICONEX TS3000 TMR 控制系统，完成了机组的调速控制、防喘振控制、开停机控制、安全联锁保护和常规监控等，提高了压缩机运行的安全系数。主要改造效果包括：①联锁基本实现了三取二表决方式，提高了联锁的可靠性。②在开车阶段，实现了卡边控制。压缩机性能控制(入口压力控制)回路控制可靠，经济性高。速度抽汽控制协调性好，减少了蒸汽消耗量。③防喘振控制回路之间实现协调控制，多参数动态计算，控制基准更准确，缩小了安全裕度，增加了压缩机运行的可调范围，减少了回流，实现动态控制调解而非简单的保护。

催化机组的问题是：绝大多数催化装置在设计时已考虑了采用烟机回收能量，并有足够能力外输电能，但在很多装置里，机组控制回路没有实现优化；再生器压力由双动滑阀控制，而不是由烟机入口蝶阀控制；烟气被分流(直排大气或进入余热锅炉)；主风机出口压力控制由于静叶执行机构调节不灵而无法闭环自动控制，需要由放空阀调整出口压力；能量被浪费在看不到的地方，仍然在电动机状态下工作而不是外输电能。采用一体化综合控制系统协调控制，达到再生器压力由烟机蝶阀控制(图 2.58)；改造静叶和入口蝶阀执行机构满足闭环控制的要求(新的电液执行器，动力油，伺服控制)，避免用放空阀控制出口压力等(图 2.59)。当催化三机组的相关回路均处于手动状态且主风机有放空，在机组优化控制系统改造可至少实现以下效果(140 万 t 重油催化装置)：提高烟机出力约 1000kW；减少或消除主风机放空，至少节能 200kW 以上；从电动机状态改为发电状态(假设全部都转换为电能减少外购电)潜在效益：(1000+200) kW×8000h×0.5 元/kW · h=4800000 元；一个 140 万 t/年的催化装置，气压机组控制优化改造后，蒸汽消耗量可从改造前 54t/h，降至 45t/h，每吨蒸汽按 200 元计算：改造后每年可节省(54–45) t/h×200 元/t×8000h=14400000 元[102]。

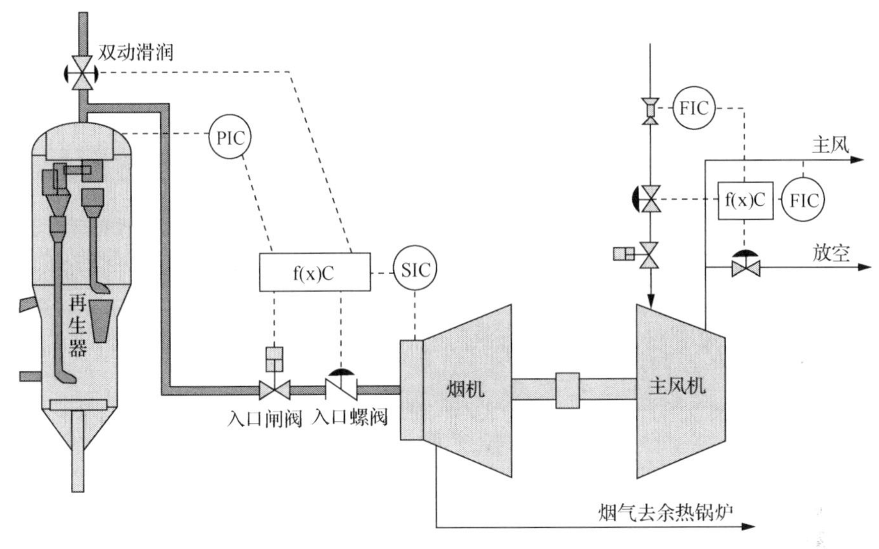

图 2.58　再生器压力由烟机蝶阀控制

图 2.59　改造静叶和入口蝶阀执行机构

4. 高炉鼓风机运行效率低，检测技术主要依赖引进，智能化程度低

国内高炉鼓风机实际运行参数(风量、风压)经常偏离设计工况参数，导致鼓风机大量放风或鼓风机运行效率严重偏低，有的运行效率低于设计效率 5%～10%，有的放风量超过 10%～20%，能耗十分惊人。国内大型高炉鼓风机都设有在线状态监测系统，但这些系统和技术大都是进口产品，关键技术由国外公司垄断，国内基础理论研究特别匮乏。

在实际应用中，高炉鼓风检测技术智能化程度低，普遍存在“重检测、轻分析”的现象，设备的健康管理仅仅停留在“发现问题”层面。

图 2.60～图 2.62 分别为国内某几家钢铁鼓风机组，因叶片断裂、磨损而导致鼓风机组故障停机，影响高炉正常生产，给企业带来巨大经济损失。图 2.63 为国内某钢铁企业高炉鼓风机支撑轴承下瓦烧焦。

图 2.60　国内某钢铁公司鼓风机组叶片断裂损坏

图 2.61　国内某钢铁公司鼓风机组叶片断裂损坏

图 2.62　国内某钢铁公司鼓风机组叶片磨损

图 2.63　高炉鼓风机支撑轴承下瓦烧焦

通过调研这些典型故障发现，检测设备并没有起到应有的预警作用，致使企业非计划停车停产，带来巨大经济损失。目前，国内冶金企业在健康监测上的主要问题是：信号采集能力弱，数据分析不够精准，智能化程度低，基于专家经验与故障数据的数学模型特别缺乏。

此外，调研还发现企业与研究院所、设备制造厂的技术沟通不到位，设备的健康检测数据没有实现同步。大部分钢铁企业遇到问题且无法解决后，才求助科研院所或设备制造单位，这就致使设备出现故障拖延了数月后才可能得以解决，给企业带来了巨大的经济损失。如果企业设备健康状态能够借助互联网与云技术实现数据共享，将设备实时运行数据与设备制造厂、科研院所同步，一旦出现问题，各方专家可在第一时间获得信息，在处理故障上快速形成合力，及时解决问题，减少企业损失，使设备在运行中对故障“早知道”“早预报”“早诊断”，争取把故障消灭在萌芽之中。

5. 大型钢铁企业开始重视能源中心的建设

能源已成为全球范围科技研究的重要领域之一。冶金行业是能耗大户，也是排放大户，如果生产中效率低下，就会造成巨大的能源浪费与污染排放。传统的能源管理、健康监控模式是离散的，独立的，没有统一的监管，已经不能满足钢铁企业大规模、高效化及市场竞争的发展，更不能满足长期规划与可持续发展的要求，也不可能完成国家环保部门的节能减排任务。

宝钢集团有限公司投入巨资建立统一监控和管理的能源中心，优化各工艺单元的能源利用率，在能源管理与节能减排上取得了一定的效果。宝钢能源管控系统采用千兆中央以太网和高速工业以太网的两层结构，WinCC 客户机/服务器结构(client/server 结构，C/S)和浏览器/服务器(browser/server，B/C)混合模式，C/S 架构于 SCADA 系统，B/S 架构于能源管理子系统。中央以太网以管理控制中心楼为中心，通过楼内综合布线，连接数据采集 I/O 服务器、操作站、技术管理站、长时归档数据库/实时数据库服务器、报警趋势服务器、应用服务器工程师站、GPS 服务器、备份系统、网络打印机等。高速工业以太网用于连接数据采集 I/O 服务器、分布在全厂的公辅现场各信号采集控制子站和远程站等。

现场采集站设置：根据全厂的地理分布和信号量确定采集站的数量，各单元的生产信号及能源介质信号采取就近送的原则，具体如图 2.64 所示。

监控功能：对来自现场的信息进行数据处理和调整。

管理功能：对生产情况进行分析平衡，指导能源生产和调度，如图 2.65 所示。

2.2.2 发电机组

1. 发电机组健康监控智能化现状

1) 火电机组健康监控智能化现状

我国火电机组健康监控以运行状态监测和故障诊断为代表，是从 20 世纪 70 年代末、80 年代初开始的。尽管起步较晚，但发展非常迅速。早期的系统开发与应用如 1985 年哈尔滨工业大学研制出了基于模糊诊断的汽轮发电机组状态与故障诊断系统。之后，他们又针对大型电站设备功能较单一、故障诊断功能较弱的情况，分析了状态监测与故障诊断专家系统的性能要求，提出了分布式监测和诊断系统的网络结构，可以将不同的监测手段和诊断方法结合起来，对大型电站状态监测与故障诊断专家系统的研制进行了有益的尝试[103]。清华大学针对单一故障诊断方法的局限性，对现有的大型设备故障诊断方法做了全面的分析和比较之后，提出了多种故障诊断技术集成的混合智能诊断方法。清华大学以 300MW 电站锅炉为研究对象，通过仿真与实践相结合，建立了远程状态监测与故障诊断系统。其故障诊断系统根据锅炉运行状态监测情况，确定锅炉系统运行中出现的故障征兆，采用深、浅知识相结合的混合诊断推理机制，分析诊断锅炉系统在运行过程中可能出现的各种故障，如炉膛灭火、过热器爆管、省煤器磨损、泄漏等常见故障。并通过远程传输数据采集系统(data acquisition system，DAS)将数据传输到位于济南市的山东电力科学研究院进行远程监测诊断，收到了预期的效果[104, 105]。

国内一些代表性商业应用系统列于表 2.16 中。

2) 水电机组健康监控智能化现状

近年来，水电机组状态监测技术已经趋于成熟。南京工学院和南京无线电仪器厂等单位最早研制生产的 NW6231 振动分析仪可用于水轮机组振动在线监测；天津市中环电力仪器公司生产的以 FFT 分析为基础的 TD4047 系列诊断分析仪，以及重庆大学研制的 CDMS 信号处理故障诊断及振动分析系统，均比较适用于水电站机组稳定性的分析；华中科技大学研制的 HSJ 型多功能水电机组振动/摆度在

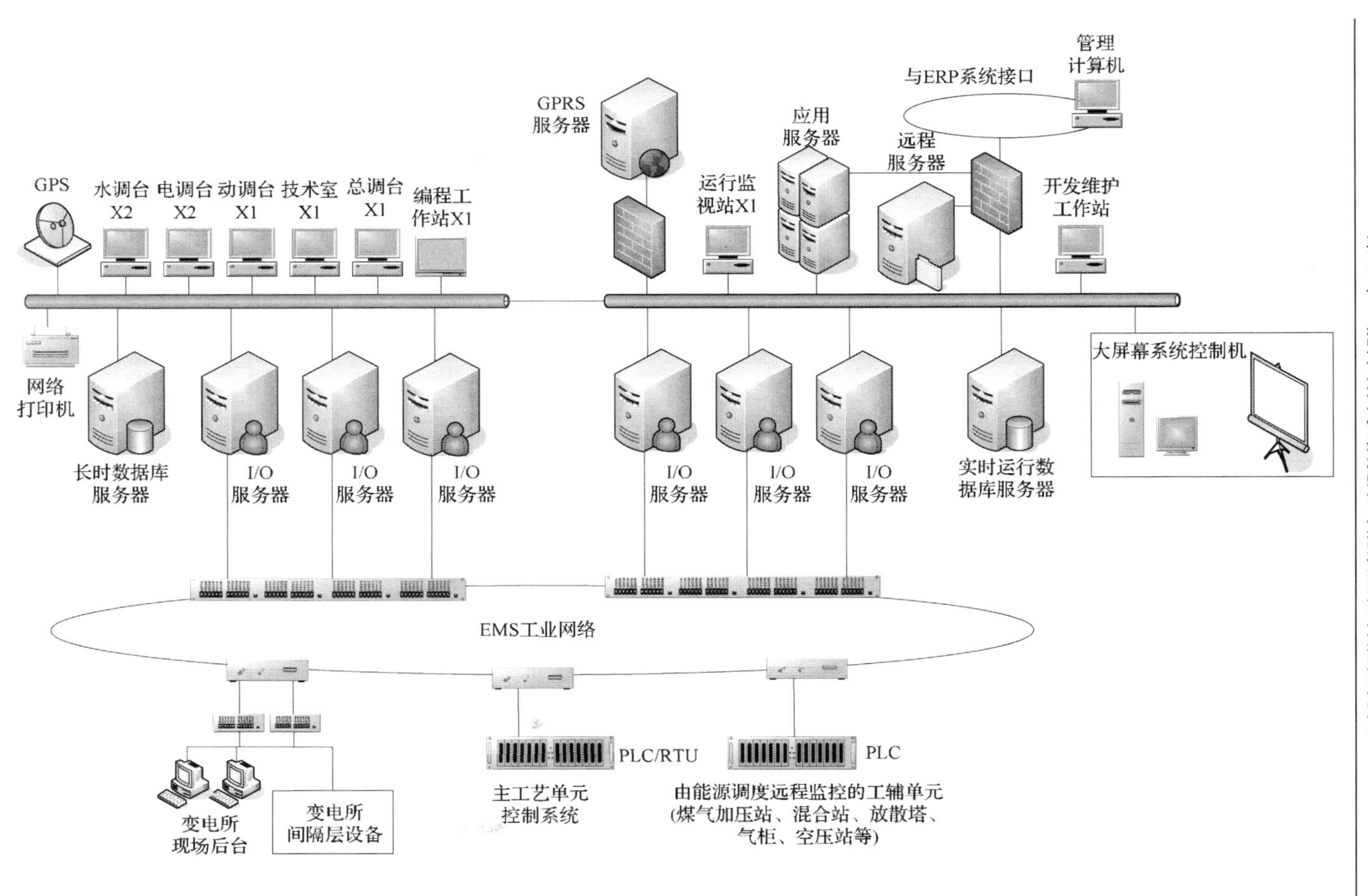

图2.64　能源管控系统的结构

线监测及机组性能试验分析系统(HSJ 系统)已经成功地应用到三峡、二滩、刘家峡、李家峡、葛洲坝、青铜峡等大中型水电厂的在线监测；由清华大学和北京奥技异电气技术研究所联合研制的水电机组状态监测分析诊断系统(PSTA 系统)，已应用于 30 多个水电站、共计 60 余台机组的状态监测，早在 1997 年，该系统即应用于广州抽水蓄能电站的状态监测分析，随后，该系统拓展并实现远程分析诊断功能，于 2005 年应用于福建水口水电站。

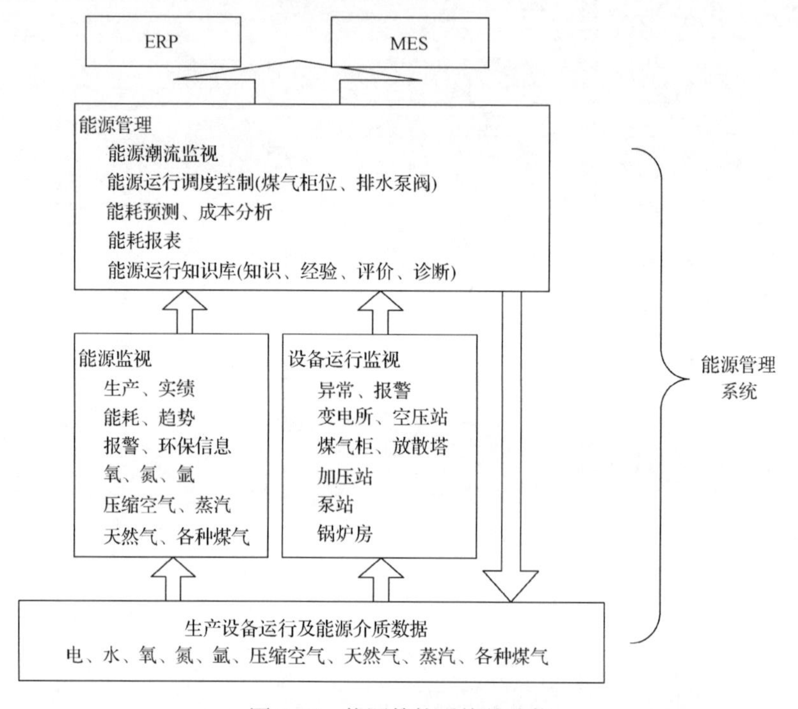

图 2.65　能源管控系统的功能

表 2.16　国内火电机组健康和能效监控智能化应用商业

研发单位	代表性系统	核心组成技术及功能应用
清华大学	远程状态监测与故障诊断系统	采用深浅知识相结合混合诊断推理机制 根据状态监测，确定运行故障征兆 传输 DAS 数据进行远程监测诊断
电力热工研究所	锅炉管失效分析专家系统	失效管断割取、断口保护，现场记录提取，进行样品分析 失效类型判断，及失效原因分析 合适处理措施和方案推荐
清华大学	混合智能诊断系统	模糊数学、模糊模式识别、模糊人工神经网络，以及基于规则的诊断专家系统等多种故障诊断原理的综合应用 主要应用于在电站热力系统故障和机组振动故障诊断
平圩电厂和武汉水利水电大学合作开发	易组式集散型智能化监测系统	提供离线或与厂主控系统联网两种模式 提供锅炉水冷壁故障诊断测试

3) 风电机组健康监控智能化现状

我国大规模并网风电技术的发展历史不长，而且风电机组技术本身一直处于发展初期，许多基础性研究工作还不够深入。我国在过去短短几年安装并投运大型并网风电机组数万台，故障率高于其他大型动力机械设备。2008 年以前，只有英华达等几家公司推出风电机组在线振动监测系统产品，并在个别机组上进行安装运行。国家能源局于 2011 年颁布的推荐性国家能源行业标准 NB/T 31004-2011《风力发电机组振动状态监测导则》，对于风电机组振动监测与故障诊断技术的发展起到了有力的推动作用。目前，国内已有几十家公司推出了各种形式的风电机组振动监测与故障诊断产品，安装振动监测系统的风电机组的数量也超过数千台，形成了一个巨大的技术市场，其中，北京英华达、威瑞达等公司的产品占据较大的市场比重。目前，我国从事风电系统故障诊断技术和工程应用研究的单位也逐渐增多，其中，既有清华大学、华北电力大学、新疆大学等高等院校，也有华能集团、华电集团、国电集团等大型风电运营企业以及一些风电设备制造企业。

4) 核电机组健康监控智能化现状

国内一些单位在核电站的状态监测及故障诊断方面也做了大量的研究工作。较为成熟的是清华大学研究的核电站二回路故障诊断专家系统(frequency-based on-line expert system，FBOLES)，该系统已经通过了模拟机验证；在隐马尔可夫模型故障诊断的应用方面，浙江大学故障监测与诊断课题组对隐马尔可夫模型(hidden markov model，HMM)在旋转机械状态监测与故障诊断的应用方面开展了研究工作；大亚湾核电站使用的安全监督盘(keypunch performance system，KPS)系统，具有第一故障识别、执行机构监督、事故规程选择、电站状态监测等功能[106]。国内核电机组健康和能效监控相关的商业化应用系统如表 2.17 所示。我国从 1991 年第一个核电站开始运行，至今已经有了 20 多年的发展经验，但与核电发达国家相比，核电事业起步较晚，对核电机械设备状态监测与故障诊断研究，所积累的知识经验少、事件资料故障样本少，对于安全、可靠和智能化的核电设备实时状态监测和故障诊断有待进一步深入研究[107]。

5) 太阳能发电机组健康监控智能化现状

我国开展对光伏发电故障诊断技术方面的研究相对较晚，目前主要以基础研究为主，尚缺乏成熟的商业化应用案例。王祥林等[108]用断载热像技术对生产过程中非晶硅太阳能电池作过无损检测；程泽等[109]以电流检测为手段，通过设计复杂的阵列结构连接方式实现故障电池板定位，该方法需要的电流传感器较多且该阵列结构形式在工程上难以应用；胡义华等[110]针对光伏组串结构，提出通过扰动工作电流来检测各电池板工作电压的方法，从而实现单支路光伏故障诊断；另外，胡义华等[111]初步研究了小型光伏阵列故障诊断方法及传感器放置策略；王培珍等[112]

利用电池板热斑效应，在阵列前面架设热成像仪，通过图像处理程序实现在线故障诊断以及故障点的定位；徐勇[113]在实际光伏电站中应用较为广泛的串并联连接方式的基础上，提出了一种光伏阵列传感器检测结构(SC-SP 结构)，引入模糊技术和管理学中的群体决策理论，构建了完整的光伏阵列故障诊断与定位系统。

6)发电设备健康状态点检定修系统

发电企业设备的可靠性及健康水平是安全生产、经济运行的基础。目前，国内发电企业的设备管理普遍遵循“预防为主、综合治理、计划检修”的原则，实际工作中普遍存在被动检修、过检修和欠检修的现象。一方面，设备的安全性、可靠性仍有待提高；另一方面，距离设备资产全寿命效能、成本最优的现代管理标准相去甚远。发电机组点检定修是实现系统和关键设备由“预防性检修逐步向预知性检修过渡”的有效途径，目标是形成一套融合故障检修、定期检修、状态检修、改进性检修为一体的智能化优化检修模式。在检测手段方面，目前国内多采用离线式检测系统，这些检测系统的功能有：基准管理、标准管理、巡点检管理、状态管理、检修管理、成本管理。

目前，发电设备的点检定修已取得了较大的成功，但是在设备的综合管理方面还没有落实到实处，主要体现在以下几点：①点检装置和点检系统在关键参数监测和数据采集技术方面取得了很大进步，但在点检数据存储智能化和点检台账数据化方面还比较落后。②设备点检管理制度尚不规范。③多数电力生产企业在点检定修的实施过程中普遍存在“重点检，轻分析”“重数据，轻知识”等问题。

2. 发电机组能效监控智能化现状

目前，国内在发电机组的能效监控智能化方面也展开了相应研究，并针对国内发电企业的实际情况，开发出了许多能效监控系统，但其开发和应用水平并不高。国内发电厂和一些高等院校做了大量基础性的工作，通过开发机组MIS(management information system)、SIS(safety instrumented system)等数据管理系统的一些应用软件，实现一些重要运行数据的耗差计算等管理功能。但从实际运行效果来看，由于缺少与机组试验数据验证以及深化评估的环节，这些耗差管理系统的输出结果往往只反映设计工况或某些特定运行工况的参数变化影响程度，无法实现机组变工况运行性能的优化管理，因而无法实现机组运行参数和运行方式的整体优化。相关的商业化应用系统如表 2.17 所示。耗差分析方法一般只能将影响煤耗的因素分析到诸如主蒸汽压力、温度以及端差、排烟温度等控制变量层面，为运行人员提供细致到实操变量层面的指导还需要做进一步的专门工作。

表 2.17　国内核电机组健康和能效监控智能化应用商业系统

研发单位	代表性系统	核心组成技术及功能应用
清华大学核研院&IAEA	核电站二回路故障诊断专家系统FBOLES	基于模型的专家系统 采用故障树分析技术 完成北京核电模拟中心950MW核电模拟机上完成16个典型事故测试
清华大学工程物理系	压水堆核电站运行故障诊断及处理专家系统ESPWR	可实现以故障为基础的异常事件的诊断及处理，以及以征兆为基础的事故应急诊断及处理 用于核电站操作员的脱机培训或管理部门对运行人员的技术考核
清华大学核研院	核电站故障诊断专家系统Flow-Doctor	采用“流”概念对诊断对象抽象处理，采用知识树模型进行知识表示 利用PSA方法中的故障分解概念对知识模型搜索，建立异常信号与基本原因的关系
欧洲共同体经济合作发展组织	集成监督与控制系统ISACS	集成警报处理、诊断、预测等功能 采用基于知识的专家系统技术，识别设备、控制统失效等典型事件

由湖北省特种设备安全检验检测研究院和武汉四方光电科技有限公司共同研发的“基于物联网的锅炉能效测试集成系统”采用物联网技术实现了高度集成的数字化能效测试方案，能够有效地对锅炉能效进行在线监测，替代了人工，实现了数据自动采集、连续记录、传输和处理，测试节点安装拆卸方便，整体系统车载移动，机动性强，大大减少了测试人员现场测试的劳动强度。

由华北电力大学及西安热工研究院有限公司共同开发的“火电厂厂级运行性能在线诊断及优化控制系统”，以提高火力发电厂整体优化运行及其管理水平为目标，充分应用先进技术手段，通过对全厂机组运行状态在线监测与性能诊断、经济性能分析、系统优化控制，达到提升机组安全经济性能指标、节约能源、改善环境的目的。项目成果现已成功应用在30多个电站，显著降低了企业发电煤耗。

另外，针对Turabs系统等一系列国外系统的缺点和国内电力企业的实际情况，清华大学、国电科学技术研究院和威信尔科技发展有限公司等多家单位联合开发了一套能够直接根据供电煤耗指标指导机组运行调整、关键设备状态检修、经济性评价和节能绩效考核的火电机组全息能耗监测与诊断系统。该系统能够实现的具体功能包括：①感知和适应煤种和环境温度等外部条件变化的影响；②充分利用实时的和历史积累的日常运行数据，以减少开发和试验成本，但在可获得的条件下，可以包容和利用各种试验成果；③避开建立精确变工况模型的难度。

全息诊断系统以客户端方式，通过局域网外挂在电厂现有信息系统(MIS系统或SIS系统)上独立运行。全息诊断系统通过接口程序从镜像服务器读取数据，经计算程序处理后的数据直接存储到自带的数据库中，供用户通过Web浏览器调用，该能耗监测与诊断系统尝试以新的技术策略应对多边界条件问题，其特点可归纳如下：①以相同边界条件为准则，寻找包含煤种和环境条件信息的可比最优历史工况，通过消除操作偏差达到优化的目的，有效实现了感知和应对外部条件变化；②通过“压缩、靠近、降低”策略实现经济性持续改善；③发展了若干关键技术，包括优化操作顺序安排、机组运行优化试验方法以及依据设备性能渐变特性指导状态检修等；④充分利用发电厂已有数据记录，相对专项试验，确定应达值的方法成本更加低廉，相对于建立高精度变工况模型方法，降低了实现难度；⑤所建立的方法体系，为综合运用运行优化技术、状态检修、管理考核手段以及整体改善发电厂经济性提供了技术支撑。

全息能耗监测与诊断系统与Turabs系统的比较如下。

(1)运行优化指导功能(寻找可比历史最优工况，并且根据全息属性信息，确定影响因素及其影响幅度)。但前者的分析仅达到了相当于本项目系统的“导引因素层面”(从图面上看，是凝汽器真空，主蒸汽温度，再热蒸汽温度等)，而全息诊断系统还进一步将影响因素分析到了“实控要素”层(即可操作变量)，而且对影响大小给出了自动排序，因此，提供的服务更明确和到位。

(2)状态检修指导功能。前者的实现原理是借助仿真模型、以what-if仿真试验(假定发生了某故障，会出现什么结果)判定单元设备是否出现了诸如结垢、沾污等故障；全息诊断系统具有同样的功能，但实现原理是判断设备性能是否急剧和大幅度偏离设备渐变特性曲线，并且辅以了累积运行时间作为辅助判据。应当说，两套系统目的一致，实现方法各有千秋。

(3)Turabs系统依赖于精确的数学模型才能发挥作用，因此，其在每个具体电厂的实施均需要开展大量的试验测试和模型标定工作，应用于煤种来源多变的特殊条件则工作量更大。相比之下，全息能耗监测与诊断系统则能更好地适应国内各个电厂的实际运行情况。

2.2.3　航空发动机及燃气轮机

国内在航空发动机与燃气轮机的健康与能效监控方面与国外的差距非常大，目前尚没有成熟的、完善的成套系统，只是在部分关键技术上开展了一些研究。

1. 国内在航空发动机与燃气轮机的健康与能效监控管理技术方面的研究基础十分薄弱

我国关于航空发动机健康管理技术的研究起步较晚，国内的相关院校和科研机构从20世纪80年代末才开始航空发动机状态监视和故障诊断方法的研究工作。南京航空航天大学、北京航空航天大学、西北工业大学等高校相继提出了多种结构的卡尔曼滤波方法用于气路健康管理，但这些方法大都停留于理论研究，且研究对象主要是涡喷、涡扇发动机等军用发动机。理论和探索性研究有：北京航空航天大学应用误差反传网络(BP)算法，研究发动机气路部件故障的定量诊断，并针对某型军用涡扇发动机的典型故障给出了诊断结果，分析了测量系统的随机误差、发动机的不同工作状态、不同调节规律对诊断结果的影响，表明误差反传网络(back propagation net，BPN)可成功地应用于发动机故障的定量诊断；南京航空航天大学在发动机机载自适应模型研究及其在故障诊断中的应用研究、发动机磨粒智能故障分析方法和专家系统构建方面走在国内前列；西北工业大学研制的状态监控与故障诊断系统 CAMD－6100、轴承振动监视系统等也在发动机地面试车中进行了应用；国防科技大学在贝叶斯网络诊断推理研究方面颇有建树；空军工程大学在基于支持向量机的发动机故障诊断、预测控制、模型辨识、启动过程建模等方面取得了技术突破；空军装备研究院在振动分析、油液监控等方面研发的技术在现役机种上得到了成功应用。

在发动机健康管理方面，国内对于 EHM 的基本概念和研究范围等已经明确，并且对健康管理的关键技术，如状态监测技术、故障诊断技术、寿命管理技术等，都进行了一定的研究，并且开发了一些健康管理系统。北京航空工程技术研究中心从飞机结构的角度探讨了飞机日历寿命预测问题，并给出相关算法。北京航空航天大学建立了航空发动机关键件的剩余寿命预测模型。2009 年，南京航空航天大学开始将基于机载自适应模型的卡尔曼滤波器用于涡扇、涡喷、涡轴等发动机的气路部件故障诊断的研究。虽然已经意识到开展 EHM 研究可以带来的巨大收益，但还没有具体的实施方案和技术途径，而在商用发动机的健康管理技术领域，目前国内尚处于空白。

随着大型民用涡扇发动机性能指标不断提高，发动机健康管理系统的复杂程度随之增加，航空发动机故障诊断与健康预测技术研究越来越引起人们的关注。简单的发动机状态监视与故障诊断软件在军用、商用发动机已得到应用，然而，目前在军用、商用发动机上均未有系统、成熟的国内发动机健康管理软件得到应用，健康管理只停留在理论研究层面。由于我国在发动机故障数据方面的积累非常有限，同时，在发动机维修、管理方法上也较为落后，这些都是制约商用发动机健康管理发展的不利因素。

我国的燃气轮机的健康与能效监控技术的研究起步相对较晚，主要研究方向集中在监控系统的关键技术上。

在工厂监测层，即 MARK 系统一层，关键技术包括测量技术、信号分析技术以及工厂监测系统集成技术；在 DCS 系统层、远程监控与诊断层，分布式控制、远程通信、故障诊断专家系统、数据库等是关键技术。

在测量技术方面，黎明公司和信息部第五所研究了高温温度传感器技术[114, 115]；哈尔滨工业大学、中船重工第七研究所研究了光纤测温技术[116-118]；多所高校研究了激光干涉测温技术[119]；606 研究所开发了航机振动监测与记录系统[120]；天津大学和哈尔滨工业大学建立了叶片振动和叶顶间隙的测量系统[121-123]。上述研究仍处于实验室阶段，未达到工程应用水平。

在信号分析和故障诊断专家系统方面，目前国内故障诊断领域的研究主要集中在算法[124]，包括线性和非线性气路分析方法、卡尔曼滤波方法、神经网络、支持向量机、模糊算法、数据挖掘等。西北工业大学对传感器故障诊断和利用智能算法进行故障诊断进行了研究[125, 126]。上海交通大学开展了工业用燃气轮机的建模和气路故障诊断研究[127-129]。

作为故障诊断专家系统的主要组成部分，故障知识库即各类型故障的特征是该技术的另一个重点研究领域。故障特征的研究建立在对研究对象的理解之上，比如振动故障特征的研究必须建立在对转子、叶盘、叶片、机匣、轴承等部件力学特性和振动特性的基础之上，能效评估则必须建立在对压气机、燃烧室、透平等部件热力性能和气动性能的研究之上。

在振动特性方面，清华大学、上海交通大学、华北电力大学等高校分别对 MS6001B 型燃机的轴系、燃气轮机拉杆转子、9FA 蒸汽燃机联合循环机组的轴系进行了动力学研究，获得了它们的转动特性[130-133]；哈尔滨工业大学和 703 所对单级叶片-轮盘耦合振动特性进行了较为深入的研究，获得了叶盘耦合振动特点及其影响因素，并研究了失调状态下叶盘耦合振动的特点[134, 135]；中南大学对拉杆组合的多级叶盘的整体振动特性进行了研究，获得了其固有特性并发展了燃气轮机失谐叶盘系统振动局部化的基本理论[136]；大连海事大学对燃气轮机的机匣进行了建模和模态分析[137]；606 所对某型燃机内、外机匣振动传递的动力学特性进行了分析，并与实测数据做了对比[138]；哈尔滨轴承集团和 606 所对燃气轮机滚动轴承的故障模式和延寿方法进行了研究[139]；上海交通大学对轴承油膜涡动进行了动力学建模[140]；浙江电力公司科学研究院对一个实际油膜涡动故障进行了分析和诊断[141]。在故障机理研究方面，清华大学、南京航空航天大学、北京航空航天大学等多家高校和研究单位[142-144]对燃气轮机的碰摩故障、拉杆转子裂纹、油膜涡动故障、轴承故障等进行了分析，获得了它们的故障机理。

在能效评估技术方面，国内主要的研究集中在热力学仿真方面，性能偏差研究多采用小偏差等线性方法，比如南京航空航天大学建立了小偏差状态模型。西北工业大学、南京航空航天大学等开展了非线性仿真，但非线性故障仿真较少。对于线性或者非线性的仿真计算，其本质是将燃机部件的性能变化变换为可观测参数的变化，都必须建立在真实燃机的实验研究数据基础之上，而这方面国内公开的研究内容较少。

2. 国内在航空发动机与燃气轮机健康与能效监控方面产业化程度较低，没有成熟的成套产品

在发动机健康管理系统方面，中国国际航空股份有限公司(国航)、哈尔滨工业大学与北京飞机维修工程有限公司共同开发了航空发动机健康管理与维修决策支持系统。该系统针对航空公司兼并整合和多机队跨地域管理给安全运营带来的新挑战，提出了航空发动机维修工程管理整体解决方案，建立了发动机性能监控和预测、重要件硬件损伤评估、拆换预测、维修计划制定、单元体维修级别确定、修理方案优化的理论和模型，开发了航空发动机健康管理和维修决策支持系统。系统基于 Web 技术，采用 B/S 结构，该系统主要包括基本数据管理、使用数据管理、文档管理、状态监控、拆发预测、维修计划制定、成本预算管理、维修工作范围制定、承修厂评估等功能模块，能支持包括 PW、RR、GE 和 CFM 等型号发动机机队的健康管理和维修决策支持。从 2009 年开始，该系统已对国航 10 个基地、800 多台发动机、350 多台 APU(辅助动力装置)、14000 多个寿命件进行监控和管理，降低了国航的空中停车率，取得了显著的经济效益和社会效益。中国民用航空局组织的专家鉴定认为:“该系统填补了国内空白，集成化功能达到国际同行先进水平”。2010 年，该系统获得“中国民用航空运输协会科学技术一等奖”。2012 年开始，该系统又推广应用到山东航空股份有限公司(山航)，实现了对山航全部 138 台发动机注册数据、1750 个单元体、1825 个寿命件、21182 个重要件的管理与监控，也取得了很好的经济效益和社会效益。

中国东方航空股份有限公司与南京航空航天大学共同开发了发动机机队维修决策支持系统。该系统的功能包括登记注册、信息导入、发动机状态监控、性能趋势分析、性能评估与预测以及机队维修费用分析等模块。

上述系统都是基于国外发动机平台开发的，对于研发基于我国航空发动机平台的健康管理系统具有很强的借鉴作用。

中国商用航空发动机公司大型容机发动机验证机健康管理系统目前已经完成了概念设计，进入了初步设计阶段。在概念设计阶段，研制团队论证了健康管理系统功能是否全部由机载完成、是否需要设计独立于电子控制器之外的发动机监视装置、是否设计独立于发动机监视装置之外的传感器调理电路等问题，提出了可行的大客发动机验证机健康管理系统初步方案。在初步设计阶段，根据系统需求，研制团队完成了健康管理系统的功能性能实现方案，并进行了硬件和软件的设计和工程试制，现已开展部件试制工作。

大型客机发动机验证机健康管理系统分为机载子系统和地面子系统，其中，机载子系统包含监视用传感器、EMU、机载电缆线束及连接器，地面子系统包含便携式维护终端、地面站，如图 2.66 所示。

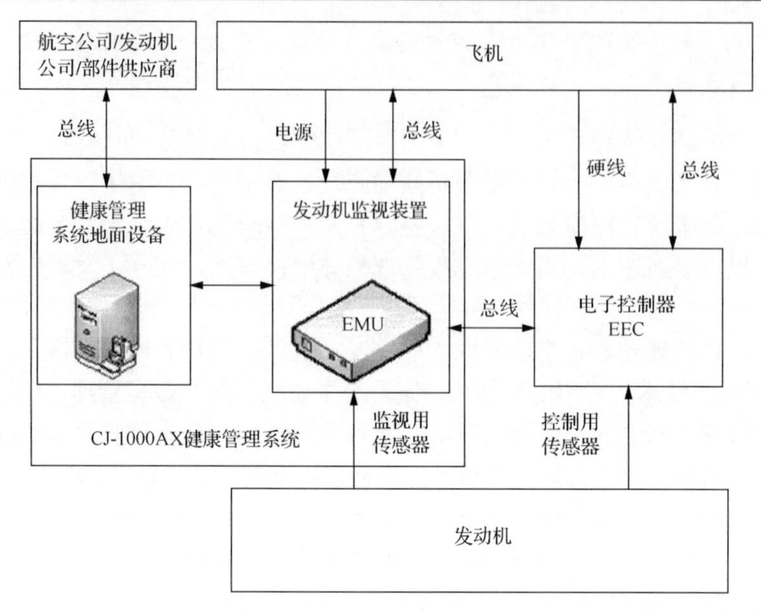

图 2.66　大型客机发动机验证机健康管理系统构架

EMU 采集监视用传感器，通过总线接收来自飞机的飞行参数、电子控制器的控制参数、控制用传感器参数和故障诊断结果。EMU 将飞机所需指示、告警信息及发动机健康状况通过接口传输给飞机，将存储的数据通过以太网接口下载到便携式维护终端。便携式维护终端通过以太网接口下载 EMU 中的数据，通过总线实现对 EMU 的软件加载、在线调参和维护自检等功能。地面站通过以太网接口接收便携式维护终端下载的机载数据，并对机载数据进行管理及进一步的分析。

我国的燃气轮机研发与制造技术与世界先进水平相差较大，目前，我国尚未有成套的燃气轮机监控系统投入实际运行，国内的主要研究方向还集中在监控关键技术的研究上。

3. 传感器等基础工业薄弱，难以支撑航空发动机与燃气轮机健康与能效监控技术发展

与国外相比，国内关键的高端传感器还存在显著的技术水平和产业差距。国内在高性能传感器研制方面投入少、新型传感器类型和数量都少。目前，国内能够独立生产高端传感器只有中航工业 634 所、161 厂、厦门乃尔公司少数几个研究所和厂家，且产品空白较多。国外传感器的性能、精度远远超出国内同类产品。国内高端传感器产业力量薄弱，且受到国际厂商的封锁打压。军工企业很难拿到国际先进产品和技术，部分民企如厦门乃尔公司在该领域取得了一些突破，受到国外企业的封锁打压，甚至提出诉讼。

例如温度传感器，英国 Land 公司研发的基于光纤传输的涡轮叶片红外高温

计，主要用于航空发动机涡轮叶片温度的测量，其中，FP11 型测温范围 600～1300℃，精度为±0.25%。国内主要是 303 所在生产各类涡轮叶片红外测温仪，其中，机载涡轮叶片红外测温仪的各项性能指标是：测温范围为 600～1200℃，基本误差为±5℃，靶面积为ϕ6mm，光纤的长度为 1.8m，探头尺寸为 100×ϕ9mm[145]。误差比国外同类产品高 20 倍。与国内同类光纤传感器相比，国外的光纤温度传感器的性能较好，已经形成系列产品，但其价格相对较高。

在世界范围内，能够工作在 400℃以上高温环境的压力传感器种类依旧很少，核心技术掌握在少数国外公司或是研究机构手中，具有很高的技术壁垒。其中，美国的 Kulite、IMI、LUNA 等公司，在该领域具有很强的技术实力，我国的一些企业，如中国普量电子，目前也具备了生产高温压力传感器的实力，PT500-701，最高使用温度达到 1000℃(带水冷)，但是核心部件(如敏感元件)还需要部分进口。

在耐高温、小型化、测量、可集成性等方面，半导体式 MEMS 传感器具有较大的发展潜力。我国在 MEMS 等先进传感技术领域的起步较晚，与美国的 NASA、相关大学等研究水平相差了 10 年左右。近年来由于在半导体技术、集成技术上的不断投入，差距已经逐步缩小，但在核心部件的技术掌握上，尚未具有全部的自主权，仍需在半导体材料、工艺等领域不断投入，不断追赶。

4. 国内缺乏原创的知识产权，没有形成成套的标准、专利体系

我国早在 1996 年和 1997 年就颁布了发动机状态监视系统的系列航空工业标准和 GJB2875-97 航空燃气涡轮发动机监视系统设计准则，对发动机状态监视系统的功能、原理和设计进行了规范，但这些指导性文件一直没有在发动机状态监测的设计中发挥出作用，未能形成一套完整可行的标准体系。

以航空发动机元件测试装置及平台为关键字查询到的国内专利有 16 项，多集中于国内高校研究群体和中国航空工业集团公司下属公司。以故障模拟系统检索到的系统有 3 项此类专利，全部属于中国航空工业集团公司。就中国专利信息中心、欧洲专利局和美国专利和商标办公室三个专利检索中心查询到的航空工业的传感器的专利申请情况来看，中国国内的传感器技术专利申请始于 2005 年，共 16 项，研究力量主要分布于中国航空工业集团公司及下属子公司组成的公司群体和国内多所大学的航空专业实验室组成的高校研究群体以及少数专注于高端传感器研发的地方企业当中。

2.3　中国能源动力机械健康与能效监控智能化存在问题及原因分析

近年来，我国在高端能源动力机械健康与能效监控方面已经做了许多研究工作，积累了经验，有了深入研究的基础。但是，国内高端压缩机组、发电机组、

飞机发动机及燃气轮机等高端能动机组配套的控制系统仍旧是基于工艺参数的常规控制系统，由于环境变化、工况异常和干扰激励等，机组不可避免地会出现故障。同时，国内高端能动机械监控普遍存在故障预测能力、远程监控能力不足等问题。在高端压缩机组运行状态监控研究方面，经过几年的努力，中石油、中石化等先后建立了远程监控系统，可以即时了解在役机组的压力、流量、温度、振动等宏观特征参数及其变化，并在工况偏离或参数突变时报警，但不能准确预测特征参数和运行工况的发展趋势。在发电机组的监控方面，针对国内发电企业的实际情况开发出了许多健康能效监控系统，但其开发和应用水平并不高，无法实现机组运行参数和运行方式的整体优化，且尚未实现能效闭环控制。航空发动机监控技术的相关研究起步较晚，且大都停留于理论研究，机载系统完全依赖于国外制造厂商，国内还未有成熟的发动机健康管理软件得到应用。

2.3.1 压缩机组存在的问题及原因分析

1. 存在的问题

1) 健康监控方面

调查结果显示，我国石化与冶金行业压缩机组故障率高，事故时有发生。压缩机组事故高发，固然与设计、制造和使用维护相关，但由于状态监控与故障诊断系统的不足，致使无法进行早期准确预警，是导致压缩机组非计划停车、严重损坏等事故的主要原因。在健康监控方面的主要问题如下。

(1) 压缩机组缺乏先进的优化综合控制系统。

国内 2000 年以后新安装的大型机组大多采用了优化综合控制系统，但 2000 年以前的机组采用单体、分散式控制方式。近年来，虽然一些企业采用优化综合控制系统对旧机组控制系统进行改造升级，但仍有大部分机组保持原有的控制系统。

我国在往复式压缩机的状态监测和故障诊断方面开展了一些基础研究工作和实践应用，取得了较好效果。但绝大多数往复式压缩机组只有简单的性能参数监测(如流量、温度、压力、油压等)，没有配置在线状态监测与故障诊断系统。

(2) 机组在线智能监测、诊断及故障早期预警功能不足。

通过对大型透平压缩机组进行在线智能监测(预测)，能够使操作者预知系统在未来一段时间内的运行状况，预知系统是否会发生故障，并能够在进行系统故障分析的同时，对故障的传播和发展做出早期预测，从而使操作者可以从容地进行生产决策和管理。因此，如何能够在故障早期进行准确诊断、预警，避免事故发生，是千万吨炼油、大化肥、超大型鼓风机应用等领域迫切需要解决的问题。

(3) 机组缺乏智能联锁保护和重大事故预防系统。

目前，大型压缩机组振动保护系统大部分由 GE 等国外产品垄断，价格昂贵，但 bently3500 等系统的振动保护仍存在只能依据单一振动幅值进行报警和联锁停机等弊端，该振动保护系统与故障诊断系统的结合程度已远远落后于目前监测诊断及振动保护技术的发展水平，不能够及时发现大型压缩机组的故障隐患而提前进行智能报警，也无法根据故障诊断结果进行有效停机，因此会造成停机不及时带来的重大经济损失，也会因为误报警等过保护策略导致不必要的停机损失。

2) 能效监控方面

调查显示，运行效率偏低是目前国内外石化与冶金装备系统普遍存在的共性问题，在能效监控方面的主要问题如下。

(1) 由于节能意识不强、更新资金不足、关键机组无备台、节能技术改造风险大等原因，存在牺牲装备效率保生产安全现象，很多企业里仍有淘汰落后高耗能机组在运行。

(2) “大马拉小车”与“小马拉大车”等低效运行情况普遍存在。主要原因是在设计、选型、定购、引进装备时，片面追求设备本身的效率而忽视与生产过程的匹配，实际运行远离设计工况且设备自适应能力差。另外，近几年，高炉在不断扩建改造，部分企业片面追求完成政府扩容指标，忽视鼓风机的匹配升级，而部分企业优先引进鼓风机组及其辅助设备，高炉扩容因资金不到位等问题步伐跟不上，这些都导致生产中能效低、故障率高。

(3) 国内主要根据产能的记录来粗略地评价机组的性能，尚不能对机组的能效状态进行实时监控。一些院校也开展了压缩机故障诊断技术的研究开发，但工程应用的案例还十分有限。

(4) 目前，国内的压缩机组监控系统主辅设备缺乏协同性，不能很好地处理往复式和离心式压缩机混合使用时的效率控制，不能有效地整合不同品牌的压缩机。同时，顺序功能上也存在不足，如缺乏先进的算法(前馈或模型预测控制)，不能有效的实现压缩机的最佳组合。

(5) 远程监控和能效报告能力有待提高，缺乏完善的压缩机性能监控和有效的喘振预测等，影响了压缩机组的运行效率和安全可靠性。

(6) 企业设备健康在线监测数据与设备制造单位和科研院校不能同步，导致出现事故后，不能集结多方专家及时解决，给企业带来巨大经济损失。

2. 原因分析

针对上述问题，从设计、制造、运行管理与科技创新等方面分析造成问题的原因，以便提出有针对性的对策与建议。

(1) 设计制造问题。

①标准规范滞后，导致设计效率低，与国外同类设备相比，国内单机设计效率普遍低 3%～6%。②设计不够精确，设计余量大，在设计、选型、定购、引进

装备时片面追求设备本身的效率而忽视与生产过程的匹配，实际运行远离设计工况且设备自适应能力差，造成“大马拉小车”等低效运行问题普遍存在。③设计部门无暇无责顾及老装备技术升级。④制造过程中的物耗、能耗和废弃物排放重视不够，如何避免恶性事故带来的重大能耗物耗损失等方面凸显薄弱。⑤长期以来，我国许多工业装备技术以消化吸收、仿制为主，应用基础研究薄弱，自主创新能力差，低能耗与轻量化的绿色设计技术基础薄弱。既缺乏绿色设计理念，也缺乏绿色设计监管，数字化、信息化、网络化、集成化、智能化方面与发达国家差距很大。国有企业的产权性质决定了其行为具有短期化特征，在技术创新方面没有任何优势。

(2) 企业管理问题。

节能部门关心工艺系统如何降能，设备部门负责维护以保生产安全，都不重视装备运行能效监测评估。有些关键机组无备台，流程工业检修时间紧迫，企业无暇顾及也不愿冒险进行节能改造。有的企业为保证生产安全不惜牺牲装备效率，低效运行在所难免。也有企业为降低生产成本，减少维修投入，设备不垮不修，以致酿成事故。

(3) 政府导向问题。

目前，我国尚无针对在役装备能效监测评价的技术标准体系和相应法规，既无法建立起切实可行的能效评价制度，也很难通过法律对浪费能源的行为进行约束。科技投入重“顶天”轻“立地”，在高新技术领域不惜重金赶超国际先进水平，“嫦娥、玉兔”已登月，但基层企业却嗷嗷待哺解决实际工程技术问题，仍处于技术落后、高能耗、高排放、靠扩大规模拼取微薄利润来支撑国民经济发展的尴尬局面。科学金字塔要有坚实的基座，如果仅着重创办铸造塔尖的世界一流大学，那构成对国家最有用人才的庞大基座靠谁来培养？另外，地方政府在节能减排政策引领上过于简单化、片面化、形式化，例如，政府在高炉升级改造中，仅关注高炉容积扩容，并不关注高炉鼓风机组的匹配升级，这就导致一些企业为应付政府检查，突击扩容，依然采用原有鼓风机组，造成典型的“小马拉大车”现象，存在巨大安全隐患。

通过上述调研分析和判断可知，我国工业企业尚存大量低效运行、故障频发的压缩机械装备，主要是在设计、选型、定购、引进装备时只重视设备本身的效率和片面追求过大的余量，忽视与生产过程的匹配，一些装备实际运行远离设计工况且设备智能调控能力差和健康状态监控不到位等原因造成的。未来几十年内，高端压缩机主要存在以下两个方面挑战：一是石化与冶金行业压缩机组故障诊断基础研究薄弱，缺乏智能联锁保护、重大事故预防和先进的优化综合控制系统，机组在线智能监测、诊断及故障早期预警功能不足。二是国内流程工业企业节能减排意识不强，绿色运行理念尚未完全建立，且缺乏能效监控的有效技术和手段，导致石化与冶金行业压缩机组健康高效运行存在管理和技术双重瓶颈。

2.3.2　发电机组存在问题及原因分析

1. 存在的问题

(1) 发电机组的健康与能效监控以设备层面为主，缺乏关键参数的精确测量手段和技术，监控智能化的系统集成与优化和协同功能不足。

目前，国内普遍采用的发电机组监控系统已基本实现对单一设备和子系统健康和能效基本数据的采集、监测和离线控制，但尚不能有效地在厂级层面对机械装备、单元和过程之间进行健康及能效的整体监控，以及相互影响的实时优化。即使在设备和单元层面，也缺乏一些关键参数的监测手段与技术，包括：燃煤火力发电锅炉炉膛各区域的火焰温度、壁温、烟气酸露点难以监测；锅炉水冷壁超温爆管、结焦结渣、受热面低温腐蚀仍然是火力发电机组的常见故障；入炉煤质、锅炉烟气中飞灰含碳量、汽轮机排汽焓、系统汽水内漏量的在线准确测量，仍然是火电机组能效监控的难题。目前，对电力行业的健康与能效监控主要以单一的电厂机组为单位，但在实际运行中，某区域的电力机组需要根据该区域的电力需求进行相关调整，如机组的经济效益、能耗水平及排放标准，以区域的整体效益为调整目标。目前的监控系统尚不足以进行发电机组健康与能效监控的区域协调。

(2) 发电机组的健康与能效监控以状态监测为主，对机械健康与能效演化趋势的预测能力不足。

国内大多数机组可实现对基本运行边界信息(如负荷、环境温度、风向风速等)和主要设备的关键测点进行数据的采集和预处理，并在此基础上开展设备的健康及能效状况评价和监控。但从智能化监控的研发与应用情况看，对发电机械和装备的性能演化规律，以及故障的早期识别能力都有不足，还不能对机械装备在全生命周期内进行准确评价，提供有效的运行和维护指导，因而普遍存在发电装备的过度维修、维修不足和不合理的升级改造现象。同时，监控系统大多存在“重监测，轻控制”“重记录，轻分析”“重信息采集，轻知识管理”的问题；在 DCS 系统中没有直接反应能效的监测指标，更没有实现依据能效指标进行的闭环控制；在 SIS 系统中都有性能计算与耗差分析模块，但由于计算结果的误差较大，不能很好地指导机组的经济运行。

(3) 发电机组的健康与能效状态以现场实时监控为主，缺乏远程和网络化监控与诊断能力。

目前，我国电厂应用的大多数基于互联网的监测、诊断和维护系统受底层传统信息获取方式的限制，存在着信息传递与转化的困难，成为基于互联网的监测诊断和维护系统实时功能和效率提高的瓶颈，设备监控系统在设备的动态在线配置和重构等方面智能化水平还有待提高，数据库信息在网络上的安全传输及大容量信息处理方面还有待加强。特别是未来我国风力发电和太阳能发电将长期高速发展，借助信息化和网络化技术，实现对风电机组和太阳能发电装备的远程监控和专家远程诊断，面临巨大和迫切的需求。

(4)发电机组的健康与能效监控系统目标和评价方法单一，不能满足对发电能源动力机械安全高效和清洁运行的要求。

国内的监控系统普遍使用单一的故障诊断或能效评价方法，由于其在推理方法上的单一性，在求解复杂系统的诊断问题时受到很大的限制。目前，对发电机组需要同时达到安全、高效和清洁运行的目标，特别是对火电机组清洁排放的要求日益严格，发电污染物控制导致的能耗增加矛盾日益突出。但现有的发电机械健康和能效监控系统往往以安全和能效为单一目的，普遍使用单一的故障诊断或能效评价方法，已经不能适应发电机组实际运行中能耗和排放指标的多目标优化需求，亟需建立基于多种诊断评价方法的混合监控管理系统。

2. 原因分析

针对上述问题，从规划、设计、制造、研发、运行、管理等方面分析造成问题的原因，以便提出有针对性的对策建议。

(1)在发电机组的规划方面，没有做到统筹规划与科学评价，以至于出现发电所需资源不足和局部地区电力过剩并存的局面，如近几年我国局部地区火电负荷率低、风电弃风、水电水量不足的现象。因此，对燃煤火电而言，煤炭资源特性、负荷特性的科学评价是电站规划的前提，否则会出现煤质多变、负荷变化频繁的现象从而影响机组的安全经济运行。对风力发电而言，风电场合理的选址及容量选择也是风电机组安全经济运行的前提，在科学规划的基础上，通过先进的监控技术确保发电机组的安全经济运行才有意义。

(2)在设计与制造方面，长期以来，我国电站的设计比较粗放，一方面辅机配置安全裕度过大，另一方面设计方案简单复制，没有全面考虑当地的环境、气候与资源条件，以至于发电机组投产后长期严重偏离设计工况运行，影响机组设备的安全和能效。由于发电装备及机组监控系统以引进为主，机组复杂的实际运行条件严重制约了监控智能化水平的发挥。

(3)在系统研发方面，国内对于监控系统的研发力量较为薄弱，研发队伍规模小、理论与实践和工程没有密切结合、造成研发成果多但应用成果少的局面。特别是风力发电、太阳能发电，只是近几年来在国内规模化投运，相应的研究机构力量更为薄弱，一些引进的国外技术尚未消化吸收，自主核心技术难以形成，关键技术标准尚未制定。

(4)在运行方面，较能效与环保而言，传统电站更关注安全性，在监控系统中对影响安全的参数设置报警与连锁保护，为满足电网按照自动发电控制(automatic generation control，AGC)方式调度机组负荷，设置一系列程序控制。而当前火力发电机组面临煤质复杂、深度而频繁调峰、南北地区环境条件差异大、机组冷却方式相异的制约，给火电机组的安全经济运行带来一系列问题。同时，环保要求也对火力发电机组的安全与经济运行带来新的挑战。一方面，对于火电机组的安全、经济、环保的协同监控成为火电机组监控智能化的趋势，另一方面，电站装有多台机组，火电及核电单机少、测点多，风电及太阳能电站单机多、测点多，对于集群机组的监控需要整体性的协调。同时，对于不同寿命和工况的机组之间，应对其差异进行有侧重的健康及能效监控。

(5)在管理方面，在“安全第一”的电力生产方针的指导下，电厂制定的安全管理制度齐全，责任明确，定期开展安规培训。与之相比，能效管理制度及环保管理制度相对简单。在健康与能效监控方面，以健康监控为主，能效监控为辅，导致电厂运行人员及管理人员过分关注安全而忽视经济运行，实际运行中更多地监视和调整与机组安全相关的参数及测点，忽视影响机组能效的参数及测点，以至于目前发电机组的健康与能效监控系统的功能尚未充分发挥，仅仅实现其自动监测及部分控制的功能，其智能化的分析控制功能尚未实现。

2.3.3　航空发动机及燃气轮机存在的问题及原因分析

1. 存在问题

与国外相比，我国在航空发动机预测与健康管理技术、燃气轮机健康与能效监控技术研究方面尚处于起步阶段。当前的研究和应用现状突出表现为以下三个方面的分离。

1)技术理论与产品实践分离

理论与实践分离的现状导致多数研究局限于理论方法研究，缺少系统化的实用综合技术。各个高校在理论和探索性研究方面开展了大量工作，部分研究院所开发了少数地面系统或辅助系统，但目前没有一套完全自主研发的综合性的健康管理系统，导致国产的发动机和燃机没有成熟的系统，进口的发动机和燃机使用而全部是进口系统。

2)设计与使用分离

设计与使用分离的现状导致国产发动机状态监视系统技术研究停滞不前。我国于 20 世纪 90 年代就已经颁布了发动机状态监视系统的系列航空工业标准和 GJB2875-97 航空燃气涡轮发动机监视系统设计准则，这些标准对于发动机状态监视系统的功能、原理和设计准则进行了论述。但是，这些指导性文件一直在设计中，没有发挥作用。而国外在进行发动机健康管理系统研制时，一般在发动机设计初期就进行健康管理系统的并行设计，从设计阶段开始就建立起发动机典型故障数据库，并且随着发动机研制的进行，开发、评估技术的成熟度以及有效性。同时，在设计阶段，尽可能利用已成熟发动机使用中暴露出来的重大故障问题，作为新研发动机健康管理系统技术选择和技术试验验证的依据。例如，美军在进行 F-135 发动机健康管理系统开发时，就曾经使用 F-100 发动机作为地面技术评估和技术验证的标准平台。这样做不但可以消除直接使用新研发动机进行健康技术验证带来的巨大风险，而且可以有效借鉴系列发动机的成功使用经验，最小化技术研究风险、最大化效费关系。因此，对于新研发的型号，要尽早同步启动发动机健康管理技术的论证和系统研制。

3) 地面与空中分离

长期以来，国产航空发动机安全检查和维修保障工作主要集中在地面进行，飞参数据判读是事后分析及检查发动机故障问题的有效途径。对于起飞至着陆的飞行过程，当前还缺乏行之有效的实时监控技术手段。因此，造成了地面和空中的发动机监控无法形成闭环，无法实现发动机的动态实时监控。

目前，国外先进的健康管理系统一般都采用机上和地面的模式。地面与空中监控是当今先进发动机健康管理系统中两个相辅相成、不可分割的部分。空中监控的主要用途是确保飞机空中安全、避免灾难性故障发生、提前发现潜在危险并进行告警，在有特殊要求时可以对重大危险性故障进行故障识别与隔离。空中监控是确保战机安全和任务安全的支撑技术。地面监控是进一步分析故障原因、识别故障类型并进行故障隔离的主要手段。

2. 原因分析

1) 自主研发的需求和投入不够，研究基础差

国内航空发动机和燃气轮机长期以测仿、引进方式为主，缺乏自主研发，相关健康与能效监控系统随主机一起引进，国内没有开展系统的自主研发，缺乏研制的技术基础、产业基础和资金支持，只是在地面系统和部分技术领域开展了一些研究。

2) 研究力量分散

国内从事健康与能效监控技术研究的院校、科研院所很多，但普遍力量不强，研究力量分散。由于体制机制原因，从事航空发动机和燃气轮机整机研发的企业，分别研制自家产品的健康与能效监控系统，相互之间缺乏协作交流，尚没有成立专业从事健康与能效监控系统研发的实力强的科研生产机构、学术团体，研究没有形成合力。

3) 算法研究和数据积累不够

当前，国内自主发动机和燃气轮机健康管理系统研制刚刚完成初步设计阶段部件试制，相关试验还未开展，健康管理算法研究中缺乏必需的数据，也缺乏基础技术积累，平台建设还在进行中，没有成熟的平台可以验证算法，因此，有关健康管理的算法还在探索阶段，缺乏成熟的平台验证和必要的试验数据的支撑。

4) 机载软硬件技术成熟度低

目前，在机载软硬件方面，国内先进高可靠性机载软硬件的技术成熟度低，在关键技术领域，包括机载大容量监视数据存储与管理技术、基于 ARINC664 总线的高完整性数据传输技术、机载电子硬件电磁防护技术、金属屑传感器研制技术等方面还不成熟。

5) 适航经验不够丰富

航空发动机健康管理系统的研制工作适航方面的要求依据 D-178B、DO-254。由于我国航空发动机制造公司尚未参与型号机的适航工作，因此，在试航取证方面缺乏相关的经验。

6) 没有一套基于国产发动机平台的地面软件系统

国内高校、科研部门和航空公司开展了一些民航发动机健康管理与维修决策相关算法和系统的研究和开发，有的系统在航空公司取得了很好的实际应用效果。由于目前我国使用的民航发动机都是由国外制造，提出的算法和研发的系统都是基于国外发动机平台，不过这些算法和系统对于研发面向国产发动机平台的健康管理与维修决策支持系统具有很好的借鉴作用。

在燃气轮机方面，国内没有成熟的商业系统对现有技术进行集成，局部的技术进步难以获得工程应用。

7) 传感器基础工业落后

国内在高性能传感器研制方面投入少，新型传感器类型和数量也较少。目前，国内只有中航工业 634 所、161 厂、厦门乃尔公司少数几个研究所和厂家能够独立生产高端传感器，且多数为对环境条件要求不高、难度不大的温度、压力或振动传感器，而对于高温传感器以及滑油碎屑、滑油品质、滑油液位等新型传感器，虽然对其原理有了初步的认识，研制出了原理样机，但是距离装机应用还有很长的路要走，而对于高温环境下的温度、压力传感器、高性能高频振动传感器以及叶尖间隙传感器均不能自主生产研制。

2.4 小　　结

目前，国外高端能源动力机械的健康与能效监控系统正在不断向集成化和智能化方向发展。高端压缩机健康与能效控制系统提供能够满足压缩机组运行、监测、控制以及保护需求的智能系统，使压缩机、驱动机以及辅助设备都能够适应生产的需求并高效地运转。高端能源发电机组的健康与能效监控智能化可实现相关装备和系统在生命周期内的良好运行和高效清洁应用。国外在航空发动机及燃气轮机健康和能效的智能监控技术方面做了很多工作，形成了较为完整的健康管理理论体系，开发了航空发动机及燃气轮机健康管理系统，逐渐在航空发动机及燃气轮机实际运行和管理中得到广泛应用。

近年来，我国在能源动力机械的健康与能效的监控方面做了许多研究工作，智能化水平得到大幅提升。但对比国外水平发现，我国压缩机机组的健康与能效监控系统大多是进口产品，关键技术由国外公司垄断；发电机组在健康与能效监控任务精细化、系统集成化、远程化、网络化和在线监控智能化等方面还存在一定差距；航空发动机及燃气轮机的健康与能效监控目前还没有成熟的、完善的成套系统。

通过项目的调研和分析，我国高端能源动力机械健康与能效监控智能化领域主要存在以下问题：高端压缩机机组在线智能监测、诊断及故障早期预警功能不足，缺乏智能联锁保护和重大事故预防功能，缺乏能效实时监控；发电机组的健康与能效监控系统缺乏关键参数的精确测量技术手段，监控智能化的系统集成与优化和协同功能不足，对机组健康与能效演化趋势的预测能力不足，缺乏远程和网络化监控与诊断能力，对机组的健康和能效评估方法单一；航空发动机及燃气轮机的健康管理技术理论与产品实践分离，缺少系统化的实用综合技术，设计与使用分离导致国产发动机状态监视系统技术研究停滞不前，地面和空中的监测无法形成闭环，无法实现设备的动态实时监控。针对上述问题，项目从设计、制造、运行管理与科技创新等方面深入分析了原因，以便能够提出有针对性的对策和建议。

第3章　我国高端能源动力机械健康与能效监控智能化发展趋势及目标

高端是指机械装备应具有高性能、高可靠性和智能化的特点。机械装备在复杂工况下运行，能够与过程实现和谐匹配，能够根据工况的变化实现参数和结构的适应，使装备始终处于高效率运行状态下，称之为高性能；装备能够安全稳定、长周期无故障运行，称之为高可靠性；装备具有健康能效监控、智能联锁、自愈和自优化功能，称之为智能化。本章主要论述我国高端能源动力机械健康与能效监控智能化的发展趋势，并突出介绍基于网络的高端能源动力机械健康与能效远程监控智能化技术及发展趋势，阐明我国高端能源动力机械健康与能效监控智能化的发展目标。

3.1　我国高端能源动力机械健康与能效监控智能化发展趋势

3.1.1　高端压缩机组健康与能效监控智能化发展趋势

1. 高端压缩机组健康监控智能化发展趋势

国际上，随着传感技术和信息技术的发展，目前，高端压缩机健康监控系统正在不断向集成化和智能化方向发展，机组控制系统完全融合机组状态监视系统的功能，演变成完整的机组监控系统，在操作监视上也逐渐向企业信息管理系统靠拢。我国高端压缩机组健康与能效监控智能化发展趋势与国外是一致的，只是发展的水平与智能化程度与国外先进水平仍有差距。我国大型透平压缩机组健康监控技术发展趋势如下。

1) 大型透平压缩机组健康监控技术发展趋势是压缩机运行状态的远程监测、智能控制及故障自愈化

健康监控系统可对机器的整个运行过程进行监测，保证压缩机系统在正常的设计范围内运行并获得预期的性能参数，并在故障发生之前，通过纠正动作以避免多次停机和昂贵的部件更换。自从20世纪60年代初，美国率先开展机械设备故障诊断技术研究以来，故障诊断技术逐渐成熟，已于1967年开始应用于航空航天、军事行业，瑞典在SPM轴承诊断、挪威在造船诊断、丹麦在机械振动监测与

诊断等方面都具有较高水平。尤其是随着企业的现代化和生产设备的大型化，近20年来，状态监测和故障诊断技术获得了迅速的发展，领域不断扩大至核电反应堆与汽轮机、石油化工厂的大型机组和塔容器、石油开采机械等诸多方面。特别是近几年来，以美国GE Bently公司为首的国际大公司，利用网络技术实现了对设备的远程监测和诊断，开发出了一系列如数据管理系统、趋势分析系统、状态监测系统等软件以及一些关键的监测与诊断仪器仪表。通过应用现代设备监测诊断技术，保证了重要设备的安全连续运行，排除了复杂设备的疑难故障，为设备的预知性维修提供了可靠依据。

国际上，透平压缩机在向大型、节能、高可靠性发展，技术开发的重点转向了提高产品的可靠性和运行效率、降低能源消耗、改进生产工艺方法等方面。机组的大型化使得透平压缩机在设计技术、主辅设备的协调工作及智能化控制技术几个方面都面临新的挑战，因此，发展设计理论、研究压缩机可靠性及智能控制方法是大型透平压缩机组监控技术发展的必然趋势。压缩机运行与控制的发展趋势是压缩机运行状态的远程监测、智能控制技术及故障自愈化。

(1)大型透平压缩机系统故障动态演化机理、早期故障智能诊断与预警及故障自愈化。

故障机理反映故障的原因和效应，是通过理论研究和大量的试验分析，得到反映设备故障状态信号与设备系统参数之间联系的表达式。深入研究大型透平压缩机系统故障机理与故障自愈原理，能够形成推理正确、判断准确、预示合理、结论可靠的设备智能诊断与预示的新理论和实用技术，从而确保大型透平压缩机系统的安全稳定运行。

(2)系统智能化程度显著提高，压缩机组系统能按照人的意图进行自动控制和信息自动检测采集及处理，具备自调节、自诊断和自动保护等功能，甚至实现操作全自动化和智能化。

随着企业的现代化和生产设备的大型化，压缩机状态监测和故障诊断技术获得了迅速的发展。特别是近几年来，以美国GE Bently公司为首的国际大公司利用网络技术实现了对设备的远程监测和诊断，开发出了一系列如数据管理系统、趋势分析系统、状态监测系统等软件以及一些关键的监测与诊断的仪器仪表。通过应用现代设备监测诊断技术，保证了重要设备的安全连续运行，排除了设备的复杂故障，为设备的预知性维修提供了可靠依据。总体来看，压缩机组健康监测诊断的发展方向是由单一参数监控转为多参数同时监控，并逐步向远程智能化方向发展。压缩机组系统将逐步发展成能按照人的意图进行自动控制和信息自动检测采集及处理的系统，系统将具备自调节、自诊断和自动保护等功能，甚至实现操作全自动化和智能化。

(3)系统可靠性、故障预示与安全运行保障理论和方法得到发展，压缩机组系统可靠性更高、使用寿命更长。

近年来发展起来的模糊控制及神经元网络技术，为压缩机的智能控制奠定了基础。模糊控制技术不需要确切地了解对象的数学模型，而是用语言来描述受控系统的模型，从而充分利用有经验的优秀操作者对过程细微的、独特的认识，在复杂的条件下提供适当的输出。而神经元网络技术是一个由大量简单处理单元连接组成的人工网络，用来模拟大脑神经系统的结构和功能，可用于压缩机的负荷预测、系统分析和控制，以及某些多变量函数最佳值的求取等，成为压缩机理想的控制技术[146]。目前，大规模集成电路技术的迅速发展，16 位、32 位微处理机技术的应用，局部网络技术、CRT 图形显示技术和数字通信技术的发展，以及现代控制理论的发展为离心压缩机控制系统的研制和开发提供了理论依据和技术指导。

2) 往复式压缩机组健康监控技术发展趋势是由单参数监测发展为多参数监测，智能控制健康状态，不断提高压缩机组的运行安全可靠性

通过智能监控，可实现以下目标：一是提高运行安全性，保护压缩机、人员和环境，预防重大机械故障。二是改善维护计划，通过基于“视情维修”理念的在线实时监测和有效的根本原因分析，实现早期的故障发现。三是减少运营成本，通过智能监控，达到只在必要时更换磨损部件的效果，避免不必要的检查和维修，从而降低维修费用。四是根据生产需要合理安排停机时间及通过优化压缩机性能等手段，提高产能。

(1) 采用多参数融合方法进行多参数监测，综合诊断压缩机的健康和能效状态，提高监测的准确性。

往复压缩机结构比较复杂，导致其故障的多样性。热力性能故障一般表现为排气量不足，压力、温度波动异常；机械动力性能故障一般表现为机器工作时异常的响声、振动、过热等。故障监测方法有温度监测、压力监测、振动监测、噪声监测、位移监测、金属介质监测。各种监测方法都有各自的优缺点和应用场合，一般温度监测、压力示功图法监测对热力性故障诊断非常有效；压力示功图法、振动、噪声、位移、油品金属介质法对机械动力性故障比较有效。由于压缩机故障的多样性，必须采用多种方法进行综合监测。综合监测参数包括活塞杆位置、温度、指示压力、位移、转速、振动、噪声、电流、电压以及其他静态数据等，可进行活塞杆受力、跳动、支撑环突出值和振动分析。

(2) 利用先进传感技术和网络技术，实现压缩机健康状态远程监控。

应用工业互联网、物联网、云计算及大数据等技术，提升高端压缩机组健康与能效远程监控智能化水平是今后的发展方向。在 21 世纪的今天，工业互联网、物联网、云计算及大数据等技术将再次改变我们的世界。在过去的十年中，企业开始逐步将互联网技术应用到工业生产。应用工业互联网、物联网、云计算及大

数据等技术，提高流程工业关键装备健康与能效远程监控智能化水平是未来的发展方向。能源、石化、冶金等流程工业是国家经济发展的支柱产业，流程工业生产装备具有大型化、复杂化、生产工艺自动化、连续化的特点，设备投资巨大、能耗物耗与经济利益直接相关，故障引起非计划停产将带来巨大的经济损失，还可能导致机毁人亡的重大事故。往复式压缩机等流程装备是能源加工企业使用的关键设备，多年来一直是先进监测和控制技术人员关注的对象。目前，运营商监测和模拟这些设备是为了进行事先保养，以及确保整个工厂的安全性。对工厂进行效率和安全管理，以及提高生产效率是当今工业互联网发挥重大作用的领域。

美国等发达国家对装备的故障预测与健康管理和基于工业互联网大数据分析与优化决策高度重视，美国 GE 公司将其称作新一轮工业革命浪潮。数字化、信息网络化、集成化、智能化是科技革命和产业变革的必然趋势。如通过研究直接测取气缸内高温、高压动态压力的方法，绘制出最能反映压缩机运行状态的示功图；建立不同型号、不同介质往复压缩机正常状态示功图作为故障判别的初步依据，指出压缩机的非正常工作状态；研究故障起因与示功图畸变的内在联系，研究故障信号处理与特征提取；应用小波包变换、神经网络、模糊诊断及功率谱谱距等方法处理监测信息，开发实时可靠的监测系统，提高故障诊断的准确性与可靠性。利用网络技术，将压缩机的运行参数进行远程传输，将数据传输给 PLC/DCS 即可跟踪趋势和报警，在远离压缩机现场的监控室里，实现压缩机在线实时监测，确保故障及早发现，发出报警或紧急停车，避免发生重大事故，应用智能计数器和多重报警极限设置避免误报警。

2. *高端压缩机组能效监控智能化发展趋势*

随着测试、传感、数据处理以及计算机技术的发展，石化与冶金行业高端压缩机能效监控系统也在向多参数、多机组和主辅协调的智能化方向发展。一是透平压缩机组应用 ITCC 系统，提升压缩机组的能效。二是应用气量无级调节装置提升往复式压缩机能效。三是能效监控系统向多参数监控、多机组和主辅协调方向发展。

国内外能效监控系统的发展方向包括：由单一参数测量向多参数同时测量发展，并应用历史实际运行数据自动生成真实的性能曲线，建立可参考的数据库，实现功率等能效参数可视可调；采用各种监控手段将喘振控制线向小流量区间外推，实现稳定裕度的提高，使压缩机工况始终稳定在最高效率点附近，实行精准预测，卡边高效运行；由单台机组调控向压缩机群的集中调控发展，采用智能化算法分配负载，使各压缩机在最优工况运行，从而实现节能效益的最大化；由机组性能优化向机组与工艺系统深度融合优化发展，提高机组运行效率；建立主辅设备交互作用的关联耦合模型，研究主机、设备、管网协调工作的规律，提出监测控制策略，对压缩机组各辅助系统(部件)进行调控，提高机组系统效率。

1)应用 ITCC 系统，提升压缩机组的能效

高端压缩机组等流程工业关键装备健康与能效监控是沿着单体分散式控制、机组系统优化综合控制、全厂机群集中优化控制、远程监控和故障诊断的路线发展的。目前，ITCC 系统应用比较成熟，全厂机群集中优化控制、远程监控和故障诊断尚在研发和尝试应用中，并且随着计算机和网络技术的进步，逐步发展和完善。ITCC 系统与前期的机组控制方案相比，具有可靠性高、功能强大、组态灵活和容易操作等优点，且集调速控制、防喘振控制、性能控制、负荷分配控制、解耦控制、协调控制和安全联锁保护控制等功能于一体。该系统能很好地保证机组长周期、稳定、高效的运行，能够预见性地给予操作指导，在能效优化方面功能强大，可达最佳效率。目前，一些新建的工业装备压缩机组健康与能效监控达到了一定程度的智能化，如中海油惠州炼油项目实现了全厂机群集中优化控制。惠州炼油项目全厂 CCS 联网监控，分布在现场各辅助控制室(field auxiliary room, FAR)的 15 套 CCS 控制站，通过冗余的 CCS 网络可实现中央控制室(centre control room, CCR)内集中监控、维护。全厂共有往复式压缩机 13 台，离心式压缩机 13 台，增压机、发电机、轴流风机等复杂机组 19 台。其中，离心式压缩机 11 台，催化裂化三机组 1 套，进口机组 6 台。其中，11 台离心式压缩机，配置 8 套 Triconex 公司的 V10 版 TS3000，1 套 Triconex 的 Trident 系统；陕西鼓风机厂生产的催化裂化三机组、增压机共用 1 套 TS3000；2 套汽轮发电机组配置 2 套 Trident；系统高压加氢循环氢引进机组配置 1 套 TS3000；重整引进循环氢压缩机、增压机配置 1 套 TS3000。20 台复杂机组及 9 台往复机，共用 TS3000 系统 11 套、Trident 系统 3 套。CCS 联网后，共配置操作站 15 台、工程师站 7 台、机柜 57 面、辅助操作台 10 个。比常规不联网配置方案减少工程师站 11 台、操作站 18 台、辅助操作台 13 台。按照每套系统先单独安装调试试车后再整体联网调试的原则，随着各装置的投产试车，惠州炼油项目所有 CCS 均已经正常投用或经过试车考验。其中，9 套 CCS 装置投产过程中均按计划实现了联网监控，其余 5 套正常投用的 COS(催化裂化三机组增压机、2 套汽轮发电机组、高压加氢循环氢引进机组、重整循环氢引进机组)也已具备联网监控条件。通过 CCS 联网监控，不仅减少了配置、降低了投资，而且具有统一的系统硬件配置、软件组态风格和操作界面，为操作、维护、改造、升级、扩容等生产维护改造全过程带来了足够的便利和灵活性，例如，全厂统筹考虑 CCS 备件，不仅减少了备用量，也提高了备用效率。

2)应用气量无级调节装置提升往复式压缩机能效

目前，往复压缩机负荷调节的标准配置是以旁通流量调节，近年通过气量无级调节产品，取得了明显的节能效果，是今后往复式压缩机节能控制发展方向之

一。如中石化南京扬子分公司炼油厂加氢裂化装置使用 2D50 型两级往复式压缩机，轴功率 1400kW，由于中压加氢裂化装置反应所需氢气量仅为压缩机额定排量的 40%～60%，而压缩机原控制系统只能在满负荷下运行，多余氢气通过旁路控制阀返回至一级入口，造成大量能耗浪费。采用变容气量无级调节系统后，按照年平均运行时间 8000h，电费为 0.5 元/(kW·h)估算，每年可节约电费 170～260 万元，经济效益显著，投资回收周期为 1 年左右。中石化青岛炼化公司 410 万 t/a 柴油加氢精制装置有氢压机 101A/B 两台，开一备一，原为旁通逐级回流方式进行调节，主电机电流 410A。使用 HydroCOM 系统后，主电机电流降到 273A，日节电 1236(kW·h)，每年可节约电费 500 万元，经济效益显著，投资回收周期不到 1 年。典型案例还有中国石油广西石化公司蜡油加氢裂化装置新氢压缩机气量无级调节系统改造、齐鲁石化压缩机改造等。

3)引进国外先进的压缩机组能效监控系统，并针对我国压缩机组运行现状，加大自主研发力度，促使压缩机组能效监控向多参数监控、多机组和主辅协调方向发展

能效监控是实现石化行业压缩机系统高效运行的重要手段。目前，国外能效监控系统正在由单一参数测量向多参数监控、多机组和主辅协调方向发展。如美国、德国等工业发达国家，相继开发了一些先进的能效监控技术，经实际应用，取得了良好的节能效果。如美国压缩机控制公司开发的一款状态监控软件 CPA，可以将压缩机性能和劣化情况的监测结果显示在与 CCC 服务器连接的远程监控工作站窗口上。我国应在引进国外先进的压缩机组能效监控系统的基础上，针对国内压缩机组运行现状，加大自主研发力度，研发更加适合国内机组运行需求的监控系统，促使我国压缩机组能效监控向多参数监控、多机组和主辅协调方向发展。

4)探索复杂压缩机系统能量高效转换与利用的基础理论与技术

为了应对能源危机、环境污染和温室效应，未来复杂压缩机系统必须具备节能、高效和清洁环保的特点，探索复杂压缩机系统能量高效转换与利用的基础理论与技术十分必要，研究内容主要包括：

(1)能量转换、存储、传递中各子系统的拓扑关联设计理论；

(2)能量转换、合成、分解、传递及存储的多工况匹配设计与节能控制理论。

5)高炉鼓风机双能源驱动系统的研究与普及

高炉煤气是钢铁企业重要的二次能源，随着高炉煤气余压透平发电装置(blast furnace top gas recovery turbine unit，TRT)的不断改进，越来越多的企业运用 TRT 装置回收这部分二次能源，为企业节能降耗。在 2002 年以前，虽然 TRT 和高炉鼓风机组都是与高炉密切关联的设备，但是被设置为两个分别独立的机组，回收

发电和鼓风用电均需经过电网转换，存在一定的能量损失。

TRT 中的煤气透平和高炉鼓风机都是旋转机械，将两设备设计在一起，将煤气透平直接连接在鼓风机组中，则该机组将回收煤气的能量直接用于辅助拖动高炉鼓风机，这样回收效率会更高、设备投资也会降低。煤气透平与电动机同轴驱动的高炉鼓风机组(blast furnace power recovery turbine，BPRT)系统便是基于此理论，该装置具有上述两个机组的功能，即高炉鼓风和能量回收，其能量转化原理如图 3.1 所示。

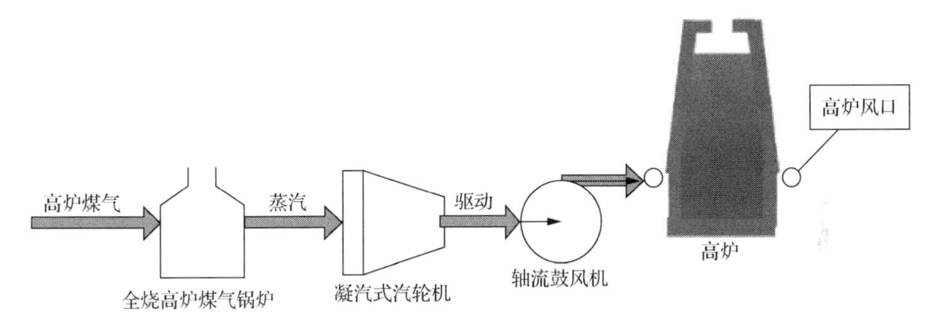

图 3.1　BPRT 能量转化原理图

从鼓风机驱动方式来看，BPRT 系统是由电能和煤气能双能源驱动，在该机组中的高炉煤气透平回收能量不用于发电，而是直接同轴驱动鼓风机运转，没有发电机的机械能转变为电能和电能转变为机械能的二次能量转换的损失，回收效率更高。具体结构如图 3.2 所示。

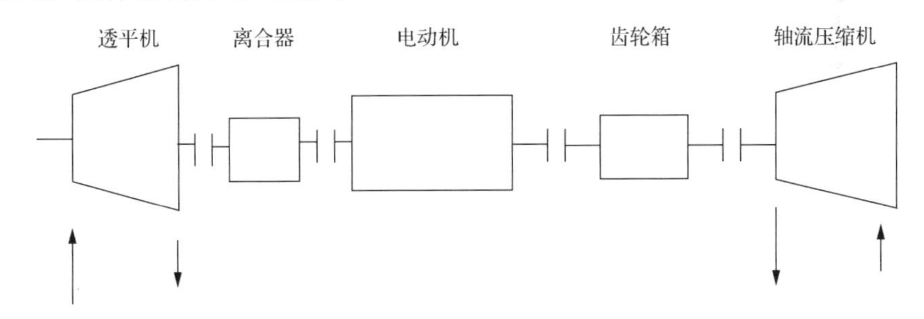

图 3.2　鼓风机组双能源驱动结构示意图

BPRT 系统不仅能回收高炉炉顶煤气所具有的压力能和热能，降低煤气输配管网的流动噪声，而且通过 BPRT 技术对高炉顶压、高炉鼓风机、煤气透平进行智能控制，从而提高高炉的冶炼强度，提高产量。BPRT 系统将 TRT 技术与传统的高炉鼓风设备进行了整合，大大降低了高炉动力设施的建设投资，简化了能源回收及能量转换的流程，降低了高炉冶炼的能耗，与 TRT 以及传统的鼓风机组相比，提高了能量利用率，降低了能耗[147, 148]。

对比传统的TRT，双能源驱动的BPRT机组的优势如下。

(1) BPRT机组是将透平机和鼓风机连接起来的系统，因此，与TRT装置相比，该装置取消了发电机及发配电系统，合并了自控系统、润滑油系统、动力油系统等设施。

(2) BPRT机组中的高炉煤气透平回收能量不用于发电，而是直接同轴驱动鼓风机运转，没有发电机的机械能转变为电能和电能转变为机械能的二次能量转换的损失，回收效率更高。

(3) 采用TRT发电机需要并网，需通过电力部门审批与管理，上网电价也比下网电价低，差值就是电力部门的管理费。而对于同轴机组则无需电力部门的审批与管理，也可以节省管理费用。

(4) 采用共用型TRT可以避免机组频繁启停[149]。

应用于安阳某厂的450m^3高炉机组是第一次将高炉鼓风机与煤气透平串联在同一轴系的同轴机组。从实际运行数据来看，双轴驱动的BPRT机组向高炉送风比较稳定，透平主机运行性能良好，回收功率曾达到2800kW，炉顶压力调节稳定、可靠，全部完成了自动升速、自动啮合、自动脱开、自动升负荷、自动降负荷、自动调顶压及全部过程检测与控制的各项功能。

BPRT技术对进一步提高我国钢铁企业能源利用率，降低产品能耗具有重大意义，长期效益远好于TRT及传统的鼓风机组，BPRT的研发与推广将在冶炼高效稳定生产与节能减排中起到重要作用。

3.1.2 发电机组健康与能效监控智能化发展趋势

1. 健康监控智能化发展趋势

1) 基于全生命周期的发电机组健康监控与寿命评估

目前，全生命周期评价作为一种系统评价方法，已经受到越来越多的国内外研究机构及相关学者的关注。该技术特点在于以下几点。

(1) 根据机组运行状态的复杂特性，提出运行中实时在线监测与大修期间的离线检验相结合的关键技术，以及一系列定性、半定量、定量技术分析手段与及时有效的管理措施相结合的综合有效寿命监测与管理概念，以保证长期关键设备寿命管理的效果。

(2) 改变电厂设备状态出现严重问题后的、被动的、一次性的寿命评估现状，提出了主动寿命监测与管理的概念，即改变为事前预知性的、主动的、连续的开展寿命监测与管理的策略，由电厂适时自主地评价设备的寿命。

(3) 根据设备的当前状况，选择不同精度的寿命评估方法，即在满足安全性要求的前提下，尽可能满足经济性要求，降低管理成本，减少检验与评估费用。

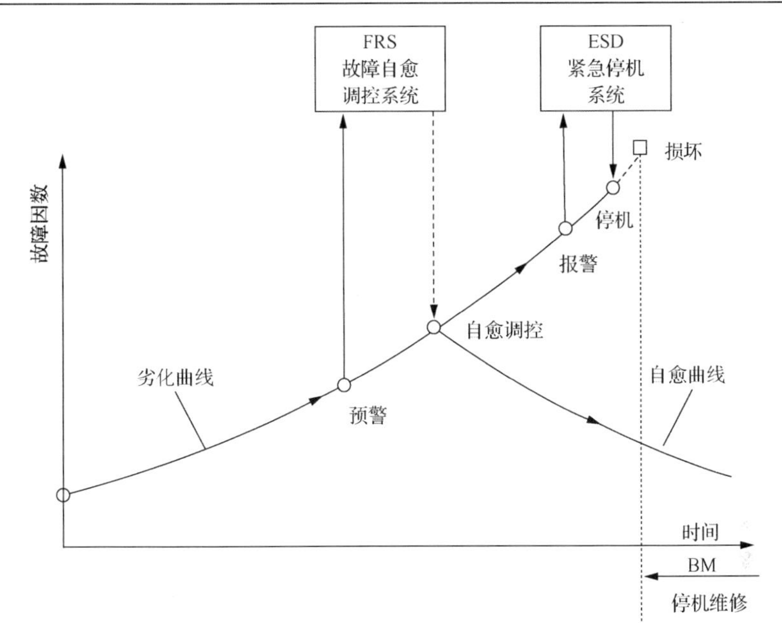

图 3.3　不停机自愈调控系统与紧急停机保护比较

如图 3.3 所示的故障自愈调控系统中，运行过程中出现的缺陷用故障因数来表示。当故障因数增加时，自愈系统预警系统被触发，系统运行参数由故障自愈调控系统进行处理，判断故障所在，同时对系统进行操作，使系统运行参数恢复正常，达到自愈的效果。与之相比的紧急停机保护则在更晚才能发现故障的存在，同时进行紧急停机操作将影响机组正常运行。

案例：基于全生命周期的风电机组振动状态监测

在风电场开展振动状态监测，能够早期发现并跟踪设备故障，降低重大事故风险率，节省运行维护费用，提高设备利用率，优化设备运行，避免非计划停机，对设备进行科学的寿命管理，监督调试和检修效果，全面诊断分析故障。

风电机组基于全生命周期的诊断监测技术的要点如下。

(1) 提供具有故障识别及故障定位功能的自动故障诊断；

(2) 早期发现风机驱动链内的各种机械故障；

(3) 自动预测风机部件的可安全运行剩余寿命；

(4) 以易于理解的简洁文本形式描述故障类型与故障位置；

(5) 基于互联网远程访问。

2) 基于互联网的发电机组远程健康监控

随着计算机网络技术的发展，建立基于互联网的远程监控系统成为可能，即将采集到的状态健康信息通过可靠的信息传输网络传递给机组主控计算机进行统一监控管理。这种远程监控系统的优势在于：①能够共享诊断资源，获取大量的故障案例与诊断经验。②可以不受地域限制，有针对性地对众多发电机进行管理和维护，能极大地提高管理人员的工作效率。③同时实现专家异地会诊，降低人力成本的同时提高健康监控水平。远程监控的技术要点在于：①信息采集应确保可靠性。②信号传输应满足实时性。③系统监控应具有直观性。④反馈控制应保证精确性。

案例：海上风电远程监控

由于海上风力资源丰富，具有发电量大、发电时间长、无噪声限制、不占用土地、可大规模开发等优势，因此，随着风电技术的不断进步，大力开发海上风电成为风电行业发展的新趋势，如表 3.1 为欧美重点企业正在研制的海上大功率风电机组。

表 3.1　欧美重点企业正在研制的海上大功率风电机组

序号	公司	型号	功率/MW	技术组合	所处研发阶段
1	Vestas	164-7.0MW	7	中速齿轮箱+永磁发电机+全功率变流器	设计研制
2	Siemens	SWT-6.0-154	6	直驱永磁式风电机组+全功率变流器	样机试验
3	Gamesa	G128-4.5MW	4.5	中速齿轮箱+永磁发电机+全功率变流器	样机试验
4	GE wind	GE4.1-113	4.1	直驱永磁式风电机组+全功率变流器	样机研制
5	Enercon	E-126	7	直驱励磁式风电机组+全功率变流器	产品试验
6	远景能源	E-128	3.6	直驱永磁式风电机组+全功率变流器	设计
7	Alstom	Haliade150	6	永磁式风电机组+全功率变流器	设计研制
8	Nordex	N150/6000	6	直驱式风电机组+全功率变流器	样机制造

海上风电由于其独特的资源优势，可以预见，在未来一段时间，其快速发展的势头仍将继续。与陆上风电相比，因其交通更加不便，故障维护成本更高，因此，对远程健康监控技术及智能化技术的要求更加迫切。海上风电远程监控技术要点包括以下几点。

(1)海上风电机组状态健康信息采集。

状态健康信息的获取需要在风电机组各个关键部件上部署传感器来实现。由于不同部件的动力学特性不同，故障情况下的特征不同，因此，需要部署不同类型的传感器才能够有效提取反映部件故障的特征量。

(2)海上风电机组状态信息传输。

所采集到的风电机组状态健康信息，需要通过可靠的信息传输网络传递给机组主控计算机，即就地监控系统的通信。有些情况下，风电机组主控计算机还要将状态信息传递给中央监控系统甚至是远程监控系统。就地监控、中央监控、远程监控 3 个部分之间的信息交互也需要可靠的通信网络来实现。

(3) 海上风电机组状态故障诊断。

风电机组故障诊断技术是通过掌握风电机组运行过程中的状态，判断其整体或局部部件是否正常，尽早发现故障及其原因并预报故障发展趋势的技术。根据现有研究成果，可将风电机组故障诊断方法划分为经典方法、数学方法、智能方法。经典方法包括振动监测、油液分析、红外测温、应变测量、声发射技术、噪声检测及无损检测等。数学方法包括数据挖掘、解调分析、小波分析等。智能方法包括：灰色预测、模糊逻辑、神经网络等。

(4) 海上风电机组状态控制方法。

通过对风电机组的状态进行实时控制和调节来实现风电机组的优化运行与风电并网的安全性。未来风电控制技术在保证风电控制系统快速、稳定、精确的基础上，还需要综合考虑系统指标、载荷状况、控制成本等问题。

(5) 风电机组状态运行成本分析。

构建状态监控系统会增加风电场的建设成本，但通过监控系统的实时监控可将风电机组大量的矫正性维护转变为预防性维护，避免严重故障的发生，从而降低风电场的维护费用。

3) 基于大数据的发电机组健康监控

目前，发电机组健康和能效监控系统普遍存在“重记录，轻分析”“重信息采集，轻知识管理”等问题。近年来，随着先进测量技术手段、信息技术和数据库技术的高速发展，使得对电力生产过程关键参数的数据采集和在线监测成为现实，并以此为基础形成了海量数据信息积累。基于海量历史运行数据，借助数据挖掘方法得到优化控制方案的发电机组健康与能效监控系统越来越引起业界的普遍重视和认可。

作为发电设备监控智能化的一大发展趋势，基于大数据的发电机组健康监控技术侧重在大数据环境下，基于复杂系统分析与数据驱动相结合的方法，开展对监控系统采集和积累的海量信息深度分析和知识管理相关技术的研究。通过智能化的数据清洗、关键特征参量提取、状态识别与分类、决策制定与管理等环节，快速感知和适应运行边界和运行工况的变化，准确判断发电机组和设备的健康与能效状态，捕捉并跟踪设备安全、能耗隐患及性能劣化趋势，做到“早发现、早预防、早修复”，有效提高发电机组健康和能效监控的智能化水平，相应模块的组成和相互作用机理如图 3.4 所示。

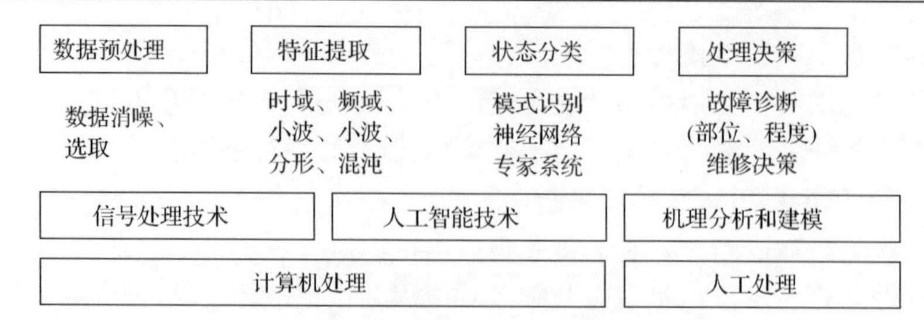

图 3.4 智能化数据分析与知识管理体系

案例：Siemens 发电机组智能预警系统

电厂智能预警系统 SPPA-D3000 Plant Monitor 基于所有来自不同过程系统、不同设备和部件的历史数据，应用神经元网络技术建立机组的正常运行模型，根据当前值和机组模型计算出的期望值之间的偏差进行早期预警。从电厂组态画面上可以直接显示异常行为发生的具体位置。

D3000 Plant Monitor 智能预警系统的建模工作非常简单。在系统中，从测点清单中挑选感兴趣的监视对象测点，选择机组运行正常的时间段，训练后的 Plant Monitor 模型可以准确描述机组的正常行为。

SPPA-D3000 Plant Monitor 通过模型的帮助来监视整个电厂：被监视对象的实际值(红色)时刻和通过每 2 秒一次的通过模型计算出在同等工况下的期望值(蓝色)进行实时比较。报警不再只是在超过绝对限制时才产生，而是大大提前，只要当测量值偏离了正常运行值时就及时报警，如图 3.5 所示。

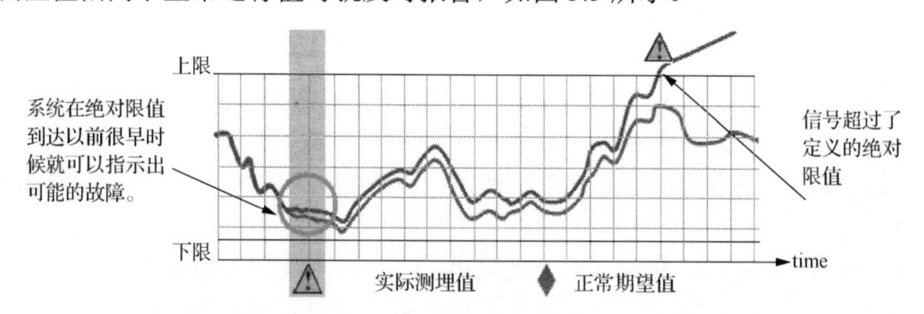

图 3.5 D3000 Plant Monitor 智能预警系统报警示意图

智能预警系统的信息处理过程为：测量值—建模—计算—运行分析。采集的历史数据越多，效果越好。模型是根据与过程的关系以及信号值之间的相关度建立的。在计算过程中还可以加入专家的知识，以优化计算和评估。

D3000 Plant Monitor 智能预警系统适合于任何电厂和任意数据源，可以全面监视整个电厂：①性能的改变和运行人员操作影响过程，如汽水系统、燃料供应系统、风烟系统等；②静态设备运行性能下降或者功能受限，如锅炉、凝汽器等；③旋转设备的运行性能或状态，如汽轮发电机组、磨煤机、泵、风机；④工艺工程或者操作模式对环境的影响，如排放参数、河水升温等。

4) 集成式健康监控系统

在火电机组健康与能效监控领域，传统监控系统多面向电厂的单一设备和单一系统的安全性和能效状态，在求解复杂系统的诊断问题时受到很大的限制。考虑到大型火电机组结构日益复杂，运行边界和工况条件多变，发电机组健康与能效监控系统应侧重对机组进行全工况整体状态监控。

未来的火电机组健康监控系统，将根据不同子系统的特点采用不同的推理模型，甚至采用几种不同推理模型进行混合推理，各种推理模型的优势将得到充分发挥，从而提高推理速度和准确性。

案例：三维数字化锅炉监测技术

三维数字化锅炉在线健康监测系统是通过三维设计，将电厂物理实体与数字模型完美结合，从设计到退役全生命周期均做到三维化、可视化和在线管控。运行中，通过控制中心大屏幕即可操控电厂各个子系统的运行，一旦电厂部件老化或发生故障，系统可在第一时间报警。三维化有助于拆分各系统、建筑和设备，包括每一个阀门的材质甚至内部结构，尤其是隐蔽工程、电气查线、设备备品。

以锅炉的三维数字化为例，锅炉本体的三维数字化建模以 KKS 编码为基本图元，以真实尺寸为基准比例，将锅炉结构、布置方式、运行流程进行真实表现，并在三维环境下实现现场总线数据与三维模型的关联对应，实现设备部件的三维定位、跟踪与管理；实现锅炉模型在 Web 环境中放大、缩小、旋转、定位、透视、漫游等操作；实现对电厂锅炉泄漏事故、隐患信息的三维空间定位与表达，在三维环境中实现事故的分析与诊断；通过与现场总线的数据集成，对泄漏及隐患部位进行状态跟踪，划分隐患预警等级、开展风险预警监测，从而对泄漏隐患部位开展有效、及时的预防治理。

5) 自主闭环的健康诊断系统

当前，“重监测，轻控制”的监控系统仍无法实现机组设备健康和能效状态的实时在线监控。如图 3.6 所示，深入研究系统回路间的耦合作用机制，建立集数据平台建设、健康和能效评价、知识发现与管理、在线故障诊断与节能优化于一体的发电机组健康和能效监控系统，是研究全生命周期内、全工况下发电机组动力机械健康和能效监控智能化的落脚点和关键所在。

基于现有的发电机组健康和能效评价与监控技术，针对典型指标对机组设计工况及典型工况下的安全、经济运行提供优化运行建议和指导，需要实现性能指标层“大回路”的监测与控制。同时，基于先进的控制策略和方法实现对机组特定运行参数的调节和控制，还能够实现对单个参数及独立系统等“小回路”的运行优化。

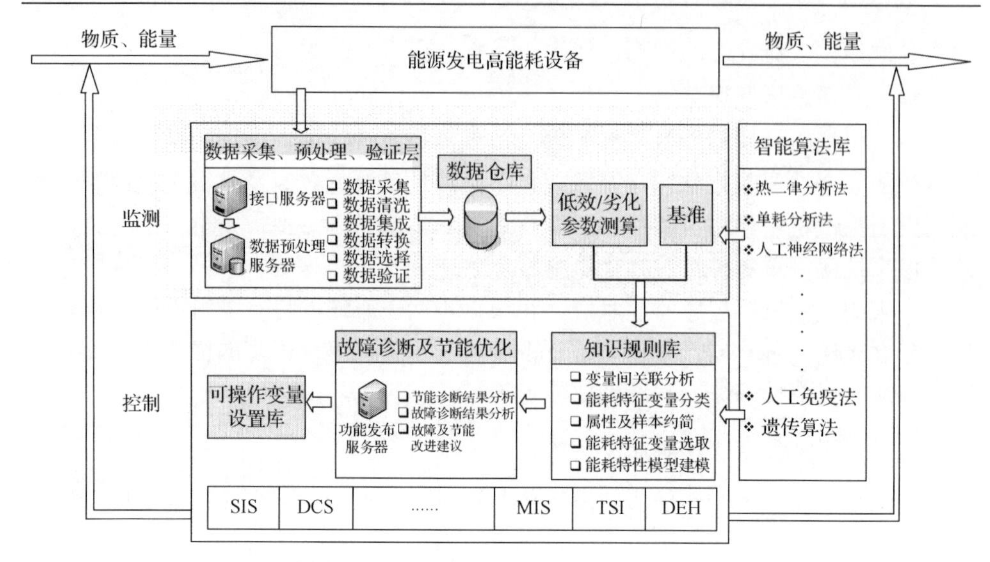

图 3.6　智能化发电机组健康和能效在线监控系统示意图

6）精细化的故障诊断与健康管理系统

负荷变化、煤质波动、环境变化等因素，使得我国机组难以维持稳定运行，对机组的运行优化也带来很大困难。因此，发展精细化的全工况在线性能监测技术，包括煤质监测、风量监测、燃烧监测、氧量监测、排放监测、热力系统部件级性能监测、全厂性能实时监测，为机组在全工况范围内安全、高效率运行提供基础数据，是我国发电机组高效化运行的必然趋势。

精细化的在线监测系统侧重全面、直观地反应设备信息、检查运行状况等。系统应具有智能的数据分析功能，通过对设备运行数据和检修数据的综合分析，对存在安全隐患的设备进行预警。指导工作人员有重点地进行设备检查，真正做到事前预防、事中管控、事后分析，有利于提高管理人员的操作效率，迅速、全面地获取各种信息，也有利于及时、有效地进行设备检查以及维修工艺。

案例：集成式的 IGCC 健康状态管理

集成式的整体煤气化联合循环发电系统（integrated gasification combined cycle，IGCC）健康状态管理的重点监控任务及功能：①高温、高压燃气参数监控（主要涉及传感器核心技术）；②系统关键部件的腐蚀与老化监控，寿命损耗与评估；③高温燃烧引起的 NO_x 排放量监控；④燃气轮机、余热锅炉、IGCC 用汽轮机和关键设备和重要辅机的整体运行状态监控。

（1）在线实时故障诊断和健康管理技术。

随着电子信息技术的发展，重型燃气轮机控制系统硬件的运算能力得到了大幅提升，控制系统正在从过去单纯的控制系统模块自诊断向覆盖整个燃气轮机关键部件乃至整个联合循环/IGCC 机组的在线实时故障诊断和健康管理方向发展。未来控制系统的在线实时故障诊断和健康管理功能，有望结合先进的测量技术，利用遍布本体和辅机系统的传感器网络来监测部件腐蚀、振动、叶片健康和滑油质量等参数。如三菱公司研发的远程状态监测系统，就可以通过传感器测量数据来检测关键部件的早期故障。如通过叶片通道温度的趋势的模式识别来间接监测燃烧室故障，从而为电力企业提供维修建议。此外美国 GE 公司和 Siemens 公司也在大力发展和完善该技术。总的来说，燃气轮机的在线实时故障诊断和健康管理，综合了状态监视、故障诊断、寿命管理和建模技术，涉及先进的测量、热力性能分析及预测、寿命分析、振动分析等诸多技术，其技术的完善和改进还面临着巨大的挑战。

(2) 远程网络控制技术。

随着计算机技术尤其是网络技术的广泛应用，将其与现有的分散控制系统(distributed control system, DCS)技术相结合，通过互联网将燃气轮机运行状况传送到专家诊断系统，实现全球化的远程调试、控制和诊断，已经成为控制系统的一个重要发展方向。如 GE 公司本部的技术人员可以远程监视燃气轮机燃烧系统的运行状况，必要时提供远程燃烧调整等技术支持。三菱公司就分别在日本高砂和美国奥兰多建立了远程监控中心，通过互联网和卫星远程通信为全球超过 50 个燃气轮机电站提供状态监视服务和维修建议。远程网络控制技术面临的一个重要问题就是网络传输过程中数据包的丢失问题，如何保证在不间断的数据包丢失过程中，仍能保持燃气轮机控制系统的有效性和可靠性是一个重要的技术难题，也是下一代控制系统从远程监视到远程控制的关键技术。

(3) 智能传感器和执行机构技术。

重型燃气轮机控制系统都采用分布式的控制结构，而对于电厂的整个联合循环系统来说，还存在汽轮机、余热锅炉、辅机等设备的控制系统。在运行过程中，多套控制系统之间需要通过硬接线、通讯接口来实现数据交换。此外，传感器、执行机构通常与控制器相距很远，也需要用双绞线或三绞线连接。随着未来重型燃气轮机的测点和调节部件的不断增加，整个控制系统的通讯负担也将不断增加，整个系统将变得越来越复杂，同时也将增加燃气轮机的控制系统在研制、维护和后勤保障方面的成本。另一方面，在目前的控制系统中，燃气轮机和辅机的监测功能占据燃气轮机控制系统控制逻辑的 60%以上。因此，大力发展智能传感器和智能执行机构，大量采用机内测试(built-in test, BIT)技术，实现传感器和执行机构监控和数据处理的本地化，只将最重要的控制所需的测量数据传回中央处理器，就可以大量减少控制系统的总线通讯量，有利于整个控制系统的精简，也有利于减少设计、生产、装配和试验的成本。

2. 能效监控智能化发展趋势

1)智能化能效监控与评价关键技术

近年来，我国在发电厂健康与能效状态评价理论和方法研究方面卓有成效，并被广泛应用于发电机组工程实践。以能效评价为例，等效焓降法、熵方法、㶲方法、循环函数法以及矩阵分析方法等能够定量计算运行参数偏差导致的机组经济性下降幅度，并据此指导运行调整和检修，对发电厂节能降耗作用显著。然而，考虑到发电机组复杂多变的运行边界和运行工况(如环境温度变化、煤质多变和频繁深度参与负荷调节等)，如何建立快速的、自适应的、全工况的机组能效状态评价方法是实现发电机组监控智能化的核心问题。

围绕这一问题，专业研究人员正针对不同发电方式和发电系统(火电、水电、核电、风电和太阳能发电等)着手开展发电机组智能化能效评价研究工作，包括：基于广义能量系统的能效评价、基于全工况能耗时空分布的发电机组能耗评价与诊断、基于多模式识别的机组状态监测与故障预警、基于降耗时空效应的机组能效评价与诊断优化等。

同时，智能化的能效监控系统越来越依赖于海量数据资源，考虑到复杂多样的数据源(设计数据、实验数据、运行数据)、数据类型(数值型、逻辑型、语义型)和数据结构(结构化和非结构化数据)等带来的不确定性，开展先进无线传感技术、现场总线、软测量、多传感数据融合与全面数据验证等技术研究，建立真实、准确、可信、可靠的数据信息平台是监控系统智能化的有力保障。

综上所述，智能化能效评价系统的发展趋势应有如下特点。

(1)海量数据分析优化。能将海量数据集成地统一进行管理，从用电行为和用电模式等方面多维度进行评估。

(2)全面的能效评估方案。能综合评估供求之间的关系构建，智能决策能效体系，提供具体的能效管理方案。

(3)实现节能减排目标。在保证用电服务质量的前提下实现减少碳排、削峰填谷、平衡供需等目标。

2)兼顾污染物排放的能效监控技术

环境保护日益成为电能进一步开发利用的新方向、新重点。随着现在发电机组的结构和边界日趋复杂，电厂在进行能效监控的过程中，监控单一设备和单一系统的安全性和能效状态已无法满足用户需求。同时，电力工业作为我国国民经济和保证人们生活质量的基础产业，其对能源的消耗和环境的污染都带来了一定的压力，而发电机组能耗监控系统不但是能源被充分利用的保证，更是实施环境保护技术的保障。

因此，随着现有电站运行技术的成熟和完善，监控系统的主要监控任务应由单纯关注发电过程动力机械的安全和能效状态，转变为综合考虑机组排放和环境成本等问题。

案例：Emerson 专利中的能效监控与环境保护

Emerson 公司开发的专利技术“统计分析在火电厂中的应用”是将能效监控系统应用于发电机组中，以控制运行参数和发电过程中的效率，更重要的是它还能综合考虑环境的因素，如图 3.7 所示。

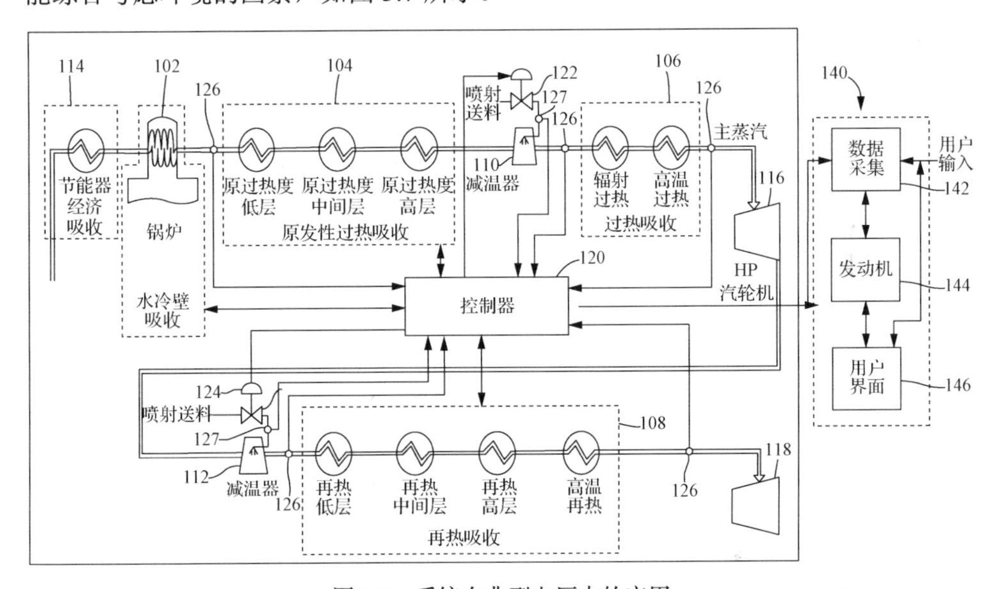

图 3.7　系统在典型电厂中的应用

本项专利在计算机组燃煤消耗等常规指标的基础上，集成统计和分析考虑多种因素的功能，如环境收益、设备老化翻修、电力市场化收益、当地边际定价因素等。将环境收益的统计分析应用于电力生产，进而决定提高效率或其他主要性能参数指标的因素，如图 3.8 所示。

3) 大型发电机组远程能效监控平台建设

在同一电网中，有许多同类型的火电机组在同时运行。构造大型监测诊断中心所带来的好处是非常明显的：便于集中保存机组的运行数据和机组健康状况的资料；便于多台机组之间、多个电厂之间共享已有的知识；便于知识库的完善化；有利于机组的负荷调度。

作为发电机组监控与能效状态监控系统的载体和核心环节，数据平台建设至关重要。为了机组健康及能效监控的智能化管理，需要对机组参数进行实时采集与处理，因此，参数的在线精确测量与传感技术便成为了其中的基础和重点部分。尤其对于大容量、高参数的机组来说，参数的采集与传输都面临着一定的困难。

目前，绝大部分的电厂机组的参数测量都存在着测点离散、与设备接触、测量时间短等缺点，不能够满足电厂实时、无损、全面监控的需求，且对智能化管理提出了更高挑战。如何实现机组参数从单点测量、接触式测量、间歇测量到场测量、非接触测量、在线连续测量的转变，将是日后的发展方向之一(图 3.9)。

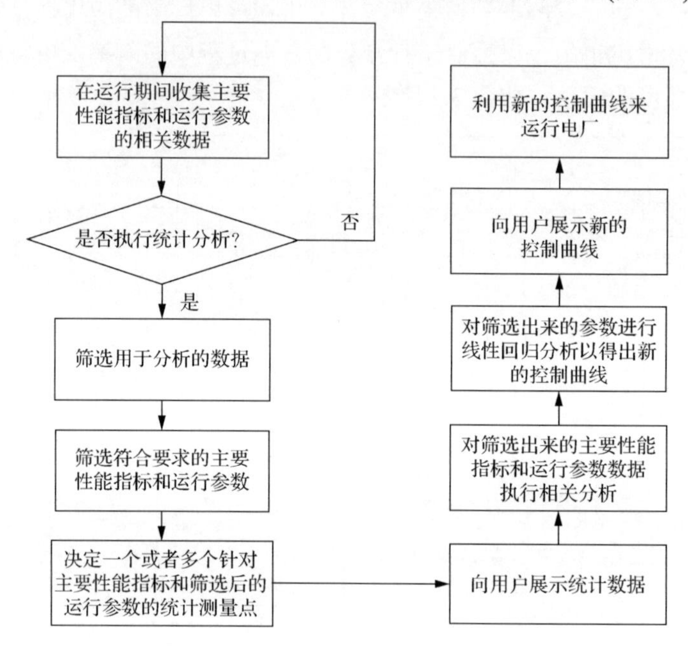

图 3.8　进行性能监测和使用统计分析调整运行的执行流程图

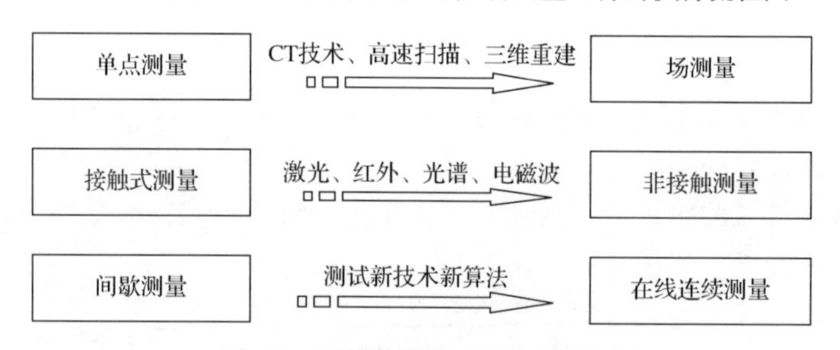

图 3.9　无线传感技术的发展方向

4) 基于多目标能效监控的能源区域协同发展

面向区域能源协调和可持续发展的发电系统，能效监控应综合考虑各类发电机组的能耗、排放、经济与生态效益。将电厂能效监测控制提高到区域内整体效益的高度上，站在区域的发电设备整体效益最优化的角度上进行能效监控。

区域协调的手段包括数据信息共享、能源结构调整、资源空间分配。数据信息共享是指多同类设备之间、各电厂以及各集团之间共享已有的知识信息，以建立全面的数据平台。能源结构调整指通过特高压输电，将集中、大规模能源基地的能源就地转化为清洁电能输送到负荷中心，促进能源结构空间范围的调整。资源空间分配包括煤炭资源、科技资源、人力资源等的合理分配，以达到物尽其用，使各种资源的效用得到更好的发挥。

区域协调的目标包括区域能效最佳、环境质量最优、总体经济利益最大，如图 3.10 所示。区域能效最佳，是指要求对各电厂的能效监控上升到区域能效监控的内涵。环境质量最优，如区域内协调排放标准，不断提高煤炭转换为电能的效率、降低常规污染物排放和二氧化碳排放。总体经济利益最大，是指追求区域内整体经济效益，摒弃各集团利益矛盾，创造协同发展、互利共赢的局面。

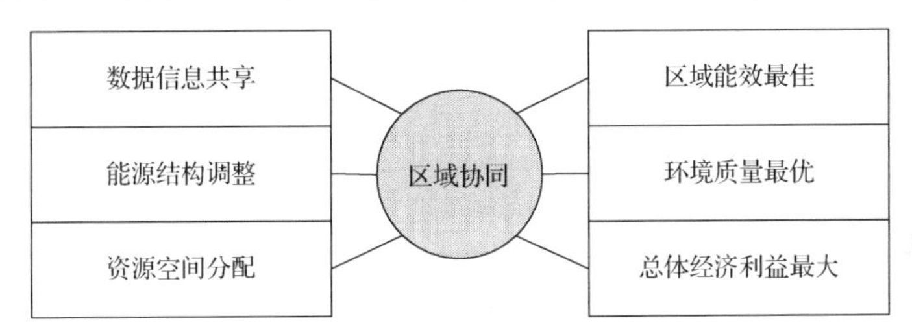

图 3.10　区域协调手段、目标结构图

3.1.3　航空发动机及燃气轮机健康与能效监控智能化发展趋势

航空发动机及燃气轮机健康与能效监控技术正处于加速发展阶段。可监控的参数增加，传感器智能化推动检测诊断范围扩大，故障诊断技术水平不断提高，健康与能效监控向着智能化、网络化方向发展，动力机械设备的运行、维护和保障模式面临革命性改变。

1. 航空发动机健康与能效监控智能化技术发展趋势

1) 传感器技术的进步推动着航空发动机状态监测技术的发展

随着民用航空发动机控制变量的增多，需要监测的状态参数和传感器数量也大大增加。现代航空发动机的传感器经常工作在高温、高压、强振动甚至电磁辐射的恶劣环境下，这些都对发动机传感器提出了特殊的要求。研发寿命长、体积小、环境适应性强的传感器将是今后航空发动机健康与能效监控智能化的重点和趋势。

随着传感器技术的进步，可测参数已由常规气路部件的转子转速、温度、压力等扩展到传动系统、转子系统以及主要结构件，传感器检测诊断覆盖范围基本涵盖全机主要部件，部分发动机甚至已经具备了涡轮前燃气温度的实时测量和监视能力，发动机健康状况信息日益丰富。

针对传动润滑系统中的主轴承、主减速齿轮等的早期故障检测和剩余寿命预测，配装了全流域感应式滑油碎屑传感器，可实时检测滑油中铁磁性和非铁磁性金属颗粒的分布情况，间接反映传动润滑主要部件的健康状况，目前，国外最新一代航空发动机已大量列装使用，主要产品供应商为 GASTOPS 公司的 METALSCAN 在线滑油碎屑监视器。

针对叶片高周疲劳断裂和剩余寿命预测，配装了叶尖间隙传感器，可实时监视单个叶片的叶尖间隙和振动情况，可有效发现叶片的裂纹。该类型传感器仍处于研制阶段，按原理主要分为电磁感应式和微波式两种，产品供应商分别为 Hood Technology 公司和 Meggitt 公司，两种型号传感器均在发动机典型环境下进行了成功的演示验证，尤其是微波叶尖间隙传感器，其性能优异，抗污染、抗干扰能力强，有望装机使用。

高灵敏振动加速度传感器(含耐高温)在发动机整机上得到普遍应用，高频振动检测和诊断技术投入工程应用，除了可实时监视高低压转子的健康状况外，还可针对轴承、齿轮等的早期故障进行实时监测，并对其故障的传播进行连续监视直至达到报警阈值，发出准确的报警信息。

滑油箱液位传感器也已列装使用，可在飞机各种姿态环境下准确估计滑油的剩余量，用于为飞行员提供准确的滑油信息。滑油品质传感器也进入实用，可用于实时监视滑油的理化指标，并可作为专用预测传感器，用于预测滑油的剩余可用寿命。

将微机电系统(microelectro mechanical system, MEMS)应用到传感器中是实现高温测量的有效途径，并有助于研发新型智能传感器[150]。在不同的测量技术中，微机电系统的应用正在被广泛关注。新型 MEMS 传感器已迈出商业化应用的关键一步，为发动机未来分布式控制和健康管理应用奠定了坚实基础。MEMS 传感器在复杂恶劣环境传感、结构嵌入等方面具有较大的发展潜力，特别是以新型耐高温材料 SiC 等为基础的耐高温温度和压力传感器具有真正实用化的潜力和能力。

目前，对于航空发动机及燃气轮机用的耐高温温度、压力传感器，需要关注和研究的主要问题仍主要是传感器对于高压、高温以及具有腐蚀性的测量环境的耐受性。其中，高压问题可以通过创新优化传感器结构、调整尺寸来解决。高温和腐蚀性问题则需要探寻新材料来应对。未来针对航空发动机与燃气轮机高温高压的恶劣环境，将会涌现出许多新原理的传感器，如声表面波式、LC 谐振式传感器等。SiC、AlN 等耐高温的新材料也将被越来越多的用于传感器表头的制作。同时，为了彻底消除高温下引线连接失效等问题，无源无线传感器将会得到进一步的发展。

光纤传感器是另一个有潜力的领域。光纤传感器具有天生的抗强磁干扰、抗腐蚀、绝缘、无感应电特性等特点，可应用于传统传感器无法胜任的场合。在近四十年的时间内，所研究和应用的光纤传感器已达上百种，并在国防军事部门、科研部门以及制造工业、能源工业 、医疗等科学研究领域中得到了实际应用。光纤传感器产业以每年 30%～40%的速度增长，年成交额超过 10 亿美元。每年由美国光学学会(The Optical Society of America, OSA)主办的光纤传感国际会议及时报道着光纤传感领域的最新发展，并对光纤传感及其相应技术进行有益的研讨[151]。国际上涌现出大量的光纤传感器生产厂商，包括有著名的 MOI 公司、MTI 仪器公司、Accufiber 公司等，著名的研究机构有斯坦福大学、弗吉尼亚理工大学等。美国、日本、韩国、加拿大等国每年投入大量的资金研发实用新型的光纤传感器。

2) 新型故障预测技术全面步入机载使用

国外以气路、振动、滑油碎屑为核心的三大故障预测技术已全面步入机载使用，以机载模型为基础的发动机气路故障诊断和隔离技术、控制传感器的实时在线故障诊断和隔离技术等全面走向机载使用。发动机气路性能已经实现实时在线估计，并可依据机载模型，实时计算推力、涡轮前燃气温度等不可测关键参数。F-22A 飞机列装的 F119 发动机机载自调整模型(self turning on-board real-time engine model, STORM)，F-35 飞机列装的 F135 发动机增强型机载自调整模型(enhanced self turning on-board real-time engine model, eSTORM)系统已成功应用，有着优异的性能表现。

以包络解调为基础的高频振动分析技术已走向机载实时监视应用，除了涵盖常规的转子系统振动监视外，发动机风扇外来物打伤检测技术、基于高频振动分析的主轴承、主轴、附件机匣等早期故障检测技术等均已具备装机应用条件。代表性公司及前沿应用技术有 Impact 公司的冲击能量高频分析技术、SWAN 公司的应力波分析技术、Emerson 公司的峰值能量(PeakVue)技术等。在此基础上建立的数据驱动预测模型已证实了技术的有效性和可行性，并有可能简化后装机使用，实现主轴承等部件的实时剩余寿命预测。

滑油监视趋向于机载实时分析。随着滑油碎屑、滑油品质、滑油量等新型传感器的列装使用，基于滑油碎屑的传动润滑部件的实时故障检测技术已经列装使用。在此基础上，与振动特征信息融合，已证实可有效应用于传动润滑部件的故障检测，再配合磁塞等手段，可有效实现故障部位的隔离。

发动机转子叶片、轮盘等结构件的实时监视技术取得了显著进步。针对转子叶片，除了继续完善低周疲劳寿命的计算和预测模型外，得益于叶尖间隙等新型传感器的成功研制，叶片等部件的高周疲劳监视手段基本具备了装机条件，预计 3～5 年内即可列装使用，有望实现对于叶片裂纹和健康状况的实时监视。

除此之外，涡轮盘等高温部件的复杂寿命预测模型准确度进一步得到提高，推测发动机限寿关键部件的寿命基本实现实时剩余寿命预测。例如，F119 发动机可在线计算热端部件的蠕变寿命，I 类、II 类、IV 类 LCF 循环数，启动次数、加力点火次数，发动机工作时间、发动机飞行时间、发动机总累积循环数等寿命使用参数。

国外早期的机载监控系统始于 20 世纪 70 至 80 年代，健康管理能力仅限于重要参数的监视，比较具有代表性的如美国 GE 公司 1973 年的排气温度监视系统和波音公司 1980 年的发动机实时状态监视系统。20 世纪初随着机载计算资源的大幅扩充和 FADEC 等技术的实现，扩充的机载状态监控系统出现，覆盖了发动机的喘振、超温、超转、振动、燃烧室状态等多种监控内容。2010 年后，由于航空发动机健康状态预测需求的推动和机载计算机计算能力的迅速提升，各大航空动力研究机构提出了机载趋势分析系统的构想，相关的支持理论和系统也被相继研发出来，如 GE、MTU、Honeywell、RR 等公司的机载数据噪声处理、趋势分析、故障映射和基线模型等数据处理方法专利。这些发明专利充分地利用了机载系统接近数据源的优势，提高了状态监控精度，减轻了数据传输成本和地面监控中心的数据维护负担。

国内以航空发动机元件测试装置及平台为关键字查询到的专利有 16 项，多集中于国内高校研究群体和中国航空工业集团公司下属公司。以故障模拟系统检索到的系统有 3 项此类专利，全部属于中国航空工业集团公司。由于研究平台的限制，中国民用航空发动机状态监控领域多集中于离线数据的处理方法研究，至今尚未有成型的机载监控系统。

3) 互联网技术的应用实现了民用航空发动机健康管理的网络化

随着智能监控技术的发展，基于网络的监控与能效监控可实现资源的有效整合，利用远程技术和智能技术，最大化地保障航空发动机与燃气轮机的安全运行，具有良好的发展前景。国外针对航空发动机、燃气轮机的健康与能效监控远程智能化系统已经投入使用。

目前，民用航空发动机健康管理系统均采用了 B/S 结构，各民用航空发动机制造商也建立了自己的数据中心，全球的航空发动机性能数据均传输到各制造商的数据中心，实现了性能数据的统一存储、分析、决策，各航空公司的发动机工程师只要能接入到互联网，就可以通过浏览器获取到发动机的实时性能状态。此外，美国 GE 公司还开发了 myEngines 系统，其中包含大修、材料、健康、构型、运营等应用套件。使用 myEngines 系统，航空公司的发动机工程师能够方便的通过手机、笔记本及台式电脑快速得到其发动机的关键数据。RR 公司的 trent900 的 EHM 系统，机载部分首次采用发动机安装并借助飞机通讯寻址和报告系统(ACARS)实现基于 Web 的远程监控与诊断，这些特征也是近几年民用航空 EHM 系统的主流方向。可以说，信息技术促进了民用航空发动机健康管理系统的巨大进步。

以 trent900 的 EHM 系统为例，该系统由机载部分与地面部分共同组成的系统。

机载部分采用发动机安装，并借助 ACARS 系统实现基于 Web 的远程监控与诊断；地面系统部分包含报警(alerts)、趋势点(trend plots)、机队概况(fleet summaries)、发动机状态(engine status)、更改通知(change notification)、设备状态(equipment status)等功能。图 3.11 为 trent900 的 EHM 系统结构。

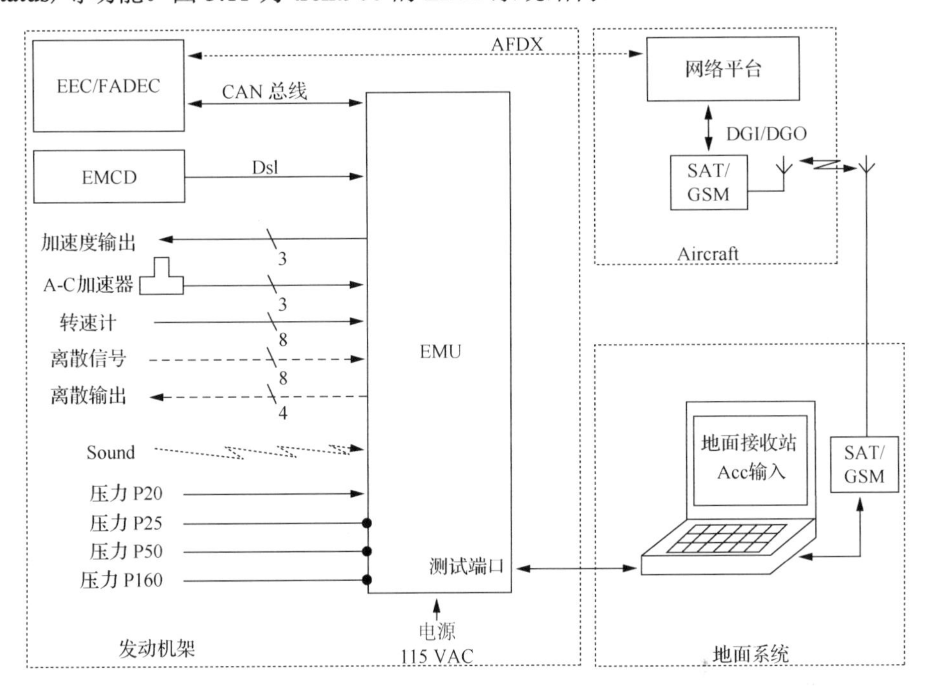

图 3.11 A380/trent900 的 EHM 系统结构

目前，云计算结合 IT 技术和互联网实现了超级计算和存储能力，而推动云计算兴起的动力是高速互联网和虚拟化技术、更加廉价且功能强劲的芯片及硬盘以及数据中心的发展和应用。云计算的兴起，被认为是继大型计算机到客户端-服务器的大转变之后，信息技术领域的又一种巨变。可以预见，云计算必将促进民用航空发动机健康管理系统在体系结构、数据存储、人机交互等方面发生更大的变革。

国外的 GE、RR、PW 等发动机制造商于 2007 年左右各自建立起了以网络技术为依托的发动机集中式售后服务机制。在线服务系统在整合了既有状态监控方法和元件状态监控子系统后，大大加强了制造商的服务能力和信息收集能力。作为与前端状态监控业务相对应的发动机运营理论及支持系统也在 2010 年开始进入快速发展状态，如加拿大 LPTi 公司和西班牙 Semco 仪器公司申请的发动机剩余寿命监控系统专利、埃哲森公司申请的 MRO 技术框架专利等。同时 GE、PW 等原生产商也申请了较多的维护维修服务网络系统专利。从专利申请的数量和类型上来看，基于互联网技术的民用航空发动机集中式健康管理是必然的技术发展趋势。

4)人工智能技术的应用促进了民用航空发动机健康管理的智能化

随着人工智能技术的发展，越来越多的人工智能技术应用到航空发动机与燃气轮机健康和能效监控中。人工神经网络具有良好的非线性建模能力和并行分布处理信息能力，能够对复杂非线性模型进行逼近，且具有非线性自组织、自学习能力，目前已被广泛的应用于民用航空发动机气路故障诊断、性能趋势分析、振动故障诊断中，取得了较好的应用效果。支持向量机是建立在统计学理论的 VC 维理论和结构风险最小原理基础上，能根据有限的样本信息在模型的复杂性和学习能力之间寻求最佳折中，以求获得最好的推广能力，具有坚实的理论基础，在解决小样本、非线性及高维模式识别中表现出许多特有的优势，因此，也被用于民用航空发动机的气路故障诊断、振动故障诊断、主轴承剩余寿命预测中。专家系统能够利用人类专家的知识和解决问题的方法来处理领域问题。此外，案例推理、遗传算法等人工智能技术也在民用航空发动机健康管理中取得了很好的应用效果。

国外的早期硬件监控技术着眼于具体部件的振动模态或特征信号的提取，至 2000 年左右，大量基于气路元件特性研究的状态推理方法涌现出来，并作为支持以 GE、MTU、RR 为代表的航空发动机 OEM 和以 Impact 技术公司以及 NASA 格伦研究中心为代表的监控技术研发所研发的航空发动机状态监控系统的核心算法。在之后人工智能技术崛起的几年内，honeywell 公司和波音公司等非 OEM 机构凭借大量的航空发动机运行数据，以及机器学习、专家系统等技术也建成了具有自身特色的发动机状态监控系统，并申请了技术专利。健康状态监控概念进入国内的时间较晚，国内的技术成果专利主要出自基于人工智能技术的发动机诊断和健康状态推理，亦有基于元件疲劳寿命预测和振动源分析的故障诊断和状态预测技术申请专利，某种程度上弥补了国内物理模型缺失、研究起步较晚的短板。纵观航空发动机健康状态管理的技术专利发展历史，基于物理模型的航空发动机健康状态推理技术仍然保持着强劲的发展势头，但人工智能技术正在让越来越多的竞争者有能力踏入此研究领域，以人工智能算法为基础的状态监控技术的专利申请量的比重逐年攀升。与此同时，人工智能技术带来的另一个好处是，航空发动机状态监控向生命周期后端延伸的拓展业务，即智能化管理领域的业务前景和技术路线也开始变得明晰起来，并吸引着更多研究机构投入研究力量以抢占技术制高点。

5)大数据技术的应用推动着发动机状态分析与评价方法的变革

航空发动机与燃气轮机工作原理复杂，控制参数多，有的是结构化数据，也有的是非结构化数据，状态参数采集的频率高，所以状态参数具有体量大、结构多样、时效性强等特征，是典型的大数据。大量的状态参数中隐含着发动机的性能变化模式，从大量的状态数据中挖掘发动机的性能变化规律，对于进行发动机的状态评价与预测具有重要的实际应用价值。大数据的处理包括数据准备、数据存储与管理、数据处理与分析、知识展现等几个方面。发动机状态参数的数据往往存在噪音，为此，在存储和处理之前，需要对状态数据进行清洗、整理、消除噪声，并规范数据格式，便于后续存储管理；海量数据处理需要消耗大量的计算资源，对于传统单机或并行计算来说，速度、可扩展性和成本都难以适应大数据计算分析的新需求。分而治之的分布式计算成为大数据的主流计算架构。同时，状态数据分析环节需要从纷繁复杂的数据中发现规律并提取新的知识。为此，需采用新型的计算架构和智能算法等新技术。通过利用分布式并行计算、人工智能等技术对海量异构的状态数据进行计算、分析和挖掘，并将由此产生的信息和知识应用于发动机工程管理中，将成为今后发动机健康与能效监控智能化的另一个趋势，并将推动发动机状态存储、分析与评价方法的变革。

得益于发动机网络化监控服务体系的建立，OEM 厂商获取了大量的已售航空发动机状态信息和运维数据。在此背景下，大数据技术作为一种数据分析手段获得了 OEM 厂商的重视，并将其应用到发动机状态分析和评价方法中。如美国 GE 公司努力推广的发动机在线监控系统使其实现了 87%的售后产品监控率，并在元件状态监控模型中加入了使用历史分析和案例库对比分析(2013 年专利)。通过全球故障案例的收集和对比，成功地将 CFM56-7B 故障诊断所需要的参数由原先的 9 个减为 5 个。在大数据技术被应用到发动机状态监控领域的同时，不少研究机构已经开始注意到大数据在科学规划航空发动机维护维修计划领域所展现出的技术价值，这一特性正在被 SNECMA 公司和波音公司推广并申请专利。

6) 信息融合技术决定决策与智能控制策略

健康与能效监控系统获得设备运行参数后，对当前运行状态进行评估，反馈到控制系统中，有利于优化控制策略，提高设备能效，保障设备安全。由于健康与能效监控系统获得的信息来源较多，不同信息的表现形式不一，对于设备健康的影响也不相同。为整合信息资源，优化决策，信息融合技术正越来越多地应用到燃气轮机健康与能效监控系统中。

根据应用信息融合的不同层次，信息融合技术可以分为传感器信息融合、特征信息融合、决策信息融合。传感器信息融合基于传感器测量参数，对同类或相关参数进行融合。特征信息融合基于监测系统特征参数，不同特征参数的获得相对独立。决策信息融合基于对故障特征参数的诊断结果。

选择合适的信息融合层次和融合方法需要根据不同的应用需求和故障特点，这将是信息融合方法的发展趋势，也将影响决策与智能控制方法的研究[152, 153]。

7)发动机维修模式出现革命性变革

随着发动机推重比的快速提高，航空发动机的复杂程度和信息化水平不断提升，依靠传统的维修理念、模式和手段难以准确快速地预测、定位并修复故障，维修效率和效益也无法得到保证。当前航空发动机维修保障费用几乎占到整个寿命周期费用的 70%，甚至达到 70%～80%，降低装备使用与保障费用迫在眉睫。此外，美军在《2010 年联合设想》和《2020 年联合设想》中提出了“主宰机动、精确交战、全维防护、聚焦后勤”四大作战原则，历史上首次将后勤保障提高到了与作战同等重要的地位。总体来看，航空发动机维修保障的发展大致经历了修复性维修、预防性维修、视情维修、增强型视情维修几个阶段，随着新技术的不断成熟和应用，修复性维修和预防性维修所占比例不断下降，视情维修、增强型视情维修比例逐步增加。

航空发动机维修模式的变革出现在 21 世纪初。最早的应用系统出自于美国 PW 公司，该公司于 1999 年提供了一整套的航空发动机维修范围决策系统，目的在于降低维修成本并提高安全性。在其后的 2002 至 2005 年间，美国 GE 公司也推出了多项发动机维护维修管理、维修效果评定、航材采购和维修服务系统。在 2008 年左右，预测性维修的概念被提出，航空发动机 MRO 系统的体系架构研究成为热点，美国的方案设计机构埃哲森公司率先提出了三层化的航空发动机 MRO 及运算系统框架，并申请专利，而 ISO 机构和 MIMOSA 也各自提出了相关的行业标准。在这种 PHM 理念经过广泛的传播后，在 2013 年，SNECMA 公司和波音公司分别推出了各自的维护维修技术及决策系统，为实现航空发动机精益化、预测性维修提供了概念系统和技术样板。可见，PHM 理念指导下的加强型 CBM(condition based maintenance)将是以后的维修发展趋势，并将带来巨大的经济效益和社会效益。

航空发动机的维修主要有两种策略(表 3.2)，即被动式维修和主动式维修。被动式维修主要指的是修复性维修或称为事后维修，主动式维修则又可细分为预防性维修和预测性维修，预防性维修主要指的是定时维修，而预测性维修包括以装备状态诊断为核心的视情维修和以装备剩余寿命预测为核心的增强型视情维修两种形式，其中，诊断用于识别即将发生的失效事件，而预测用于预报装备剩余寿命。对剩余寿命的掌握可允许进行最优的任务和维修规划。若在武器系统、装备和部件实施主动维修，则可以延长装备的寿命。主动式维修如更换润滑和油滤，甚或引发失效部件的更换一般可使得装备运行更加高效且持续更久，从而可以显著节省费用，提高可用率。尽管不能阻止零件所有灾难性失效，但主动维修能够显著减少失效数和整个装备的停机时间。最小化失效也就意味着维修和未来装备换件费用的节省。由于零件失效的内在随机性，主动维修不能消除所有失效，当失效出现时，需要实施修复性维修。

视情维修是通过使用嵌入式传感器、便携式设备外部测试、测量或其他数据采集工具、方法对装备状态进行实时评估，由此导出的一系列维修过程和能力。视情维修的目标是仅在需要时执行维修。这种维修策略是在装备运行时对其主要(或需要)部位进行定期(或连续)的状态监测和故障诊断，判定设备所处的状态，预测设备状态的发展趋势，依据设备状态的发展趋势和可能的故障，预先制定预测性维修计划。CBM 属于预测性维修范畴，是应用状态监测技术和故障诊断技术，按诊断程序来确定装备“健康状态”的维修活动。

表 3.2　航空发动机维修保障策略

维修类别	被动式维修		主动式维修	
	修复性维修	预防式维修	预测式维修	
子类别	事后维修	定期维修	视情维修-诊断	增强型视情维修
何时计划	损坏后维修	固定时间间隔检查、修理和大修	根据装备状态维修	根据装备的剩余寿命预测维修
为何计划	—	通过定期大修或更换，预防发生严重失效后果	根据需求安排维修	维修需求投射为任务时间内的可靠性
如何计划	—	根据失效率预测部件有用寿命	连续采集状态监视数据	根据实际的应力载荷预报装备的剩余寿命
预测类型	—	—	机载和离机系统，近实时趋势分析	机载和离机系统，实时趋势分析

预测型视情维修也可称为是基于 PHM 的维修或增强型视情维修(CBM+)。CBM+是根据所需的证据实施维修，并将可靠性为中心的维修与增强装备部件准备状态和维修有效性的使能过程、技术和能力进行无缝集成。CBM+的关键技术主要有故障预测、增强诊断、便携式维修助手、交互式电子技术手册、数据分析与决策支持(自动推理)、综合信息系统、自动识别技术、交互式培训等。与常规维修方式相比，CBM+在制定策略时考虑了系统运行状态及由于制造过程、使用保障过程等造成的差异，并尽可能在故障前进行维修，由于掌握了装备的技术状态，运用数据分析与决策技术预测装备的剩余寿命，进行精确维修，故能有效减少停机时间，节约维修费用，延长使用寿命，提高装备的完好率和可用率。这种维修策略的核心是在正确的时间进行维修。

CBM+的主要目标是提高任务执行能力并减少运行保障费用。在 PHM、增强诊断技术、失效趋势分析、便携式维修助手、序列号管理、自动识别技术、数据驱动交互式维修训练等技术的支持下，CBM+还可以增强综合维修和航材保障系统的维修有效性，提供更加准确的零件跟踪能力，支持更加有效的维修训练，产生更小的维修和航材保障指印，提高维修能力、供应/维修规划、应答性使装备得到最佳的可用率。通过预测能力，CBM+可将非计划内、被动维修转化为日常计划内维修，将外场维修转化为基地级维修。通过自动维修信息系统与航材保障系统进行无缝集成，CBM+可得到更加高效的保障模式以及更小的保障规模。

CBM+基于获得的装备健康状况，预测装备剩余使用寿命，进而精准安排维修活动。由于能够实时预测装备关键部/附件和系统的剩余寿命，可以更加精确的优化安排外场的保障资源，这样不但可以减少外场维修人员的工作量，提高维修排故效率，而且可以在足够的领先时间内调用备件，从而有效降低外场的保障规模。CBM+已经成为21世纪最有发展潜力的新型维修保障模式。

基于PHM的自主保障体制逐渐成为发动机维修体制的发展趋势，PHM系统已成为先进航空发动机的重要标志，也是构建新型维修保障体制的核心技术之一。PHM系统将机载传感器实时监测信息转化为机载诊断信息和寿命管理信息，通过地面站系统处理后形成故障隔离任务，根据部件寿命消耗情况和故障隔离处置结果产生备件需求信息、发动机修理更换件信息，并发送至供应保障系统、维修工作人员和基地级大修机构，从而构建起基于PHM系统的发动机维修保障模式。

2. 燃气轮机健康与能效监控智能化技术发展趋势

燃气轮机健康管理主要包括监控参数测量、状态监测系统、故障诊断方法、故障预测方法、决策与控制策略等层次。各个层次的关系如图3.12所示。下面分别从健康监控的各个层次分析智能化技术的发展趋势。

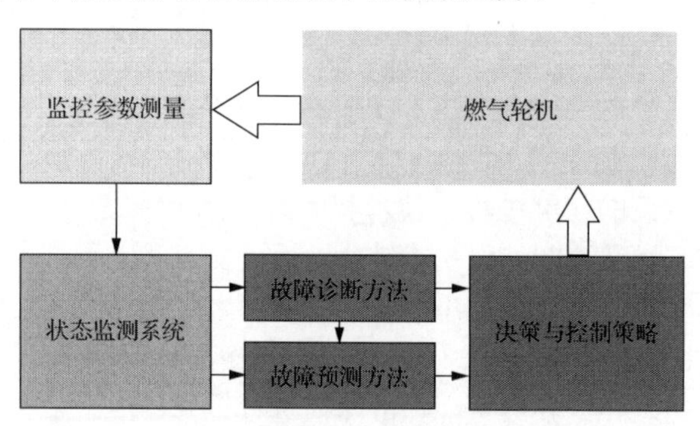

图3.12　燃气轮机健康管理系统

1) 监测参数测量

健康与能效监控智能化技术的基础是传感器技术，获得更真实、更准确的测量参数是实施智能化监控的保障。当前，传感器技术的发展趋势体现在：①耐高温；②与微机电系统集成；③适应新的测量需求。

随着燃气轮机技术的发展，H级燃气轮机的燃烧初温达到1500℃，下一代燃气轮机(J级)燃气初温将超过1600℃。现有传感器的使用范围多在–65～115℃，目前还没有能够在此环境温度下工作的传感器。在较高温度下，传感器的寿命、可靠性等也是制约传感器发展的重要因素[154]。燃气轮机健康与能效监控系统对传感器的需求如表 3.3 所示。

表 3.3　燃气轮机健康与能效监控的传感器需求[160]

测量参数	工作环境	测量需求	应用
温度	700～1700℃	±5%精度，<1Hz 带宽	燃烧器
		5℃分辨力，0～10Hz 带宽	透平静子，透平冷却
压力	15～1800kPa，60～700℃	35kPa 动态精度，±0.2%分辨力，5-40kHz 带宽	失速裕度
	300～4000kPa，700～1700℃	10kPa 动态精度，±5%分辨力，1000Hz 带宽	燃烧稳定性
振动（加速度）	15～30kPa，-50～65℃	3%，40kHz，1000g	压气机振动
	300～4000kPa，700～1700℃	3%，40kHz，1000g	透平振动
排放组分	300～4000kPa，700～1700℃	CO*x*，NO*x*，5%分辨力，5Hz 带宽	排放监控
叶顶间隙	15～1800kPa，60～700℃	2.5mm 范围，25μm 分辨力，50kHz	压气机叶顶间隙监控
	300～4000kPa，700～1700℃	2.5mm 范围，25μm 分辨力，50kHz	
流量	15～30kPa，-60～150℃	1%分辨力	输出功率监控
燃料流量	300～4000kPa，700～1700℃	1%分辨力，>6Hz 带宽	燃料流量
燃料物性	300～4000kPa，700～1700℃	±0.5%分辨力	能效监控
排放 CO*x* 和 NO*x*	20～200kPa，300～500℃	±1%分辨力	燃烧状态监控

MEMS 将传感器的电子器件和信号处理方法集成到芯片上，能够有效减轻传感器重量，提高传感器可靠性，具有低功耗和低成本的优点，正在受到广泛关注。例如，在振动测量中，传统的加速度传感器多采用压电式，可最高耐受 750°C 高温。在与微机电系统集成后，SiC 和 SiCN 的结合可显著提高使用温度[155]。

可以预见的是，传感器技术的发展将是推动燃气轮机健康与智能化监控的奠基石。诸如燃烧主动监控以提高燃烧稳定性、监控 NO*x*、CO*x* 排放以实现绿色低污染运行、叶顶间隙主动监控等方面都需要发展现有的传感器技术。传感器技术的发展，一方面将提供更多的测量参数以提高健康与能效监控的信息资源，另一方面能够有效降低测量系统成本，对健康与能效监控系统成本的控制十分重要[156]。

2)燃气轮机状态监测系统

燃气轮机状态监测系统是健康管理系统的承载者，健康管理系统的主要功能通过状态监测系统显示，控制策略的效果通过状态监测系统反馈。状态监测系统连接传感器测量参数和健康监控方法，目前的发展趋势主要在于智能监控系统的开发。

由于监测参数的不同特性，不同测量参数的采样率不同。热力系统参数变化较为缓慢，采样率较低，如温度、压力等。而振动参数需要较高的采样率以进行频谱分析并获取振动特征。在状态监测系统中，采样率直接影响数据的大小，采用降采样技术可以减小数据量，但需要研究相应的信号分析方法以提取低采样率下的特征[157]。

获得监测参数后，需要对监测参数进行信号处理和特征提取以获得特征参数。信号降噪、重构等方法常被用于燃气轮机测量信号处理[158]。在振动测量参数中，应用小波变换、模糊数学神经网络等智能化方法对加速度信号进行特征提取，有助于获得典型故障的特征参数[159, 160]。

阈值及报警值设定是状态监测系统的重要参数，燃气轮机运行状态发生变化时，报警值需要随运行状态的变化而改变。随着设备的运行，发生部件退化或失效后更换等情况时，报警值也需要重新设置。人工设定报警值是当前常采用的方法，但效率低、成本高[161]。为此，采用智能化技术设定动态报警值，对于提高状态监测系统的准确性、减少误报警和降低虚警率具有重要意义。

3)故障诊断方法

故障诊断与预测诊断方法是健康管理系统的核心，利用传感器测量参数和信号分析获得的特征参数，由故障诊断模块做出判断，进行故障识别、定位和诊断。智能化方法正在成为燃气轮机健康和能效监控的主要手段。

由于可测参数有限，故障诊断中存在着测量参数个数少于未知量个数的困难，此外，测量参数中的噪声等干扰使得故障特征的表现不明显。为此，故障诊断问题多数时候表现为不确定问题。

智能技术在处理不确定问题、模糊推理和非线性映射、知识发现、规则提取等方面具有经典数学方法无可比拟的优越性，应用智能化方法(尤其是神经网络、支持向量机)进行燃气轮机故障诊断的研究拥有较大潜力[162-165]。利用人工神经网络、模糊数学、灰色模型、粗糙集理论及支持向量机及专家系统等人工智能方法，通过对大量的故障样本学习而获取故障诊断知识，构建智能诊断专家系统[166-168]，应用于实际转子系统的故障诊断。

4)故障预测诊断方法

在故障发生早期，故障预测诊断做出故障趋势预测，有助于及早发现故障，避免严重故障的发生。监测参数趋势预测、燃气轮机退化过程趋势预测、主要部件剩余寿命预测是故障预测诊断的主要内容。

监测参数趋势预测基于单个参数的变化趋势，采用神经网络、模糊数学等方法建立数据模型，预测监测参数的发展趋势。目前，对监测参数的预测多采用单点预测方法，仅能预测当前测量值后一点或几点的趋势，可以达到较高的预测精度。在进行长时间的趋势预测时，预测精度将显著下降。基于智能化技术的长时间趋势预测方法将是下一步研究的重点。

燃气轮机退化过程趋势预测基于监控系统对燃气轮机健康状态的评估，分异常预测和故障退化预测两种。异常预测基于设备的运行参数，在偏离正常状态时，根据设备状态监测参数的变化趋势，做出异常预测[169, 170]。故障退化预测是在异常预测的基础上，识别设备退化趋势，预测将要发生的故障类型[171, 172]。智能方法在特征空间构建、特征参数降维、状态趋势预测等方面的应用成为发展趋势[173]。

部件剩余寿命预测多基于设备的物理模型，分析其寿命损耗过程，预测剩余使用寿命。由于疲劳等失效过程的不确定性较大，应用贝叶斯理论等智能化方法进行剩余寿命预测过程的评估逐渐受到重视[158, 174]。

5) 决策与智能控制策略

健康与能效监控系统获得设备运行参数后，对当前运行状态进行评估，反馈到控制系统中，有利于优化控制策略，提高设备能效，保障设备安全。由于健康与能效监控系统获得的信息来源较多，不同信息的表现形式不一样，对于设备健康的影响也不一样。为整合信息资源，优化决策，信息融合技术正越来越多地应用到燃气轮机健康与能效监控系统中。

根据应用信息融合的不同层次，信息融合技术可以分为传感器信息融合、特征信息融合、决策信息融合。传感器信息融合基于传感器测量参数，对同类或相关参数进行融合。特征信息融合基于监测系统特征参数，不同特征参数的获得相对独立。决策信息融合基于对故障特征参数的诊断结果。

选择合适的信息融合层次和融合方法需要根据不同的应用需求和故障特点，这将是信息融合方法的发展趋势，也将影响决策与智能控制方法的研究[175, 176]。

6) 成本控制

燃气轮机健康与能效监控系统的目标是提高设备运行的安全性以减少维修成本，提高运行能效以降低运行成本。因此，成本控制将直接影响健康与能效监控系统的发展。健康监控系统的发展正在引起燃气轮机维修策略的改变，定期维修逐渐被视情维修所替代，朝着状态检修的方向发展，这将显著提高设备的可用性，防止设备严重失效的发生，降低运行和维修成本，提高设备的经济性。

3.2　基于网络的高端能源动力机械健康与能效远程监控智能化技术及发展趋势

随着网络技术、数据处理技术等信息技术的发展，新一代信息技术正成为经济社会绿色、智能、可持续发展的关键基础和重要引擎。大数据、工业机器人、互联网与物联网等新技术的应用将加速渗透到生产和生活各个环节，加快与传统产业的深度融合，推动工业转型升级和新产业革命发展，从而带来生产方式和生活方式的深刻变革。以物联网融合创新为特征的新型网络化智能生产方式正塑造未来制造业的核心竞争力，将推动形成新的产业组织方式、新的企业与用户关系、新的服务模式和新业态，推动汽车、飞机、工程装备、家电等传统工业领域向网络化、智能化、柔性化、服务化转型，孕育和推动全球新产业革命的发展。美国制造业巨头美国 GE 公司充分利用物联网技术，已推出了二十余种工业互联网/物联网应用产品，涵盖了石油天然气平台监测管理、铁路机车效率分析、提升风电机组电力输出、电力公司配电系统优化、医疗云影像等各个领域。AT&T 公司基于美国 GE 公司的软件平台 Predix 开发 M2M(machine to machine)解决方案，越来越多的工业机器将通过 M2M 连接到网络。在我国，物联网正在推动两化融合走向深入。近年来，我国政府通过工业化与信息化融合战略正在大力推进物联网技术向传统行业中的深度渗透。工信部于 2013 年 9 月发布的《工业化与信息化深度融合专项行动计划(2013—2018 年)》中重点提出的互联网与工业融合创新试点工作已经进入了全面实施阶段。随着物联网基础设施的逐步健全及政产学研互动合作的全面展开。物联网通过数据的感知与共享将向多个领域深度渗透，将进一步消除行业与地域间的界限，并促进融合创新研发团队与制造企业间的技术交流，成为促进新产品、新工艺、新市场的催化剂。在生产过程、供应链管理、节能减排等环节深度应用物联网将成为制造业企业的标配。同时，工业云平台、工业大数据等配套服务模式将逐步完善，进一步整合物联网服务资源，从而带动我国传统产业的全面转型升级[177-180]。

美国等发达国家对装备的 PHM 以及基于工业互联网大数据分析和优化决策高度重视，美国 GE 公司将其称作新一轮工业革命浪潮。数字化、信息网络化、集成化、智能化是科技革命和产业变革的必然趋势，我国流程工业加快转变经济发展方式要抓住这个难得的重大机遇[181]。

能源、石化、冶金等流程工业是国家经济发展的支柱产业，流程工业生产装备具有大型化、复杂化、生产工艺自动化、连续化的特点，设备投资巨大、能耗物耗与经济利益直接相关，故障引起非计划停产将带来巨大的经济损失，还可能导致机毁人亡的重大事故。高端压缩机组、大型风机、发电机组、航空发动机及燃气轮机等机械装备是国家经济发展和国防建设的关键能源动力装备，多年来一直是先进监测和控制设备关注的对象。运营商监测和模拟这些设备是为了进行事先保养，以及确保整个工厂的安全性。对工厂进行效率和安全管理以及提高生产效率是当今工业互联网发挥作用的领域。传统的动力设备管理与维护方式主要靠专业人员定期检查，需要在现场监控设备的运行状态。但由于设备的多样化以及地理位置等因素，健康监控与人力成本之间的矛盾与日俱增。随着计算机网络技术的发展，应用工业互联网、物联网、云计算及大数据等技术提高高端能源动力机械健康与能效远程监控智能化水平成为了今后的发展方向。这种基于网络的远程监控系统的优势在于：①能够共享诊断资源，获取大量的故障案例与诊断经验。②可以不受地域限制的，有针对性的对众多发电机进行管理和维护，能极大地提高管理人员的工作效率。③实现专家异地会诊，降低人力成本的同时提高健康监控水平。其技术要点在于：①信息采集应确保可靠性。②信号传输应满足实时性。③系统监控应具有直观性，反馈控制应保证精确性。

智能设备、智能系统和智能决策代表着物理学在机器、设备、机组和网络的主要应用方式，而这些应用把数据传输、多数据、数据分析很好地融合到一起。智能系统包括了部署在机组和网络中并广泛结合的机器仪表和软件。随着越来越多的机器和设备加入工业互联网，可以实现跨越整个机组和网络的机器仪表的协同效应，这将极大地提高机组的健康与能效监控水平。①通过网络优化，在一个系统内实现互联的机器，可以在网络上相互协作提高运营效率。②通过智能系统可以实现最优化、低成本，并有利于整个机组的维护。将机器、组件和各部分整合起来的观点提供了一个可以监测这些设备状态的方式，使得可以在正确的时间将最优数量的零件交付到正确的位置。这将减少零件库存需求和维护成本，机器的可靠性也会提高。智能系统的维护优化可以与网络学习相结合，并且预测分析允许工程师来实施预防性维修计划，这样有可能使机器的可靠性达到前所未有的水平。③通过网络自主学习，机器系统越来越智能化。网络学习效果是系统内机器联网的另一个优点。智能系统的构建整合了广泛部署智能设备的好处。当越来越多的机器连接入系统中，久而久之，系统将不断扩大并能自主学习，而且越来越智能化。

近些年，基于网络的健康与能效远程监控系统已经在高端压缩机组、发电机组、航空发动机以及燃气轮机等高端能源动力机械上有了部分应用。

1) 应用工业互联网、物联网、云计算及大数据等信息技术提升高端压缩机组健康与能效远程监控智能化水平是今后的发展方向

高端压缩机组等流程工业关键装备健康与能效监控沿着单体分散式控制、机组系统优化综合控制、全厂机群集中优化控制、远程监控和故障诊断的路线发展。目前，ITCC 系统应用比较成熟，全厂机群集中优化控制、远程监控和故障诊断在研发和尝试应用中，随着计算机和网络技术的提升，将进一步发展和完善。目前，一些新建的工业装备压缩机组健康与能效监控系统已经达到了一定程度的智能化。

中海油惠州炼油项目实现了全厂机群集中优化控制。惠州炼油项目全厂 CCS 联网监控，分布在现场各 FAR 的 15 套 CCS 控制站，通过冗余的 CCS 网络可实现 CCR 内集中监控、维护。全厂共有往复式压缩机 l3 台，离心式压缩机 13 台，增压机、发电机、轴流风机等复杂机组 19 台。按照每套系统先单独安装调试试车后再整体联网调试的原则，随着各装置的投产试车，惠州炼油项目所有 CCS 均已经正常投用或经过试车考验。其中，9 套 CCS 装置在投产过程中均按计划实现了联网监控，其余 5 套正常投用的 cos(催化裂化三机组增压机、2 套汽轮发电机组、高压加氢循环氢引进机组、重整循环氢引进机组) 也已具备联网监控条件。通过 CCS 联网监控，不仅减少了配置、降低了投资，而且具有统一的系统硬件配置、软件组态风格和操作界面，为操作、维护、改造、升级、扩容等生产维护改造全过程带来了足够的便利和灵活性。全厂统筹考虑 CCS 备件不仅减少了备用量，也提高了备用效率、相关机组操作站操作界面可灵活备用、各 CCS 硬件系统集中监控、SOE 集中分析处理等等。

远程监控一体化系统(intelligent machinery expert control，iMEC) 是针对压缩机组保护与控制而开发的新一代机组专家控制系统。iMEC 是集自动控制技术、安全联锁技术、状态监测与分析技术、人工智能技术、计算机技术、图形显示和网络通信技术于一体的先进机组控制系统，可用于蒸汽透平、旋转式压缩机、往复式压缩机、发电机组、燃气轮机、风机、烟机等关键设备的控制。iMEC 系统由过程接口部件、控制诊断核心和人机界面组成。过程接口部件完成所有数据采集和控制输出功能。控制诊断核心完成控制运算、优化运算、设备诊断和智能逻辑判断等功能。人机界面部分完成对设备的操作、监视与管理功能。通过防火墙，iMEC 系统的诊断功能提供安全的外部访问[182] (图 3.13～图 3.16)。

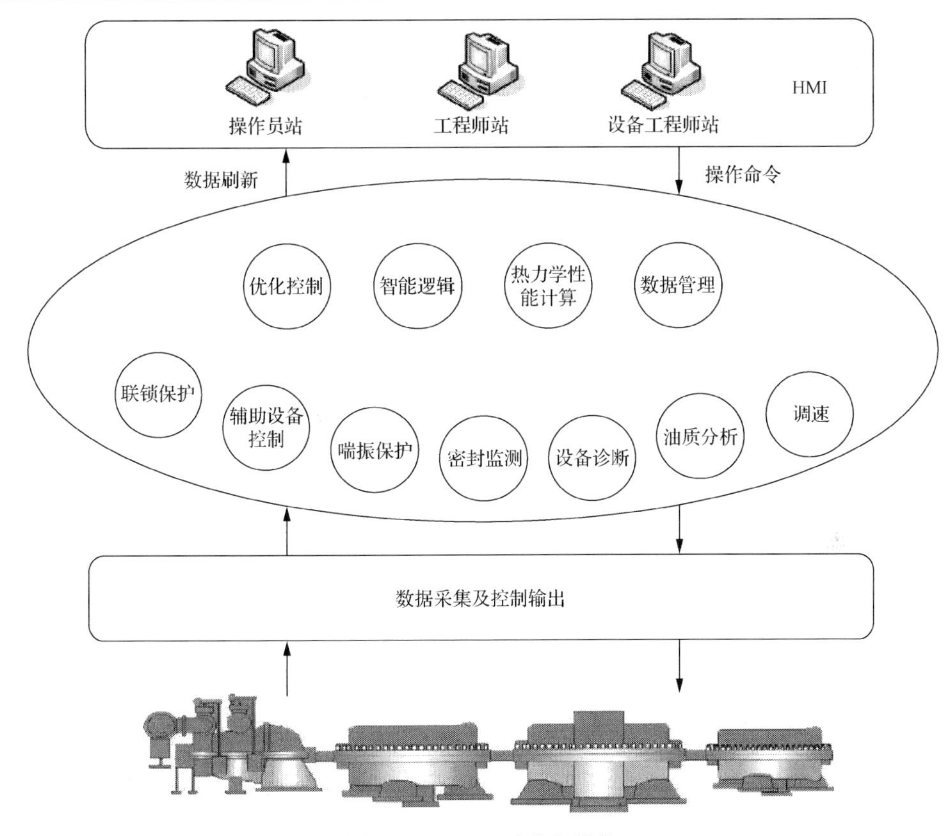

图 3.13　iMEC 功能与结构

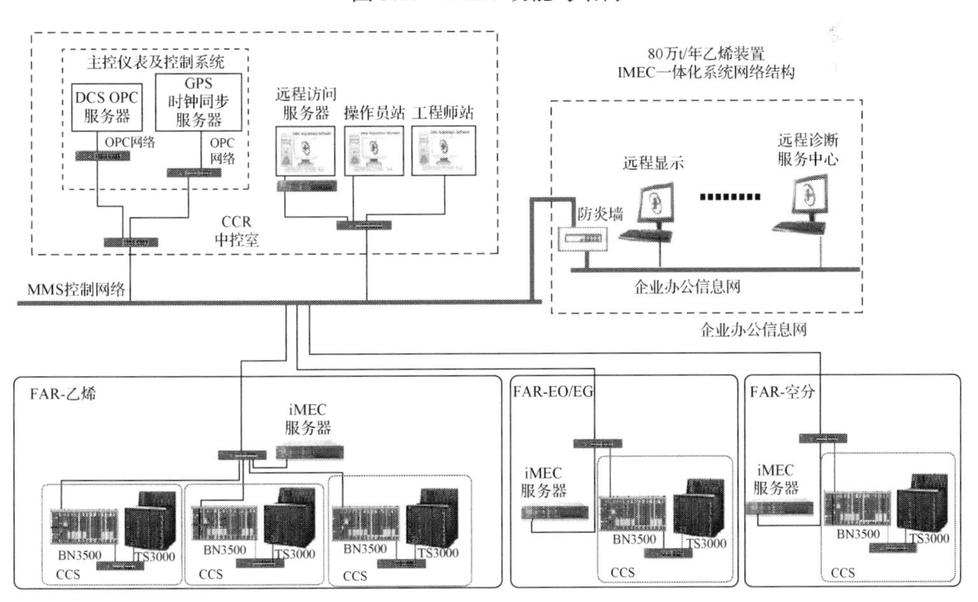

图 3.14　80 万 t/年乙烯装置的 iMEC 网络结构

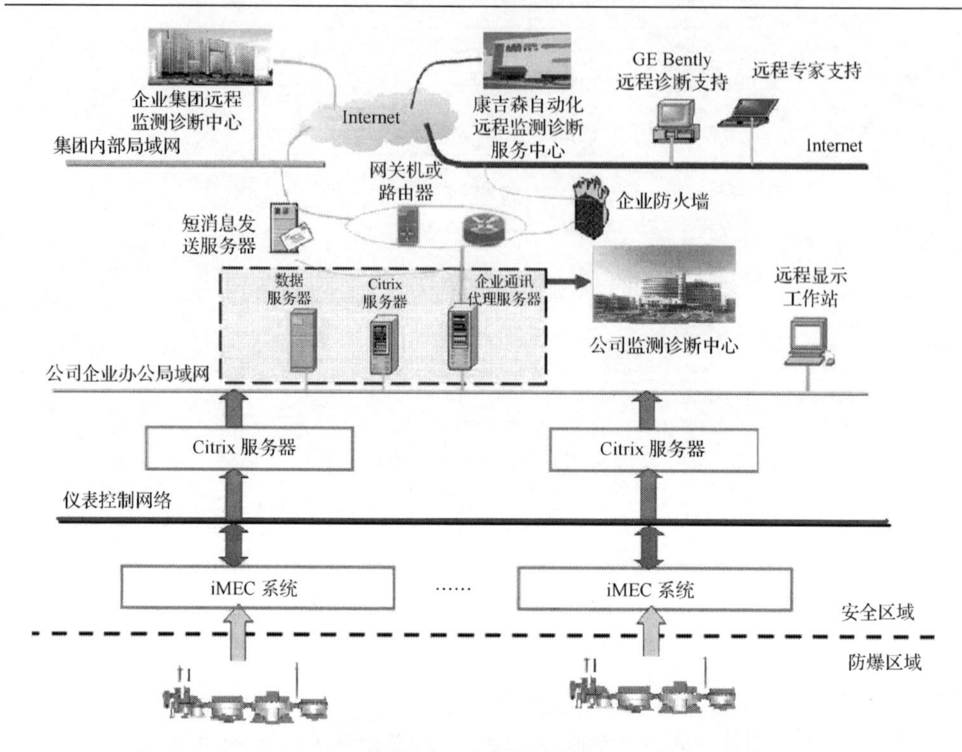

图 3.15　远程诊断中心

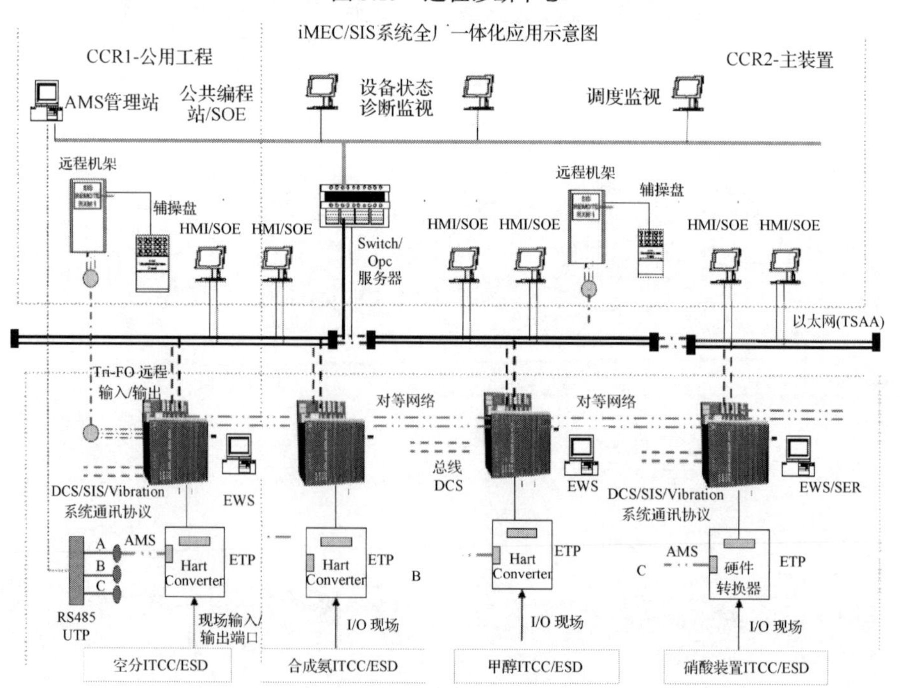

图 3.16　全厂机群一体化监控

宝钢投入巨资建立统一监控和管理的能源中心，在高效电机使用、风机水泵改造、管网改造等诸多方面采取了行之有效的措施，具体技术如表3.4所示。

表3.4 宝钢能源中心节能技术与效果

序号	节能技术	主要内容	理论基础	关键技术	实际应用和效果
1	高效电机	采用超高效、超超高效电机替代低效电机	高效电机比普通电机效率高	较高的槽满率，高级别硅钢片，综合措施降低铜损和铁损	在硅钢部、1800冷轧厂应用，节能率平均2%以上
2	风机、水泵高效化改造	结合风机水泵具体的工作范围，通过优化设计和选型定制高效运行设备	设计选用高效的设备，并使其高效率地运行	风机水泵最佳运行工况的确定，风机水泵的优化设计和选型	在热轧厂、化二厂，梅钢炼钢厂、热轧厂，德盛第一粗炼厂等有应用，节能率平均约15%
3	调速节能	根据风机水泵在流体系统中的运行工况的变化，通过变频、永磁调速等调速技术，使风机水泵高效率地运行	通过风机水泵的调速控制，减少不必要的管路损失和富余流体量，提高调节效率	确定风机水泵高效运行的工况范围，根据工艺需求的合理控制策略	在炼铁厂、电厂、不锈钢炼钢厂，德盛带钢厂，梅钢炼铁厂等有应用，节能率平均15%以上
4	管网改造	通过将不合理的管网布局进行优化改造降低管网阻力而做到节能	降低管网阻力，减少阻力损失	基于流动分析的管网设计	在电厂磨煤一次风机上有应用，节能率约2%
5	流体优化分配	对多用户流体管网，根据工艺实际需求按需供给流体以做到节能	按需供给，绝不浪费	工艺需求识别，智慧阀门及其集群控制	在梅钢冷轧厂有应用，节能率约8%
6	余压利用	对水泵系统中存在的回流余压通过采用水动风机或直接上塔方式予以利用，减少损失	用好任何可用的能源	余压的识别及综合分析，高效的水轮机技术	在德盛带钢厂有应用，节能率100%
7	节能型生产工艺	应用少消耗流体的生产工艺降低风机水泵系统的整体能耗	少消耗等于多节省	应用好节能型生产工艺	目前尚无应用
8	流体系统组合技术	通过对流体系统的充分调研分析，通过采用上述多种节能技术以做到系统最低能耗运行	让高效率的系统设备高效率地按需提供流体	采用以全生命周期成本评估出合适的节能技术组合	在梅钢冷轧厂有应用，节能率20%以上，采用了高效泵、调速节能、水动风机等多种技术

工业装备健康能效监控智能化是未来发展的方向，应着力完善和推广应用基于工业互联网的装备健康能效监测诊断系统，建立基于大数据分析的多参数监测的健康综合诊断和能效评价体系，开发流程工业机械装备智能安全监控系统和装备与过程适应的故障自愈及节能自优化调控技术。

2) 基于大数据的发电机组健康与能效远程监控智能化是电力生产监控过程发展趋势

目前，基于 DCS 的电站厂级监控系统已广泛应用，个别基于工业互联网、物联网的区域性发电机组远程监测诊断中心也已建成，无论是电厂还是远程监测诊断中心储存的海量历史数据，仍然依靠专家进行数据的提取分析诊断，而大量数据因尚未进行智能处理而处于闲置状态，同时占用大量的存储空间。在大数据环境下，基于复杂系统分析与数据驱动相结合的方法，通过智能化的数据清洗、关键特征参量提取、状态识别与分类、决策制定与管理等环节，准确判断发电机组的健康与能效状态，捕捉并跟踪设备安全、能耗隐患及性能劣化趋势，做到"早发现、早预防、早修复"，有效提高发电机组和设备的安全可靠性和运行的经济性。

例如基于 Internet 的火电机组远程监控系统：该系统具有实时数据库服务器、Web 服务器和 IE 浏览器 3 层结构(图 3.17)，还包括现场数据采集系统(data acquistion system, DAS)、DCS 监控系统、监控信息系统(supervisory information system, SIS)厂级监控系统、设备诊断中心等部分。经授权的 IE 浏览器终端用户(电力集团公司、电厂管理人员和工程技术人员等)可通过 Internet 网络对火电厂的监控系统进行实时监测，浏览生产过程的实时数据、流程画面、趋势图和报表信息；同时，

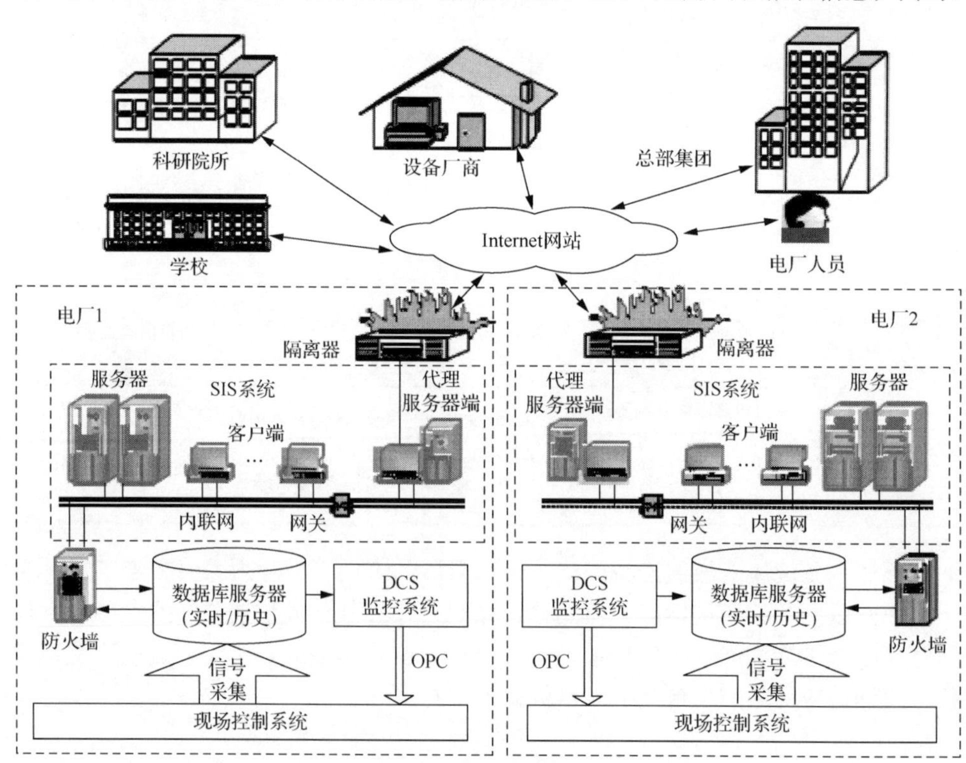

图 3.17　基于 Internet 的远程监控系统功能框架结构

可在线对采集的历史数据进行分析、诊断、控制和管理等。其工作原理即通过 Internet 网络与各电厂的实时数据库实现远程联接，利用计算机网络技术与过程现场数据信息系统结合起来，成为基于网络数据信息的集成系统，同时，借助数据库技术、多媒体声像技术，实现对现场的远程监控、设备状态分析、故障诊断及性能评价、经济运行分析以及专家系统优化分析等。

3) 跨国巨头已经实现了对民用航空发动机与燃气轮机的全球实时智能监控。

随着智能监控技术的发展，基于网络的健康与能效监控能够整合资源，最大化地保障航空发动机与燃气轮机的安全运行，具有良好的发展前景。国外针对航空发动机、燃气轮机的健康与能效监控远程智能化系统已经投入使用，各大跨国公司均开发了自有的全球实时智能系统，对分布在全球市场的高端动力装备提供实时的监控诊断服务。典型系统如 RR 公司在 Trent900 发动机安装 EHM 系统并借助飞机通信寻址和报告系统(aircraft communications addressing and reporting system, ACARS)实现了基于 Web 的远程监控与诊断；Siemens 公司在 SGT-600 机组上安装了燃气轮机远程监测与诊断系统(图 3.18)，获得了减污、延寿、提高可用性等显著收益。

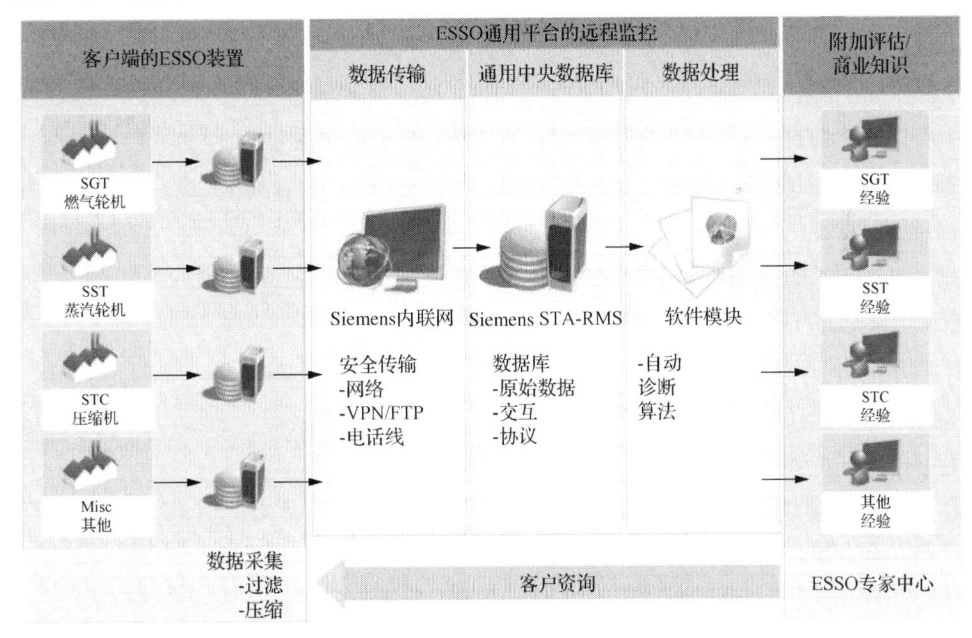

图 3.18　Siemens 远程监测与诊断系统的架构

该远程监测与诊断系统的主要功能包括：设备主要参数的状态监测和趋势分析；热力学系统性能监测和分析；振动参数监测与分析；燃气轮机排放监测与分析；自动报表生成。

通过采用远程监测与诊断系统，西门子 SGT-600 机组获得了以下收益[183]：

①提高了可靠性和可用性；

②降低了燃烧排放；

③延长了燃气轮机使用寿命，从 120000 等效运行小时增加到 180000 等效运行小时；

④延长了检修间隔，从 20000 等效运行小时增加到 30000 等效运行小时，从而增加了 1%的可用性；

⑤降低了检修成本。

3.3 我国高端能源动力机械健康与能效监控智能化发展目标

3.3.1 高端压缩机组健康与能效监控智能化发展目标

高端压缩机组健康与能效监控是沿着单体分散式控制、机组系统优化综合控制、全厂机群集中优化控制、远程监控和故障诊断的路线发展的。根据研究，提出我国高端压缩机组健康与能效监控发展战略思路及目标如下。

到 2020 年，基本形成具有中国自主创新特色的高端压缩机组健康与能效智能监控技术支撑体系，主要工业行业高端压缩机组的能效和安全长周期运行水平明显提升；到 2030 年，突破基于工业互联网（物联网）、大数据等信息技术的高端压缩机组智能监控关键技术，高端压缩机组能效和安全长周期运行水平进一步提升，达到国外发达国家同期先进水平，助力我国流程工业转型升级。

阶段性目标如下。

1）2015～2020 年

（1）调查发达国家工业装备健康及能效监控和在役装备技术升级现状和趋势，分析存在的差距及原因。对石化与冶金行业开展普查和调研，查明主要问题和发现培育示范工程。

（2）建立由第三方机构负责监测工业装备效能和环保等级评估体系，逐步实现企业设备在线监测数据与科研院所、设备生产厂方的互联互通。

（3）突破石化、冶金行业高端压缩机组健康与能效监控关键技术，形成适合我国国情的压缩机组优化综合控制系统。

（4）完善和推广应用基于工业互联网的装备健康能效监控诊断体系，旧机组控制系统升级改造覆盖率达到 50%以上。

2）2021～2025 年

（1）突破基于工业互联网（物联网）、大数据、云计算等信息技术的压缩机组智能监控关键技术，实现全厂机群集中优化控制和远程监控与故障诊断，助力我国流程工业转型升级。

(2) 基本完成老旧机组控制系统升级改造，改造覆盖率达到 90%以上。

3) 2026～2030 年

(1) 基于工业互联网(物联网)、大数据等信息技术的压缩机组智能监控系统广泛应用，在石化行业建立若干基于工业互联网的转动机械健康与能效远程监控中心，旋转机械在线监控覆盖率达到 80%以上。

(2) 实现装备故障的早发现、自诊断、自维护等。

3.3.2　发电机组健康与能效监控智能化发展目标

《能源发展战略行动计划(2014－2020 年)》明确指出我国的能源发展要坚持“节约、清洁、安全”的战略方针，重点实施节约优先、立足国内、绿色低碳和创新驱动的发展战略，加快构建清洁、高效、安全、可持续的现代化能源体系。为贯彻落实这一战略部署，作为能源综合体系重要组成部分的电力工业，需要把握“节约高效、绿色多元、创新引领、深化改革”的发展方向，加快推动消费、供给、技术和体制的变革。具体说，就是合理控制电力消费总量，大力提高利用效率；牢固树立绿色发展理念，优化电力结构，形成符合我国国情、满足生态文明建设要求的发展模式；加快推进电力科技创新，带动产业升级，实现“电力大国”向“电力强国”的转变；同时，深化电力领域改革，向改革要效益，发挥好市场在资源配置中的决定性作用。为此，提出我国发电机组的健康与能效监控发展战略思路和战略目标如下。

随着互联网信息技术与能源发电技术的加速融合，发电机组的健康与能效监控智能化发展应立足我国能源结构不断调整优化和电力多元驱动的国情，积极推进面向高效、节能、环保和多元化协调发展的关键技术创新，建立适应发电机组核心技术发展和区域能源协调的动态感应、精细控制、全局优化、电网友好、智能化的发电机组远程健康和能效监控系统。

阶段性目标如下。

1) 2015～2020 年

(1) 调查发达国家发电机组健康及能效监控和在役机组技术升级现状和趋势，分析存在的差距及原因。对发电行业开展普查和调研，查明主要问题和发现培育示范工程。

(2) 初步建立集成式的监控系统，完成发电机组集群级的健康及能效智能化监控。

(3) 突破应对海量数据的分析优化方法，发展智能化的能耗监控与评估技术。

(4) 初步建立精细化的故障诊断与健康管理体系，实现全厂设备层面的全面监控与管理。

⑸初步完成基于全生命周期的发电机组健康监控与寿命评估，突破不停机故障自愈调控技术。

2）2021～2025 年

⑴完成集成式的监控系统的建立，实现发电机组集团级的健康及能效智能化监控。

⑵建成精细化的故障诊断与健康管理体系，实现包含设备层面以及边界层面的全面完善的监控与管理。

⑶在完善基于全生命周期的发电机组健康监控与寿命评估的同时，考虑老化设备的改造与重建，实现设备健康及能效监控智能化与在役再制造技术的融合。

⑷攻克基于网络的健康与能效远程监控技术，实现大部分机组的远程化监控及网络化信息管理。

⑸发展兼顾污染物排放的能效与健康监控技术，实现对汞等重金属污染物排放的智能化监控。

⑹初步建立基于多目标能效监控的区域协同发展体系，在省、市级范围开展能效状态的统一调控。

3）2026～2030 年

⑴进一步发展兼顾污染物排放的能效与健康监控技术，实现对 CO_2 等污染物排放的智能化监控。

⑵建成基于多目标能效监控的区域协同发展体系，在地区级范围开展能效状态的统一调控。

3.3.3 航空发动机及燃气轮机健康与能效监控智能化发展目标

1. 航空发动机

突出国家航空产业和国防需求牵引，为驱动中国大飞机早日翱翔蓝天，实现航空发动机国产化、打造强劲“中国心”的梦想，航空发动机健康管理的总体目标是突破关键，具备核心能力，实现整体系统的自主研发，并通过在试验件上验证和在型号研制中的工业应用，实现航空发动机健康管理系统的产业化。

阶段性目标如下。

1）2015～2020 年

突破地面系统和机载系统的关键技术，着重解决发动机系统及部件信息获取问题，初步解决发动机故障预测技术难题。

2) 2021～2025 年

完成发动机健康管理系统研发，并在重点企业和重点型号完成示范应用。

3) 2025～2030 年

完善系统，批量装备，形成我国航空发动机的健康管理行业标准，建立以机载监视信息为基础的发动机保障维修体制。

2. 燃气轮机

燃气轮机健康与能效监控智能化的发展在消化吸收国外先进技术的同时，要加大自主研发投入，通过自主研究掌握健康与能效监控的关键技术、发展新的健康与能效监控技术和方法。发展过程中注重培养燃气轮机监控与能效监控方面的高级技术人才，构建燃气轮机健康与能效监控学科体系，建立该领域的研究团队，紧跟健康与能效监控智能化技术的前沿，创新发展，为提高燃气轮机运行效率、降低燃气轮机维护成本和保障燃气轮机可靠性服务。

阶段性目标如下。

1) 2015～2020 年

着力发展智能传感器技术，突破燃气轮机状态监控系统的设计及关键技术，逐渐积累燃气轮机状态监测故障案例并深入分析故障机理，初步掌握燃气轮机的故障机理和故障特征，为建立诊断系统奠定基础。

2) 2021～2025 年

着重解决重型燃气轮机故障的智能诊断方法，掌握典型故障的失效过程，研发故障的预测诊断技术，并进行实际应用和验证。

3) 2025～2030 年

着重解决重型燃气轮机故障诊断、预测诊断技术的实际应用以及与控制系统的集成优化，突破燃气轮机故障诊断和预测诊断的决策优化策略，实现燃气轮机的智能控制，研发燃气轮机远程状态监测与智能诊断系统并进行实际验证。

3.4 小　　结

随着计算机网络技术的快速进步，应用工业互联网、物联网、云计算及大数据等技术提升高端能源动力机械健康与能效远程监控智能化水平是今后发展的重要方向。通过网络信息传递实施统一监控，实现智能控制及故障自愈化，同时，借助大数据分析，优化监控方案，推动状态分析与评价方法的变革，利用精细化的故障诊断系统和智能化的能效监控与健康管理系统，全面、直观的反映设备运行状态，得出全面的安全能效评估方案。

到 2020 年，基本形成具有中国自主创新特色的高端压缩机组健康与能效智能监控技术支撑体系，主要工业行业高端压缩机组的能效和安全长周期运行水平明显提升；完成发电机组集群级的健康及能效智能化监控，发展智能化的能耗监控与评估技术，实现全厂设备层面的全面监控与管理；突破航空发动机状态监控系统设计的关键技术；突破燃气轮机状态监控系统的设计及关键技术，掌握燃气轮机的故障机理和故障特征，

到 2030 年，突破基于工业互联网(物联网)、大数据等信息技术的高端压缩机组智能监控关键技术，高端压缩机组能效和安全长周期运行水平进一步提升，达到发达国家同期先进水平，助力我国流程工业转型升级；进一步发展兼顾污染物排放的发电机组能效与健康监控技术，实现对 CO_2 等污染物排放的智能化监控，建成基于多目标能效监控的区域协同发展体系；形成我国航空发动机的健康管理行业标准，建立以机载监视信息为基础的发动机保障维修体制；突破燃气轮机故障诊断和预测诊断的决策优化策略，实现燃气轮机的智能控制，研发出远程状态监测与智能诊断系统。

第 4 章　我国高端能源动力机械健康与能效监控智能化发展战略对策研究

我国高端能源动力机械健康与能效监控智能化总体发展战略为：夯实产业基础，科技创新驱动，科学政策引导，专业人才培养。本章分别从高端压缩机组、发电机组、航空发动机及燃气轮机三个方面阐述了高端能源动力机械健康与能效监控智能化发展的关键技术，提出了 21 项建议重点开展的健康能效监控智能化发展的研究课题以及 8 项重大示范工程。

4.1　夯实产业基础

1. 开展高端能动机械及工艺流程基础理论研究

开展高端能动机械研究应重视高端能源动力机械和工艺流程的关联融合及工程应用。随着技术变革和技术进步的加快，制造工艺不断升级，工艺流程的优化、再造越来越重要，工艺就是制造技术及其装备，这是产业升级和重大变革的发源地。因此，应把各种制造工艺和工艺流程的研究开发及应用放在十分重要的位置。制造工艺的升级为各种制造装备的发展提供了需求和发展方向，只有工艺与装备融合、装备使用企业与装备制造企业密切结合才能保证新工艺得以实现。装备制造企业也必须了解、熟悉、深入研究用户制造工艺，才能提出符合用户要求、满足用户制造工艺流程的解决方案和物化的装备。就燃煤火力发电机组而言，容量越来越大，参数愈来愈高，排放指标日趋严格，脱硫、脱硝、脱碳、脱除重金属等设备及系统的增加，使得火电机组系统、流程更为复杂，综合考虑机组的安全、高效、清洁的工艺流程优化对于火力发电机组的节能减排意义重大。

针对我国高端压缩机组缺乏先进的优化综合控制系统、压缩机组智能联锁保护和重大事故预防系统和机组在线智能监测、诊断及故障早期预警功能不足的现实，开展相关基础理论研究及应用技术研究，开发具有自主知识产权的、更加符合我国高端压缩机组运行现状的机组健康与能效控制系统。

2. 重视仪器仪表产业发展，特别是高端、高性能传感器的研发制造

仪器仪表是人类对物质世界的信息进行采集、处理、计量和控制的基础手段和设备，是产品研发和生产的依据，信息产业的源头、工业生产的“倍增器”、科

学研究的“先行官”、国民活动的“物化法官”，是实现高端能源动力机械健康智能化的关键环节。

目前，国内的仪器仪表产业非常薄弱，国内需求量的二分之一依赖进口，国外的中高档仪器仪表和传感器占据了国内60%以上的市场份额，国内关键高端传感器还存在显著的技术水平和产业上的差距，测量性能及精度低。以航空发动机监测为例：国内高端传感器产业力量薄弱，且受到国际厂商的封锁打压。军工企业很难拿到国际先进产品和技术，部分民企如厦门乃尔在该领域取得了一些突破，便受到国外企业的封锁打压，甚至提出诉讼。国内在高性能传感器研制方面投入少、新型传感器类型和数量都少。目前，国内能够独立生产用于航空发动机的高端传感器只有中航工业634所、161厂、厦门乃尔公司少数几个研究所和厂家，且多数是环境条件要求不高、难度不大的温度、压力或振动传感器。而对于高温传感器，以及滑油碎屑、滑油品质、滑油液位等新型传感器，虽然对其原理有了初步的认识，研制出了原理样机，但是距离装机应用还有很长的路要走。对于高温环境下的温度、压力传感器和高性能高频振动传感器以及叶尖间隙传感器均不能自主生产研制。同时，电力行业燃煤电站锅炉炉膛火焰及烟气温度高达1200℃以上，炉内温度场、浓度场分布不均是引起锅炉超温爆管故障及燃烧效率降低的主要原因，而现有传感器无法有效监测上述分布。

3. 加强零部件、元器件、中间件、关键特种材料等中场产业的发展

“中场产业”泛指制造业中介于最终产品工业与基础材料工业之间的产业，例如零部件、元器件和中间材料制造业等。发达国家既有以提供健康与能效监控设备、系统为主的有技术、有规模、有经济实力的著名跨国公司，也有成千上万以提供中场产品为主业的中小企业组成的“中场产业”。我国高端能源动力机械健康与能效监控系统以及监测设备大都是进口产品，关键技术由国外公司垄断，不仅如此，零部件等中场产品，尤其是敏感元器件等科技含量高的中场产品也依赖大量进口，这样不仅增加了成本，而且我国在此方面的发展处处受制于人。

4. 实施标准化战略

技术标准是保证高端能动机械健康与能效监控智能化发展的重要法规手段。当前，我国技术水平低，体制不完整，尤其在健康与能效监控方面，标准制定尚不完善。需要建立健全行业标准体系，加强基础标准、试验方法标准和产品标准的研究和修订，强化战略性产业的标准化工作，构建国家标准、行业标准、企业标准协调发展的标准体系，特别是加强行业标准的发展。要强化行业协会在技术标准制定中的主导作用，由行业协会组织相关企业和研究机构，注重与国际标准接轨，积极参与国际标准的制、修定工作，消化吸收国外经验，引进知识产权，

提高以我国为主制定的国际标准的比重，促进自主创新产品占领国际市场。形成适合中国的技术标准体系，引领产业发展。

4.2　科技创新驱动

1. 解决共性技术研究缺位的问题

共性基础研究是行业赖以生存和发展的技术基础，具有一定程度的公益性，需要政府公共财政投入支持，且一旦有所突破，势必带动整个监控智能化领域更快发展。共性基础研究薄弱是长期困扰我国的一个突出问题。20世纪90年代末，一大批工业部门的主导科研院所随着部委的撤销而转制为企业，逐步失去了为行业提供共性技术的功能，使原本就十分薄弱的共性技术研究处于缺位状态。而实践证明，原本技术创新能力就很薄弱的企业，不可能从事这种公共性质的研究。应加强行业协会的组织与协调作用、政府科技资金资助，并采取减免税等政策鼓励企业进行共性技术研究，进一步发挥产学研密切结合、深度融合、联合攻关的能力。解决共性基础研究薄弱这一问题，是实现设备健康能效监控智能化产业升级的关键。

2. 引进技术的消化吸收与再创造仍是一种十分重要的技术创新模式

大量的事实证明，技术落后国家在追赶发达国家的过程中，吸收外部先进技术，先行模仿进而创新，是落后国家必须经历的重要历史阶段。对发展中国家来说，许多技术单靠国内企业开发往往是不经济的，如果通过研究开发来创造新技术，无论成功与否，必然会消耗大量的人力、物力资本。而采用技术引进的方式，不仅可以引进成熟的技术，避开风险，还可以将技术直接应用于生产之中，推动生产力的快速发展。据统计，购买专利的成本一般只需研发成本的三分之一，且引进的技术基本上是有商业价值的技术，可以避免自主研发可能经历的失败，技术引进效益明显。但大多引进项目在引进过程中只是购买了成套机组设备，而因国有企业管理的“短视性”等特点，并未组织消化吸收，更谈不上再创造，核心技术至今无法完全掌握。对今后仍需引进的设备，必须要在消化吸收和“再创造”上下大功夫，实现技术创新。

3. 紧抓新一代信息技术发展变革机遇

继蒸汽机的应用、规模化生产和电子信息技术等三次工业革命后，人类将迎来以信息物理融合系统(cyber-physical system, CPS)为基础，以生产高度数字化、网络化、机器自组织为标志的第四次工业革命(工业4.0)。工业4.0概念包含了由集中式控制向分散式增强型控制的基本模式转变，目标是建立一个高度灵活的个性化和数字化的产品与服务生产模式。在这种模式中，传统的行业界限将消失，并会产生各种新的活动领域和合作形式。创造新价值的过程正在发生改变，产业链分工将被重组。中国工程院院长周济表示，新一轮工业革命正在深化，发达国家纷纷实施再工业化战略，数字化、智能化技术深刻地改变着制造业的生产模式和产业形态，是新工业革命的核心技术。工业 4.0 的提出对于高端能动机械健康与能效监控的发展更是具有重要意义。针对我国高端能动机械目前远程监控和能效报告能力不足、缺乏完善的机组性能监控和有效的故障预测等问题，抓住新一代信息技术发展的机遇，研究开发基于工业互联网、物联网及大数据技术的高端能动机械远程监控系统，才能实现机组监控技术跨越式发展，赶超国外先进水平。

4. *加强政府导向作用，促进科技体制改革*

由于我国的经济体制仍处在转型时期，科技与经济脱节的问题并未从根本上得到解决，在管理体制上仍然存在着条块分割、分散重复、人员过多、效率不高、面向市场的机制不完善等问题。科技成果转化能力弱，高科技产业化程度低等，依然是制约我国科技进步和经济发展的一大障碍。目前，我国高等院校及其他科研机构往往重“顶天”轻“立地”，与企业技术开发结合少、成果转化难。科技投入和人才培养必须立足工程实际，科技成果面对实际，落到实处，真正与企业技术相结合，将高校和科研机构从重“顶天”轻“立地”向“顶天立地”并重方向转变。同时，要围绕科技与经济紧密结合这个核心问题，强化企业技术创新主体地位，加快建立企业主导产业技术研发创新的体制机制。要统筹发挥政府调控作用和市场在资源配置中的基础性作用，完善科技项目、经费管理制度和科技评价、奖励制度，形成激励创新正确导向。

4.3 科学政策引导、依法规范发展

产业发展离不开科学政策引导和法制规范。政府主管部门应负责顶层设计，制定发展战略和规划。政策在推进企业设备监控智能化升级方面起着非常重要的作用。国有企业是高端能源动力机械使用主体，也是进行健康能效监控智能化升级的主体。依法规范是贯彻推行健康能效管理、促进监控智能化规范发展的有效手段。

主管部门应积极推行贯彻科学的政策理念，用以引导企业领导打破旧有思想牢笼，提升管理认识。理念问题是健康能效智能化发展的重要问题之一。很多在岗领导仍抱有在任期间不出生产安全问题便万事大吉的想法，设备不坏不修，宁可浪费一点也不可发生非计划停产。国有企业的产权性质决定了其行为具有短期化特征，没有奖励机制促使其致力于进行智能化升级。另一方面，如因设备升级

改造导致停产，企业领导会受到行政处分，直接打击了设备升级的积极性，需要政策手段予以鼓励支持和规范。

在宣传科学理念、解决思想包袱的同时，应完善财税政策，采用财政补贴、减免税、专项基金等方式支持企业进行监控智能化升级，同时，也应扶植一批智能化相关产业公司，鼓励进行自主创新，提升国家智能化仪器仪表及系统的整体水平。

科学政策引导必须和依法规范发展相结合。依法规范发展，首先要修改、制订一批符合现有国情发展水平的法律法规与技术标准。由于我国原有国情所致，标准化尚未完全脱离计划经济的管理运行模式，仍以政府强制性标准为主，政府仍是标准制定的主体。另外，标准的外部性导致企业在标准形成过程的搭便车行为，也是导致我国技术标准落后的主要原因。只有尽快建立我国技术标准形成机制，对国内设计标准进行科学规范，修改不合时宜的旧标准，才能从设计源头解决“大马拉小车”等能耗现状。在设备的在役运行管理阶段，应强制推行能效标识管理办法，将该办法贯彻设备设计、制造、出厂、在役运行直至退役或再制造的全生命周期。

其次，要加强依法监管。我国机电装备故障频发，事故时有发生，设备节能不受重视，低效运行普遍存在。除特殊情况外，大多是由企业设备运行管理不利和相关部门监管不到位造成。可以借鉴对压力容器等特种设备的管理办法和方式，建议各企业对每一设备全生命周期的健康与能效水平进行管理，借助工业互联网发展趋势，实现集团对下属企业的设备运行监督管理，同时也极大地方便了政府管理部门的实时远程监控，极大的增强了执法监管力度。在依法监管过程中，应特别强调执法公平。执法部门应对国企、外企和民营企业一视同仁，不因体制、纳税及其他行政原因而导致执法不公的情况出现。

另外，还要注重依法鉴定。执法部门对企业的下发整改意见需要出具相关依据，当事人不能单方面证明其设备健康与能效管理的真实水平，所以应当有职业健康与能效鉴定机构出具相关鉴定材料。职业健康与能效鉴定机构不仅具有监测鉴定资质，还应具有专业咨询资质和国家相关部门授予的资质。可接受委托企业咨询申请，聘请合乎法律条令的专家对委托企业进行评估并出具鉴定报告，其行为受到司法和检查部门监督，如有虚假瞒报等行为，应受到法律制裁。同时，建议在今后企业年报制定中，将职业健康与能效鉴定机构出具的企业设备评价报告作为依据，成为审核指标之一。而为了完成对专用设备的节能鉴定，应针对各行业特性，建设一批具有专业背景和较高理论研究基础的能耗评定机构，独立负责并承担全行业的能耗评估，这将对提升行业的健康与能效水平具有重大意义。

4.4 构建健康与能效监控智能化专业队伍与机构

1. 监控智能化专业人才培养

人才是立国之本，强国之本。突破健康能效管理技术离不开高水平的人才团队。高校、研究院所、研发企业应建立战略层面的人才培养吸收机制，将高校、研究院所培养的科研人员推荐给企业，将企业作为人才的实践基地，实现在人才战略上企业和高校、研究院所的双赢局面。

监控智能化不仅包含动力机械，还包含与之配套的智能监测诊断技术与理论，单一学科培养模式势必无法满足企业和社会的实际需求。我国诸多行业技术人才的需求和供给存在着一定的矛盾，高校人才培养模式与企业实际需求脱节。我国高等工科教育应面向社会需求，增强实践环节，同时应鼓励不同专业学生进行跨学科、跨行业交流。积极推行有效的行业各层次人才培养计划，科研投入向监控智能化等交叉学科倾斜。

2. 建立专业队伍

监控智能化对从业人员的综合技术水平要求高，所需学科覆盖面广。企业现有设备管理人员大多精通机械内部结构及其原理，但对自动化、智能化方面的技术、原理及其分析手段则知之甚少，亟需建立精通相关学科领域的监控智能化专业队伍，为高端能源动力机械智能化升级打好人才基础。

国外的先进技术和管理经验固然有诸多值得借鉴的地方，但更应消化吸收，演变为符合中国国情的监控技术与管理制度。我们要立足于自身科研队伍，建立以自主创新与消化吸收为基础的跨行业的健康与能效监控智能化新技术与新装备的研发与推广平台，注重形成行业专有人才和专业队伍。

3. 建立基于工业互联网的设备健康能效监控中心

强制大中型生产企业建立基于工业互联网的设备健康能效管控中心，逐步建立国家能耗统计制度和评价体系，实施企业能耗上报制度，健全监督管理机制，执行工业装备能效标识管理。

健康能效监控中心不仅实现了企业内设备与工艺系统的高效和谐匹配运行，更融合了行业协会、设备制造方、第三方机构与企业四方面技术人员，四方面专家通过工业互联网进行在线大数据分析，及时掌握设备运行状态，共享运行数据，为实现高效监测高端能源动力机械健康能效状况打下坚实基础。

除上述优点外，监控中心完善了企业能耗统计制度，同时，其监测实时、透明化的优点，将驱使企业建立、完善能源消耗原始记录、统计台账及分析报表制度。另外，国内大部分高能耗企业很少有能耗与新技术和新设备应用比例考核，建议根据行业条件制定设备健康能耗管控指标，实行健康能耗指标与企业、领导、职工收益直接挂钩。

4.5　重点研究方向

4.5.1　高端压缩机组健康与能效监控智能化发展关键技术

根据调研分析的结果，将我国高端压缩机组健康与能效监控智能化发展战略重点按重点推广技术、完善后推广技术和前沿探索技术进行分类，见表 4.1。

表 4.1　石化冶金行业压缩机组健康与能效监控智能化发展的关键技术清单

重点推广技术	完善后推广技术	前沿探索技术
①往复机无级气量调节系统技术 ②基于工业互联网的机械设备健康能效监测诊断系统 ③高效叶轮技术 ④透平压缩机组 ITCC 控制技术 ⑤往复式压缩机健康监控技术 ⑥大型鼓风机双驱动节能技术(BPRT)的研究与推广	①透平压缩机实时监控及性能优化综合技术 ②机械蒸汽再压缩(MVR)技术 ③装备智能故障保护、复杂工况自适应、自愈调控系统与节能优化调控技术 ④多数据融合诊断技术 ⑤工业互联网(物联网)应用技术 ⑥进一步完善基于装备与工艺匹配、装备与产品质量匹配的健康管理制度。	①大型压缩机系统故障动态演化机理、早期故障智能诊断与预警及故障自愈化技术 ②大型压缩机组基于实测数据库的剩余寿命预测技术 ③复杂压缩机系统能量高效转换与利用基础理论 ④基于大数据与云计算的压缩机组监控技术 ⑤极端条件下运行状态测量、传感和数据表征关键技术 ⑥逐步建立基于专家经验与故障数据分析的数学模型。

1. 重点推广技术

1) 往复机无级气量调节系统技术

往复压缩机是石化工艺流程中的关键设备，也是主要耗能设备，高压加氢装置往复压缩机的电耗占临氢二次加工装置电耗的一半左右。在年产 1000 万 t 炼油装置中，仅加氢裂化和加氢精制用往复压缩机就多达 19 台，消耗功率约 33000kW。工艺流程通常要求压力稳定，流量则需根据生产条件而变化，往复压缩机的设计、选型按系统最大负荷(流量)进行，而实际运行多低于设计工况，因此，必须进行流量调节。目前，旁通流量调节是一种较广泛采用的调节方式，它通过高压气体(已压缩耗功)节流返回吸气管道以实现实际输气量的控制。在这种调节方式下，由于压缩机始终处于满负荷运行状态，调节气量的同时，造成了巨大的能源浪费，是影响炼油装置能耗的主要因素之一。往复压缩机流量自适应无级调节系统根据系统流量与压力的内部关联，采用基于压力控制的流量调节 PID 自整定算法，利用控制系统与液压伺服机构配合，精确控制进气阀动作，使部分气体未经压缩而直接回流至吸气管道，实现压缩机工作过程中流量的自动无级调节，达到压缩机节能运行的目的。

2) 基于工业互联网的机械设备健康能效监测诊断系统

对工业装备而言，运行是其设计制造的目的，也是发挥其功效、创造价值的阶段，绿色运行至关重要。我国工业企业尚存大量低效运行、故障频发的机械装备，应发展基于工业互联网的装备健康能效监测诊断系统。在健康和能效监测诊断基础上，对老旧和性能低下、故障频发技术落后的在役设备进行个性化再设计和改造升级，使其与生产过程匹配和谐，显著提高其健康、能效和智能化水平。我国自主开发的健康监测诊断系统在国内已推广应用，如国内企业应用的往复压缩机组监测诊断系统 95%以上是自主生产的，石化冶金机械的用户和制造厂已对数千台关键机组进行远程实时监测和故障诊断，通过远程监测中心预警，曾避免多起氢气爆炸等重大事故。

3) 高效叶轮技术

应用三元流叶轮、高速叶轮、切削叶轮、减少叶轮级数等技术对低效运行的泵机组、压缩机组进行重新设计和改造升级，使机组与工艺系统更加匹配，机组效率增高。三元流设计技术是根据“三元流动理论”将叶轮内部的三元立体空间无限地分割，通过对叶轮流道内各工作点的分析，建立起完整、真实的叶轮内流体流动的数学模型，进行网格划分和流场计算。运用三元流设计方法优化叶片的进出安放角、叶片数、扭曲叶片各截面形状等要素，其结构可适应流体的真实流态，从而避免叶片工作面的流动分离，减少流动损失，并能控制内部全部流体质点的速度分布，获得水泵内部的最佳流动状态，保证流体输送的效率达到最佳。减小泵叶轮半径就会降低其流量和扬程，而泵机组功率也随之减小，对于工艺稳定而流量和扬程都富裕的机泵，将叶轮缩减到合适的半径，既能满足工艺需要，更能明显降低泵机组电耗。

4) 透平压缩机组 ITCC 控制技术

综合控制技术（integrated turbine compressor control technique, ITCC）是用于控制和保护压缩机的新技术，它基于先进的电子技术、通讯技术及控制算法，与传统的压缩机控制技术相比，可以帮助用户更有效、更安全地操作压缩机，同时节省能耗。ITCC 系统主要包括：机组联锁 ESD、SOE 事件顺序记录、机组控制 PID 及常规指示记录功能、故障诊断功能等。

5) 往复式压缩机健康监控技术

由于往复压缩机自身的结构特点和运行工况的复杂性，使得往复压缩机在运行过程中的故障率非常高，事故所造成的被迫停车维修，给企业带来了巨大的经济损失。因此，针对往复压缩机建立一套比较完善的在线状态监测和保护系统，事故率会明显降低。另外，根据在线状态监测系统积累的历史运行数据，可有针对性地对设备实现预期维修，使压缩机的检修费用下降，降低成本，提高经济效益。目前，国内外相关机构已经开发了成熟的往复式压缩机健康监控系统，如 GE、贺尔碧格和北京化工大学的系统，对于往复压缩机的关键部件，往复式压缩机健康监控系统有专用的测试设备对其关键点进行监控，主要包括十字头销和连杆大头轴承的监控、排放监控、活塞杆沉降监控和轴承监控等。通过该技术的应用，可大大提高石化行业往复式压缩机的运行可靠性，减少事故的发生。

6) BPRT blast furnace power recovery turbine 系统的研究与推广

BPRT 系统是由电能和高炉煤气能双能源驱动，在该机组中的高炉煤气透平回收能量不用来发电，而是直接同轴驱动鼓风机，没有发电机的机械能转变为电能和电能转变为机械能的二次能量转换的损失，能源回收效率更高，基建和设备投资低。

2. 完善后可推广的技术

1) 透平压缩机实时监控及性能优化综合技术

透平压缩机实时监控及性能优化综合技术将考虑利用历史实际运行数据获得真实的性能曲线，并建立参考数据库；建立对压缩机组(群)的调控系统，利用专家系统对压缩机组(群)进行集中控制，采用智能化算法分配负载，使各压缩机运行在最优工况，从而实现节能效益的最大化；采用各种监控手段将喘振控制线向小流量区间外推，实现稳定裕度的提高，使压缩机工况始终稳定在最高效率点附近；对压缩机组各辅助系统(部件)进行调控，提高机组系统效率；融合各种先进的诊断技术，对失速和喘振先兆进行提前精准的预警技术，积累事故数据，建立完善可靠的故障数据库，利用神经网络技术进行异常工况识别，利用非线性回归模型进行健康衰退的趋势预测技术。最终实现透平压缩机组安全高效运行。

2) 机械式蒸汽再压缩技术(mechanical vapor recompression, MVR)技术

MVR 技术是重新利用自身产生的二次蒸汽的能量，从而减少对外界能源的需求的一项技术。早在 20 世纪 60 年代，德国和法国已经成功的将该技术应用于化工、制药、造纸、污水处理、海水淡化等行业。MVR 蒸发器工作过程是低温位的蒸汽经压缩机压缩，温度、压力提高，热焓增加，然后进入换热器冷凝，以充分利用蒸汽的潜热。对于原动机(电动机、燃气机、涡轮机等)的实际耦合功率，考虑了更大的机械损耗余量。叶轮由标准材料制造的单级离心压缩机能够获得压缩因子 1.8 的水蒸气压升，如果采用钛等更高质量的材料，压缩因子可高达 2.5。这样，最终压力就是吸入压力的 1.8 倍，或最大 2.5 倍，这对应于饱和蒸汽温度升高

约 12～18K，最大温升可到 30K。

3) 装备智能故障保护、复杂工况自适应、自愈调控系统与节能优调控技术

智能成套装备状态与 DCS 系统的交互集成、信息共享、科学决策。基于智能算法和图谱识别的系统故障自动诊断专家系统，能够识别 20 多种典型机械故障；远程设备故障会诊与维修指导；基于关键设备运行状态的安全预警与智能安全联锁保护，预警准确率达到 95%以上；基于压力控制的流量调节 PID 算法；随工艺参数变化的气量可在 0～100%负荷无级自适应可调；随载荷变化的液压执行器，其响应速度 3ms，寿命达到 5 年以上；机泵密封性能变化致氢气、氨气等有害、易燃易爆气体泄漏的早期预警；基于风险和状态决策的智能维修及设备管理。与常规炼油装置相比，成果应用可使设备故障停机率下降 50%以上、装置运转周期延长 20%～30%、修理费用降低 10%～20%、往复压缩机组运行效率提升 5%～30%。

4) 多数据融合诊断技术

该技术是针对应用单个检测数据进行压缩机故障诊断可靠性差、由于故障前兆可检测性差及传感器噪音导致精确检测很复杂等问题提出的。为了提高检测可靠性，需要能观察到不受模型和传感器不确定性影响的足够大前兆信号。通过压缩机关键子系统的诊断信息融合技术，综合分析当前的压缩机状态和过往状态历史，可以精确可靠地实现压缩机故障诊断，预测流动失稳的发展。融合方案的目的是建立失效时间可信因子，采用的是一种相连续的平行多层结构策略。

5) 工业互联网(物联网)应用技术

应用工业互联网、物联网、云计算及大数据等技术提高高端压缩机组健康与能效远程监控智能化水平是今后的发展方向。智能系统包括了部署在机组和网络中并广泛结合的机器仪表和软件。随着越来越多的机器和设备加入工业互联网，可以实现跨越整个机组和网络的机器仪表的协同效应，将极大地提高机组的健康与能效监控水平。

6) 进一步完善基于装备与工艺匹配、装备与产品质量匹配的健康管理制度

作为典型的流程工业，冶金装备的健康运行首先满足如下三个基本层次：①设备必须稳定、安全运行。②各装备运行时彼此间工艺匹配，避免“大马拉小车”与“小马拉大车”现象。③装备运行满足客户对产品质量要求。装备的健康运行情况与产品质量数据之间存有关联，研究基于产品质量的多元数据模型，探索产品质量数据与装备运行健康度的关联是一项非常有意义的工作。

3. 前沿探索技术

1) 大型压缩机系统故障动态演化机理、早期故障智能诊断与预警及故障自愈化技术

在炼油化工装备的故障诊断和装备智能管理研究领域，机泵设备健康管理主要强调两个方面：一是强调监测诊断技术的网络化、集成化、自动化；二是强调以风险和状态为基础的故障早期预警。研究大型压缩机系统故障动态演化机理、早期故障智能诊断与预警及故障自愈化，实现复杂过程系统与工况和谐的装备自适应、自愈化、自优化系统是一项迫切的任务。研究压缩机系统振动起因、多转子串联轴系振动和齿轮驱动多平行转子轴系弯扭动力耦合行为，流体振动导致的失稳现象，揭示机组多场耦合的失稳机理；建立早期故障的预测机制，探索机组网络化故障早期智能预警与自动诊断方法；发展基于仿生学原理的高端透平机械自愈化理论及自适应内模控制的共振抑制原理；探讨高参数压缩机转子失稳机理，研究多平行轴系压缩机共振抑制方法；在以上研究基础上，发展自愈化理论及控制方法，使系统具有自修复能力，使压缩机机组向高级智能化运行阶段发展。该系统应具有自动诊断专家系统负责对设备故障进行自动诊断，并将诊断结果发送到监测诊断中心、设备智能维修管理系统、客户端、手机 APP 软件等终端上，供用户对设备进行故障确认、检维修实施等工作使用；故障早期预警系统负责对整个装置关键机组的状态进行全面监测，实现设备的统一可视化管理，最大程度发挥诊断专家的作用，实现关键机组故障早期预警。

2) 大型压缩机组基于实测数据库的剩余寿命预测技术

该技术利用工艺参数和气体成分等数据建立性能数学模型，创建了压缩比、能量头、效率和能量关于流量、转速和气体成分的数学模型；计算、监测和记录生产能力和效率，作为压缩机运行时的性能参数；追踪压缩机性能参数与健康状态模型值之间的偏离情况和趋势，并在其达到设定阈值后报警；能够显示压缩机性能偏离的趋势，识别存在和可能进一步出现的问题，如压缩机性能劣化趋势可以在性能劣化窗口上显示，操作者可以观察能量头 Hp、压缩比 Rc、能量和能效等与健康状态的偏离情况，还可以基于性能劣化速率的历史量来预测劣化的发展情况，可以帮助操作者进行是否维修的判断。

3) 复杂压缩机系统能量高效转换与利用基础理论

目前，复杂压缩机系统能量高效转换与利用基础理论还没能被完全掌握，需要研究能量转换、存储、传递中各子系统的拓扑关联设计理论以及能量转换、合成、分解、传递及存储的多工况匹配设计与节能控制理论。研究多组分介质热力过程及变物性流动机理，化工过程中介质组分多种多样，而且过程中还有可能伴

随相变发生，多种组分的热力性质和热力过程计算也一直是压缩机设计中要考虑的重要问题，同时开展有相变过程(如有冷凝)的压缩机内部流动机理及设计方法的研究。研究流动失稳和压缩机运行扩稳问题，提高预测旋转失速及喘振的准确性，研究结构参数及流动参数与失稳的关系，进而改进设计方法，使压缩机适应较宽的运行工况范围。譬如，开式叶轮顶部间隙内的流谱结构，叶顶间隙处机壳的扩稳结构及扩稳机理研究等。

4)基于大数据与云计算的压缩机组监控技术

云计算是以虚拟化技术为基础，以按需付费为商业模式，具备弹性扩展、动态分配和资源共享等特点的新型网络化计算模式。在云计算模式下，软件、硬件平台等 IT 资源将作为基础设施，以服务的方式提供给使用者。目前，云计算已成为提供各种互联网服务的重要平台。大数据技术是从各种类型的数据中，采用新处理模式快速获得有价值信息的能力，从而实现深度理解、洞察发现与精准决策。将大数据与云计算技术应用于大型压缩机组的健康与能效监控将是今后重要的发展趋势之一。

5)极端条件下运行状态测量、传感和数据表征关键技术

对压缩机运行过程中的转动部件的状态测量，涉及高温、低温、动态等工况。如何对极端条件下运行部件的状态进行精确测量，如叶片的振动、温度及材质劣化状态参数的测量，是一个技术难题，需要攻关突破。传感器数据证实技术要求诊断系统能够从多个传感器信号进行信息融合来提供更为可靠的读数，并能确认所测信号的可靠性，即当自动化的算法识别出某一个性能或振动故障时，诊断系统能够判断此故障是确实存在的，而不是传感器本身和系统错误导致。传感器的信息确认法是基于模糊逻辑控制的神经网络技术，要求能够持续监测每个传感器在运行工况下的信号是否偏离正常“基带”，当某一个传感器偏离其基带时，能够被监测识别出。通过信号相关分析和特殊的数字滤波来确定此信号是否存在干扰。这种分析手段是并行的，并通过概率数据融合进行汇总来最终确定此传感器是否失效或误操作。

6)基于专家经验与故障分析的数据挖掘与分析技术

研究基于专家经验与故障分析的数据模型，构建基于多元数据发掘与分析的故障诊断技术体系，对于故障冶金设备安全性具有重要意义。

4.5.2　发电机组健康与能效监控智能化发展关键技术

纵观国内外发电机组健康与能效监控系统发展现状，近年来，随着先进测量技术手段、信息技术和数据库技术的高速发展，使得对电力生产过程关键参数的数据采集和在线监测成为现实，发电机组健康与能效监控系统及其相关技术有了

长足的进步。但在智能化监控系统数据平台建设、智能化健康及能效评价、智能化信息深度分析与知识管理、智能化机组在线健康与能效监控等方面还需进一步探索和研究。我国发电机组健康与能效监控智能化发展技术可按重点推广技术、完善后推广技术和前沿探索技术进行分类，见表4.2。

表4.2　发电机组健康与能效监控智能化发展的关键技术清单

重点推广技术	完善后推广技术	前沿探索技术
①现场总线技术 ②智能化数据采集、传感与数据处理技术 ③电站能耗实时监测、小指标考核与耗差分析系统技术 ④发电企业资产管理系统技术 ⑤电站厂级分散控制系统技术	①数字化电厂技术 ②电站远程监测与故障诊断系统 ③电站设备健康状态诊断与状态检修技术 ④电站煤质在线检测技术与机组低负荷运行监控技术 ⑤电站全工况运行优化指导技术 ⑥网源协调控制与节能调度技术	①基于大数据的自适应智能优化运行系统 ②电站全面设备状态管理、智能预警与故障自愈技术 ③基于多元能源协同发展的远程健康与能效监控

1. 重点推广技术

1) 现场总线技术(fieldbus control system，FCS)

FCS技术是一种全开放、全数字、全分散的新型控制技术，它实现了现场级设备的数字化、网络化，其根本出发点是让电厂工艺流程的现场设备信息均实现数字化，特别是来自基层控制级的信息可以及时、准确掌握，是真正意义上的数字化电厂的基石。FCS技术的意义在于将大量现场级设备的数字化状态信号传输至数字化控制系统，实现机组状态的数据化和可视化，这不仅可以做到变“设备故障检修”为“设备状态维护”，更重要的是，大量的现场实时信息为管理决策提供了基础和依据。

2) 智能化数据采集、传感与数据处理技术

为了实现发电机组健康及能效监控的智能化管理，数据平台建设至关重要，因此，对发电机组参数的实时采集、精确测量、传感与数据处理技术是基础和关键环节。在参数测量方面，目前，绝大部分的电厂机组的参数测量都存在着测点离散、接触设备、测量时间间断等缺点，不能够满足电厂实时、无损、全面监控的需求，应重点推广机组参数从单点测量、接触式测量、间歇测量到场测量、非接触测量、在线连续测量的转变。同时，应着力推进新型传感器和智能执行机构开发，重点推广软测量、多传感器数据融合、数据清洗与数据协调等智能化数据处理技术，提高参数实时在线测量的精度和可靠性，为发电机组健康和能效监控智能化提供稳定可靠的数据支持。

3) 电站能耗实时监测、小指标考核与耗差分析系统技术

耗差分析系统以软件为载体，实现了机组运行经济性能的监视、分析、运行

指导以及考核等功能，旨在通过运行参数优化控制，让主机和辅助设备在整个运行过程中处于最佳配置状态，以降低机组运行煤耗。目前，电站应用的耗差分析系统大多只重视热力系统的局部定量分析，对于多边界条件，深度变工况条件下运行参数的优化尚缺乏有效方法。为此，应重点推广和落实对影响机组能耗的关键指标的实时监控与考核系统，强化机组的全工况多变边界能耗分析，提高耗差计算准确性和操作指导精确性。

4)发电企业资产管理(enterprise asset management，EAM)系统技术

EAM 系统主要包括：基础设备编码、设备技术规范、设备点检记录、设备缺陷、设备工单、设备维护、设备检修、设备技改与设备物资等设备一体化综合信息台账与管理系统。EAM 系统技术通过建立清晰的、动态的设备数据库，提高设备可利用率及可靠性，控制维护及维修费用，延长设备生命周期。以资产模型、设备台帐为基础，强化成本核算的管理思想，以工单的创建、审批、执行、关闭为主线，合理、优化地安排相关的人、财、物资源，将传统的被动检修转变为积极主动的预防性维修，与实时的数据采集系统集成，可以实现预防性维护。EAM 系统是当前设备状态监控与管理的主流技术，为发电设备健康和能效监控智能化提供了基础数据和信息台账。

5)电站厂级分散控制系统(distributed control system，DCS)技术

目前，电站 DCS 大多只局限于锅炉和汽轮机等主机设备，对于大多数辅机的监控仍处于分散就地控制，应重点推广厂级 DCS 系统技术。厂级 DCS 是在各单元机组/公用/辅控/电气控制系统网络基础上，设置一个整合统一的控制网络平台，它实现对厂内所有生产系统的监视和控制，并能在统一的数据库基础上完成厂级性能计算和分析、厂级负荷分配及控制优化。在厂级 DCS 控制网络平台上可根据实际情况引入故障诊断、智能设备状态管理、振动分析系统等专家系统，实现高级智能监控、智能保护和智能管理任务。厂级 DCS 控制网络平台上设置全功能操作员站，全能值班员可根据权限，通过任一全功能操作员站实现对各机组及公用系统的监视和操作。

2. 完善后可推广的技术

1)数字化电厂技术

数字化电厂是指在电厂建设初期就开始实施数字化设计、数字化采购和数字化工程管理，将整个电厂建设过程中设计、采购、建设的设备、数据和参数以数字化的形式记录、存储下来，通过数字化移交的形式，与建成后的电厂信息系统数据库相连，以支撑信息系统对电厂全生命周期的数字化管理。在各管理系统的基础上，建设企业的决策支持系统，从而提高效率、降低能耗、使发电企业的效

益最大化。数字化电厂以电厂全生命周期管理为核心，采用先进的设计、管理和控制技术，构建智能化、数字化、透明化的大型发电厂，代表了当今电厂管理和控制一体化发展的最高水平。数字化电厂是指将电厂所有信号数字化、所有管理的内容数字化，利用先进的控制技术和信息技术，实现对电厂可靠而准确的控制和管理。在此基础上，建立生产运行过程的数学模型，运用各种在线分析工具，指导、优化、控制生产运行和管理，提高自动化程度、降低发电成本、减少污染物排放、提高上网电量、减少设备故障，最终实现电厂的绿色、安全、经济运行和节能增效。

2) 电站远程监测与故障诊断系统

发电机组远程监控是利用网络通信技术实现发电企业重要关键设备和异地检测诊断中心之间的远距离数据传输，对于运行设备的状况进行实时监控，有利于指导企业对设备状况实时分析以及运行、检修决策。传统的远程监测诊断系统一般采用 C/S 或 B/ S 模式，根据软件角色分配，将硬件划分为客户机和服务器。现有模式多用于电力企业局域网内部，被设计为满足本企业对于远程监控的功能需求，而不同的系统之间无法连接，数据格式也不相同，这造成了相似程序之间的开发浪费。针对这一现状，应当将远程监控的重点转移至发电机组的健康与能效数据平台模式。基于该数据平台，一方面，可由设备制造商对设备机群的健康和能效状态进行诊断；另一方面，电力企业也可以充分利用集团化专业手段进行专业分析。这样不仅能够降低机组监控系统的开发与维护成本，同时能够对不同的数据来源进行综合比对，突破了传统模式中远程监控系统只能对自身数据进行分析的缺陷。

3) 电站设备健康状态诊断与状态检修技术

近年来，我国设备故障诊断技术迅速发展，以振动诊断技术和智能专家系统为主的设备诊断技术得到了日益广泛的应用。然而，电厂的设备包括大量的旋转机械和非旋转机械，且设备对象多为动态变化的多耦合复杂系统，单一的振动监测诊断系统并不能很好地涵盖设备运行诸多类型的非振动故障，设备状态的实时运行状况变化往往很难被监测。通过传统的振动分析建模等方式，已不能满足电厂对主机和重要辅机以及系统的运行监视诊断要求。因此，对于电厂安全和经济运行的高标准要求，迫切需要一套能够模拟人工智能、全面自动地监视电厂各个系统、子系统、主机、辅机等且更加广泛的智能监视诊断系统。与传统预警诊断系统相比，该智能诊断系统要能够在渐变性故障发生之前，劣化趋势达到一定标准时及时报警，并提供该异常的具体变化趋势以及相关异常参数的情况，供故障预警与分析。该系统不仅仅能够监视转动设备，还要能够对系统、子系统以及参数、设备组等建立智能监视模型，能够在各种运行工况下持续监视所有设备和生产流程，可用于监视负荷变化工况和机组启动/停机工况，并能在到达临界点之前发现那些蠕变的缺陷。

4) 电站煤质在线检测技术与机组低负荷运行监控技术

关键参数的在线监控和诊断是发电机组健康和能效监控智能化的核心和基础。目前，受资源分布和市场等因素的影响，我国燃煤发电机组的燃煤特性往往大大偏离设计煤种，而煤质的在线监测面临很大问题，很大程度上制约了机组能效和污染物排放监控系统的发展。另外，火电机组长期低负荷运行会降低锅炉热效率，同时，会引起锅炉内部换热管道的腐蚀、超温和爆管，大大影响机组的安全和经济运行。因此，应着力开展电站煤质在线检测技术与机组低负荷运行监控技术研究，促进发电机组健康和能效监控的智能化发展。

5) 电站全工况运行优化指导技术

目前，国内大多数机组可实现对基本运行边界信息(如负荷，环境温度，风向风速等)和主要设备的关键测点进行数据的采集和预处理，并在此基础上开展设备的健康及能效状况评价和监控。但监控系统大多存在“重监测，轻控制”“重记录，轻分析”“重信息采集，轻知识管理”等问题，对机组的健康和能效状态尚未实现智能化在线闭环调控。因此，应重点探索智能化的电站运行状态诊断和优化技术，如锅炉高效低氮燃烧、汽轮机滑压优化、冷端优化、辅机运行优化等。依据节能潜力的诊断结果，对机组能耗偏差原因进行准确定位。属于机组运行参数调整的给出调整的方向及范围；属于设备本身性能劣化的，指出劣化的具体部位及解决的措施；对于系统中重要的可控变量，如滑压参数、风煤比、排烟氧量、磨煤机出口温度等，将可控耗差准确分解到这些被控参数或控制变量上。对运行可控变量如主蒸汽压力、排烟氧量、磨煤机出口温度等进行在线寻优，获得相应的控制系统节能优化设定值，实现基于能耗指标的关键参数闭环控制。

6) 网源协调控制系统与节能调度系统

随着我国能源结构的日益调整和优化，风电等间歇性可再生能源发电的大规模并网对电网的安全稳定运行和负荷优化调度的影响日益显著，同时，电网的负荷调度对发电机组的健康和能效状态监控造成极大影响，网源协调控制技术面临新的机遇和挑战。建立智能化的机组健康与能效监测平台，集中采集、记录和存储机组的运行数据和设备状态信息，便于多台机组之间、多个电厂之间共享已有的知识，便于知识库构建和知识管理，有利于机组的负荷调度。与国外相比，我国电网调峰能力有限，快速调节电源不足，新能源发电网源协调技术发展相对落后，因此，应重点推进电压无功控制技术、涉网保护技术、功率预测及控制技术、频率控制技术、快速调节电源运行控制技术和节能优化调度技术，最终实现以数据传输网络化、运行监视全景化、安全评估动态化、调度决策精细化、运行控制自动化、网源协调最优化为标志的网源协调运行和区域协调发展。

3. 前沿探索技术

1)基于大数据的自适应智能优化运行系统

发电机组的能效特性会受到变运行边界(如负荷、环境温度、煤质特性参数等)、机组性能劣化及故障状态和污染物减排等因素的影响，智能化的发电机组能效监控系统应该针对上述因素实现自适应的控制与优化。探索基于大数据的自适应智能优化运行系统，是指利用先进的大数据处理方法对海量数据进行检验和甄别，建立一种从历史数据中挖掘最优运行工况的理论方法，研究最优工况评价方法及其可信度与可实现性问题；对机组性能的劣化趋势进行跟踪和预测，研究热力过程典型工况相似性、相似性判别准则，获得机组性能劣化状态下的能耗基准状态；研究机组烟气脱硫、脱硝对机组能耗的作用机制及影响特性，得到污染物排放浓度与附加能耗的关系曲线，综合机组的全工况能耗特性、环境条件和排放特性，获得能耗与污染物排放相协同的能耗基准状态，实现机组大范围变负荷以及煤质煤种多变条件下的机组综合运行优化控制。

2)电站全面设备状态管理、智能预警与故障自愈技术

电站全面设备状态监控是指全面监视整个电厂设备和系统性能的改变和运行人员操作影响过程，如汽水系统、燃料供应系统、风烟系统等；静态设备运行性能下降或者功能受限，如锅炉、凝汽器等；旋转设备的运行性能或状态，如汽轮发电机组、磨煤机、泵、风机；工艺过程或者操作模式对环境的影响，如污染物排放、河水升温等。考虑到发电机组运行方式的多样性和运行工况的复杂性，传统的基于固定上下限的报警系统已经不能很好地满足设备健康可靠性分析的需求，智能预警系统通过在线监视、早期预警诊断和故障后的事故分析，能够及早发现监视设备的潜在故障，从而尽早进行分析处理，确定必要的运行或者检修措施，从而尽可能地减少损失，防止非停事故的发生。在此基础上，故障自愈调控是在机械系统运行中实时监测分析可能产生故障的条件及早期故障征兆，采用诊断预测、智能决策和主动控制方法使机械系统不具备产生故障的条件或自行将故障消除在萌芽中。设备故障自愈调控的关键是对设备的状况进行评定，诊断设备当前面临的故障以及预测将要发生的故障。

3)基于多元能源协同发展的远程健康与能效监控

目前，对电力行业的健康与能效监控主要以单一的电厂机组为单位，而在实际中，不同电厂通常以所在区域划分(如京津冀地区)。某区域的电力机组需要根据该区域的电力需求进行相关调整，如机组的经济效益、能耗水平及排放标准，以区域的整体效益为调整目标，站在区域的发电设备整体效益最优化的角度进行

能效监控。区域协调的手段包括数据信息共享、能源结构调整、资源空间分配。数据信息共享是指同类多设备之间、各电厂各集团之间共享已有的知识信息，以建立全面的数据平台。能源结构调整指使各种资源的效用得到更好的发挥。以行业政策层面进行电力行业机组设备的健康与能效监控指导，考虑区域协调的相关监控方式更加符合实际情况。

4.5.3　航空发动机及燃气轮机健康与能效监控智能化发展关键技术

我国航空发动机及燃气轮机健康与能效监控智能化发展技术可按重点推广技术、完善后推广技术和前沿探索技术进行分类，见表 4.3。

表 4.3　飞机发动机及燃气轮机健康与能效监控智能化发展的关键技术清单

重点推广技术	完善后推广技术	前沿探索技术
①飞机发动机状态监控与故障诊断技术 ②航空发动机传动润滑关键部件滑油碎屑监视技术 ③飞机发动机维修决策支持技术	①重型燃气轮机健康能效监测与诊断技术 ②航空发动机高频振动监视技术 ③面向全生命周期的飞机发动机主动维修决策支持技术 ④面向航空公司的飞机发动机健康管理系统	①以耐高温 MEMS 传感器为代表的先进飞机发动机传感器技术 ②基于大数据的飞机发动机状态监控与故障诊断技术 ③航空发动机工作叶片实时监视探索技术 ④重型燃气轮机预测诊断与智能控制技术

1. 重点推广技术

1) 飞机发动机状态监控与故障诊断技术

飞机发动机状态监控与故障诊断技术是 EHM 的核心技术之一，目前，已经形成了包括气路性能监测与诊断、振动监测、滑油监测、孔探检查、寿命件监测等多种手段的比较完善的技术体系。针对不同的飞机发动机状态监控与故障诊断手段，又发展出各种各样的算法，如气路性能监测与诊断是通过测量气路参数的变化判断发动机部件特性的变化来分析发动机的气路性能，从而进行发动机故障诊断及性能趋势预测。具体诊断方法有模型驱动方法、人工智能方法以及融合方法三大类。其中，模型驱动方法包括线性模型、非线性模型，人工智能方法包括人工神经网络、支持向量机、专家系统等。目前，在该方面存在的主要问题是:虽然已经提出了很多的单项技术，但在推广应用方面做的不好。因此，迫切需要将各单项技术整合集成，加大推广应用力度，以支持飞机发动机的健康管理。

2) 航空发动机传动润滑关键部件滑油碎屑监视技术

主轴轴承和附件机匣传动齿轮是航空发动机中最关键的滑油润滑部件，由于传动部件的滚动接触疲劳无法通过设计消除或通过定时维修控制，因此，必须尽早发现并监视其发展过程。若在其稳定扩展阶段(之前)没有检测到，则在后续使用中会进一步引发轴承和齿轮快速失效，造成严重的后果，甚至可能导致机毁人亡。因此，对于主轴轴承、附件机匣传动齿轮等零部件的滚动接触疲劳，监视技术必须要有足够的告警提前量，并可对部件降级过程进行连续监视。关键技术有：

(1) 多物理场滑油碎屑传感器虚拟仿真设计关键技术。

重点研究考虑管路三维流场电磁场掺混空气耦合作用下的滑油碎屑传感器综合仿真模型，研究铁磁性金属颗粒感应电信号幅值相位与颗粒大小、形状、方位、流动路径、流速以及材料磁导率的关系，提出铁磁性非规则磨屑薄片信号规律与尺寸等效估计方法，给出滑油碎屑颗粒与传感器输出信号之间的量化关联关系。

(2) 滑油碎屑颗粒总数或总质量告警技术。

通过从健康至失效全过程预置故障试验研究，建立滑油碎屑铁磁性剥落碎屑总数量或质量与轴承平均直径、滚动体宽度、滚动体数量的关联关系，提出滑油碎屑告警方法。

(3) 滑油碎屑传感器专用电缆等服役环境适应性技术。

在已有传感器原理样机基础上，进一步考虑电磁环境、油液流速和温度、振动干扰等常规和极端服役环境影响，改进传感器结构、优选结构材料、优化传感器参数，研制低噪声专用连接电缆和接插件。

(4) 飞机发动机维修决策支持技术。

飞机发动机维修决策支持技术也是 EHM 的核心技术之一。它是指根据飞机发动机的日利用率、运行环境、运行特点、发动机故障率以及可靠性数据等状态和运行数据，评价和预测发动机的健康状态，优化发动机的维修时机，确定发动机的维修工作范围，实现发动机的可靠性恢复和维修成本的最优化。飞机发动机维修决策支持技术涉及航空维修管理、可靠性技术、运筹学、最优化方法等多学科的基础理论和关键技术，决定着发动机运行的安全性和经济性。从公开的文献看，在该方面目前已经提出了从运维数据集成管理模型到发动机拆发期限预测、发动机维修时机优化、发动机维修工作范围决策、发动机维修成本预测等一系列的模型或方法。对飞机发动机维修决策支持技术的推广，将极大提高我国飞机发动机的经济性。

2. 完善后推广技术

1) 重型燃气轮机健康能效监测与诊断技术

基于重型燃气轮机现有监测系统，利用已有监测传感器和信号采集系统，集成燃气轮机热力监测、振动监测、滑油监测等参数，充分考虑燃气轮机健康与能效监测技术的需求，开发重型燃气轮机健康与能效监测系统，搭建具有一定通用性的健康与能效监测平台。在此基础上发展诊断技术，对燃气轮机的健康状态与能效水平进行实时监测和诊断。

2) 航空发动机高频振动监视技术

在航空发动机中，转动关键部件主要有压气机盘、涡轮盘、主轴、转子叶片、主轴承等，传动关键部件主要有主减速齿轮和支承轴承等。转动和传动部件是进行航空发动机能量转换和功率传输的关键部件，是发动机的安全关键件。这些部件一旦发生故障，轻则损坏发动机，重则导致发动机报废，在飞行中甚至可能导致机毁人亡的严重后果。某系列发动机主轴承多发危险性故障导致发动机抱轴、断轴，造成了多起严重等级飞行事故，给飞行安全带来了极大的安全隐患。九级蓖齿盘裂纹等严重故障威胁，也给发动机飞行安全带来了巨大隐患。“十二五”期间，国内完成了实验室环境下高频振动传感器原理样机研制，并在试验器复杂环境下成功分离出了早期微弱故障信号，但要应用于航空发动机服役环境仍需要解决耐高温振动传感器、电荷放大器、先进信号处理单元的研制，细化并固化信号处理技术，建立振动故障检测和报警阈值，主要关键技术有：

(1) 涡轮区域高温高灵敏度振动加速度传感器技术。

在前期高频振动传感器原理样机基础上，参照国外先进发动机振动传感器指标，着重解决高温环境下传感器压电陶瓷高激励温度点、连接器绝缘、材料形变要求高、传感器低横向灵敏度要求以及高温屏蔽绝缘电缆研制等难点。

(2) 发动机服役环境下主轴承微弱信号提取与噪声过滤技术。

在试验器主轴承早期故障信号高频振动分析基础上，考虑发动机气动、燃烧等强背景噪声影响，通过发动机整机装机试车验证，适应性调整高通滤波、带通滤波等滤波器参数，进行服役环境下敏感振动带宽自动选择和分析，提取冲击能量、应力波分析、综合同步分析、谐波分析等敏感特征，实现在服役环境下由外置机匣捕捉到主轴承早期故障信号。

(3) 主轴承振动加速度-转速及敏感特征告警技术。

在理清主轴承失效过程各阶段振动加速度及敏感特征变化规律研究基础上，重点研究、给出发动机稳态(转子转速)下的振动加速度敏感特征早期故障检测值与报警限制值告警曲线，解决在服役环境中发动机常用状态下主轴承健康状况告警技术难题。

3) 面向全生命周期的飞机发动机主动维修决策支持技术

面向全生命周期的飞机发动机主动维修决策支持技术有两个特征，分别是全生命周期和主动维修。目前，关于飞机发动机维修决策支持技术的研究主要是基于单台发动机的单次送修。这种针对单次送修的决策支持技术难以保证维修时机、维修工作范围等决策变量在全生命周期内的最优。同时，目前的飞机发动机维修主要还是被动维修。不同于基于周期的预防维修和基于状态监控的预测维修，主动维修关注于设备故障根源的监控和修正。采用主动维修的思想对飞机发动机进行健康管理，能够显著提高飞机发动机的使用可靠性并降低运维成本。因此，开展面向全生命周期的飞机发动机主动维修决策支持技术的研究，有利于提高我国飞机发动机的健康管理水平，也有利于实现航空公司发动机维修工程管理的精细化。

4) 面向航空公司的飞机发动机健康管理系统

目前，我国各大型航空公司均已开发或正在开发飞机发动机健康管理系统。该类系统均针对特定航空公司实际需求进行开展。目前，我国航空运输领域已经形成大型、中型和小型航空公司共生共存的局面。不同航空公司之间在机队规模、发动机类型、组织机构、管理模式、业务流程、信息基础方面的差异性，使得不同航空公司在发动机健康管理系统方面的需求有很大的不同。为了支持不同航空公司快速灵活部署发动机健康管理系统，避免系统重复开发导致的人力、财力的巨大浪费，需要研发一套能够适应于不同航空公司实际需求的发动机健康管理系统。将该系统推广应用到我国各航空公司，一方面能够极大提高我国航空公司发动机健康管理的整体水平，另一方面也能够为我国大客发动机健康管理系统的研制提供借鉴。

3. 前沿探索技术

1) 以耐高温 MEMS 传感器为代表的先进飞机发动机传感器技术

传感器技术是飞机发动机健康管理系统的基础。发动机传感器工作在高温及强振动的恶劣环境中，如何才能保证传感器数据采集和处理精度、实时诊断和处理传感器故障，是提高发动机健康管理系统可靠性的关键。基于此，要探索研究能够适应于恶劣或极端环境、可靠性高、采集精度高的各种先进传感器，如压力传感器、温度传感器、振动传感器、金属屑传感器等。

特别是基于 MEMS 技术的传感器，凭借其微型化、低成本、低功耗、高可靠性、高度集成、具备优越的高温、高压性能(SiC、AlN 等新材料、新工艺的应用)等特点，在以燃气轮机为代表的高温、高压的恶劣工作条件下各项环境参数的监测中，有着广泛的应用潜力。针对燃气轮机高温、高压工作过程中的压力和温度测量需求，需探索建立耐高温的 MEMS 传感器及其测试系统的新技术和新方法(包含关键工艺(材料刻蚀、高温金属化、外延、掺杂等)、封装、系统集成)；构建高温环境参数监测平台；研制应用于燃气轮机的工作压力与温度测量并与无线数据传输技术相结合的新型传感器。

2) 基于大数据的飞机发动机状态监控与故障诊断技术

飞机发动机状态监测数据是典型的工业大数据，其间蕴含着丰富的信息，具有很高的价值。飞机发动机故障的现象、种类繁多，传统的模型驱动方法并不能覆盖所有的飞机发动机故障。将大数据技术应用到飞机发动机状态监控与故障诊断中，探索研究飞机发动机状态监测大数据管理方法，研究基于大数据的飞机发动机运行状态异常发现技术，构建基于大数据的飞机发动机状态监控与故障诊断技术体系，对于保证飞机发动机运行安全性具有重要意义。

3) 航空发动机工作叶片实时监视探索技术

发动机工作叶片是我国发动机研制中的瓶颈之一，现役发动机工作叶片也屡次断裂，严重危及战机飞行安全。据统计，叶片故障约占发动机总结构故障的三分之一，我国多型发动机发生过工作叶片断裂重大故障。尤其发动机高涡叶片长期处于高温、高压、高转速的工作条件下，叶片累积损伤大，且现阶段仅能依靠定期检查工作才能对工作叶片进行无损检测，若叶片存在缺陷没有检出，工作后萌生裂纹、扩展断裂会造成发动机的重大损失。发动机工作叶片的叶尖间隙是随着发动机的工作点变化而变化的，叶尖间隙变化的主要机理是发动机静止和旋转部件因载荷会产生位移或变形。载荷可以分为两类：发动机自身载荷和飞行过载。发动机载荷同时产生轴对称和非对称的间隙变化，而飞行载荷产生非对称的间隙变化。当叶片当中萌生裂纹时，在高速转动状态下，叶片承受的离心力会发生显著改变，从而导致裂纹叶片与机匣之间的间隙发生变化，因此，直接监视叶尖间隙的变化能够达到监视叶片健康状态的目的。关键技术主要有：

(1) 微波叶尖间隙传感器研制和高速处理技术。

微波叶尖间隙测量采用类似现代雷达系统基于相位的测量原理。高涡叶片工作环境异常恶劣，探头需要耐受高达 1400℃的极高温度，且有非常高的时间分辨率(微秒级)和测量精度(微米级)要求，另外，叶片通过频率非常高，需要重点解决高温探头、高温波导管以及超高速采样(数十兆/每秒量级)与实时处理分析等难点。

(2) 微波叶尖间隙专用试验技术。

为降低研制风险，先搭建简易的发动机工作叶片模拟试验器，采用模拟盘和机匣等模拟发动机叶片叶尖与机匣之间的相对运动情况，初步验证微波叶尖间隙测量技术可行性和有效性。接着，引入发动机真实机匣、涡轮盘、工作叶片，研制接近发动机实际环境的新型专用试验器，开展发动机工作叶片预置故障试验，研究工作叶片失效过程中的叶尖间隙变化规律特点，提出工作叶片早期故障检测与实时监视阈值设定方法。条件具备时，研究热、力耦合环境多因素综合作用影响。

(3) 基于叶尖间隙实时测量的发动机工作叶片实时监视技术。

通过专门研制的试验器，采用基于外场使用数据统计的转速谱及预置故障方式，系统研究发动机工作叶片从裂纹萌生、扩展至断裂全过程的叶尖间隙变化规律，提取工作叶片叶尖间隙振动敏感特征，建立工作叶片裂纹萌生、扩展的数据驱动故障预测模型，累计试验数据，初步给出基于叶尖间隙振动敏感特征和发动机常用工作状态下的故障检测阈值设置方法。

(4) 重型燃气轮机预测诊断与智能控制技术。

立足于重型燃气轮机已有监测参数和状态监测系统，充分考虑燃气轮机预测诊断与智能控制的技术需求，研发智能传感器技术、燃气轮机预测诊断技术、决策优化与智能控制技术等。突破重型燃气轮机预测诊断的关键技术，包括健康状态实时评估、关键部件退化机理与演化过程、典型故障发展趋势与特征、基于模型的预测诊断技术、基于数据的预测诊断技术、预测诊断的不确定性问题等。通过预测诊断提前判断燃气轮机的退化趋势，并集成到控制系统中，实现对燃气轮机健康状态的实时管理和提前预判，降低故障率，提高燃气轮机可靠性。

4.6　重大示范工程

4.6.1　高端压缩机组重大创新工程与示范基地

示范工程一：石化行业大型压缩机健康与能效监控智能化示范基地

本示范工程地点为中国石化茂名石化分公司，项目针对该公司装备与过程不匹配，不能按负荷自适应调节，实际运行效率比设计效率低，机械装备故障较多，重大事故时有发生，不能确保安全长周期运行等问题，将生产过程、装备、控制(决策)系统深度融合，在 DCS、ESD 和机泵群实时监测诊断系统的基础上，应用关键设备监测智能诊断及故障早期预警系统、关键机组智能安全联锁系统和重大事故预防信息系统、设备运行能效实时监测与自适应节能调控系统、安全仪表系统、安全监测与评估系统、基于风险和状态的设备维修智能决策系统等健康与能效监控技术，对在役压缩机健康与能效监控进行智能化升级改造，实现设备故障停机率下降 50%以上、运转周期延长 20%～30%、修理费用降低 10%～20%、往复压缩机组运行效率提升 5%～30%，企业向智能化绿色化方向发展，提高国际竞争力。

示范工程二：基于工业互联网与大数据的装备健康能效监控诊断自愈系统应用示范基地

本示范工程地点为中国石油锦州石化分公司，项目针对该公司设备运行过程中普遍存在的低效运行及机械装备故障影响装备安全长周期运行等问题，在原有监测诊断系统的基础上，应用往复机无级气量调节系统技术、基于工业互联网的机械设备健康能效监测诊断系统、高效叶轮技术、透平压缩机实时监控及性能优化综合技术、MVR 技术、装备智能故障保护技术、复杂工况自适应技术、自愈调控系统与节能调控技术、基于风险的承压设备全寿命周期安全保障技术和重型压力容器节能结构及轻量化设计制造关键技术、基于工业互联网与大数据等现代信息技术对装备进行个性化再设计，改善大型炼油装备系统健康能效监控系统，实现企业向智能化、绿色化方向发展，安全生产节能降耗，提高国际竞争力。

4.6.2 发电机组重大创新工程与示范基地

示范工程一：数字化电厂工程示范

数字化电厂以数据库支持系统、网络支持系统、三维模型支持系统、电厂 KKS 标识系统为支持，将电厂所有信号、所有管理内容数字化，利用先进的控制技术和信息技术，实现对电厂可靠而准确地控制和管理。结构上分为四个层次：①基于现场总线及相应的智能设备和智能仪表的现场设备层；②生产过程的数据采集和直接控制的厂级监控层；③包括基建管理系统、生产管理系统、安防管理系统和电厂仿真系统的生产管理层；④包括经营管理、竞价上网、决策支持和门户系统等的经营决策层。

示范工程二：大型燃煤发电机组节能监测与优化工程示范

该项目提出运行优化技术与状态监测相结合的总思路；研究部件级全工况高精度数学建模、降低测量数据不确定度、关键部件动态建模以及性能渐变甄别方法，形成可有效甄别性能渐变以及进行部件级动态性能监测的新技术；并行开展节能潜力诊断及优化技术；以及基于机组实时性能模型的热力系统运行优化技术研究，将上述技术集成为机组状态监测与性能优化系统平台，并在两台典型燃煤发电机组上进行工程示范，实现全工况降低机组供电煤耗率 2g/(kW·h)的目标；推动我国火电监测与优化技术跃上新台阶。

4.6.3 航空发动机及燃气轮机重大创新工程与示范基地

示范工程一：我国大型客机发动机健康管理系统研制

大型客机发动机是为满足国产大型客机对动力装置的需求而研制的下一代大涵道比涡扇发动机。为了保证大型客机发动机产业化的实现以及保证其运行安全性，迫切需要按照大型客机发动机的研制计划，研制相应的大型客机发动机健康管理系统。大型客机发动机健康管理系统研制是一个综合的系统工程。因此，本专题将集成目前成熟的飞机发动机状态监控、故障诊断、维修决策支持等技术，在突破关键技术的基础上，自主研制出大型客机发动机健康管理系统，实现系统的产业化，并形成我国飞机发动机健康管理行业标准。

示范工程二：航空发动机先进机载监视系统研制与小批领先使用演示验证

我国现役航空发动机重大故障突出，且无机载大提前量预警技术手段，严重影响飞行安全，迫切需要发展先进的机载监视技术，提高发动机重大故障机载监视和预警能力，使飞行员和地面维护人员能够有充足的领先时间进行重大故障处置。应集中国内优势资源和先进技术力量共同攻关，以成熟的某系列发动机作为示范应用平台，突破基于振动和滑油碎屑融合的大提前量预警技术，先实现发动机台架功能性能演示验证，条件具备时推动开展小批量改装试飞和领先使用演示验证，技术成熟度达到 6～7 级，条件具备后推广应用。

示范工程三：重型燃气轮机远程状态监测与智能诊断系统研发与工程示范

在现有的国产燃机状态监测系统、状态检修、健康管理系统的结构基础上，整合现有资源，构建远程预测诊断与健康管理系统，实现燃气轮机现场数据采集、数据处理、特征提取、数据压缩等；通过网络、卫星通讯等将数据传输到远程中心；远程中心基于接收的数据和故障特征数据库、历史数据库、专家知识库等进行状态识别、健康评估、故障诊断和预测诊断；对设备运行状态提出建议，反馈到燃气轮机运行现场。

示范工程四：MEMS 传感器在燃气轮机等恶劣环境下的应用

燃气轮机是应用于航空、能源、海陆交通等诸多领域的重大核心装备之一。对燃气轮机工作过程中各项环境参数(如温度、压力等)的实时监测，可进一步完善与优化燃气轮机结构，提高效率、减少排放、降低维护费用。新近发展起来的基于 MEMS 技术的传感系统在高温、高压等恶劣环境下具有无可比拟的应用优势，特别是在恶劣工作条件下，以燃气轮机为代表的大型机电设备的各项环境参数监测中应用潜力巨大。本示范工程主要是研究基于新兴材料的耐高温 MEMS 传感技术(如 SiC 基 MEMS 技术)以及高温下无线传感技术等，为 MEMS 传感器在燃气轮机等恶劣环境下的应用奠定基础。

4.7　建议重点开展的研究课题

4.7.1　高端压缩机组重点开展的研究课题

1. 大型压缩机系统故障动态演化机理、早期故障智能诊断与预警及故障自愈化关键技术研究

研究压缩机系统振动起因、多转子串联轴系振动和齿轮驱动多平行转子轴系弯扭动力耦合行为，流体振动导致的失稳现象，揭示机组多场耦合的失稳机理；建立早期故障的预测机制，探索机组网络化故障早期智能预警与自动诊断方法；发展基于仿生学原理的高端透平机械自愈化理论及自适应控制的共振抑制原理；探讨高参数压缩机转子失稳机理，研究多平行轴系压缩机共振抑制方法；在以上研究基础上，发展自愈化理论及控制方法，使系统具有自修复能力，使压缩机机组向高级智能化运行阶段发展。

2. 大型压缩机组基于实测数据库的剩余寿命预测技术研究

研究利用工艺参数和气体成分等数据建立性能数学模型，创建了压缩比、能量头、效率和能量关于流量、转速和气体成分的数学模型。通过实时监测压缩机的运行参数，应用多数据融合诊断技术，实时显示压缩机性能偏离的趋势，识别存在和可能进一步出现的问题，从而实现大型压缩机组关键部件的剩余寿命预测。

3. 复杂压缩机系统能量高效转换与利用基础理论研究

复杂压缩机系统能量高效转换与利用基础理论还没有被完全掌握，需要研究能量转换、存储、传递中各子系统的拓扑关联设计理论，能量转换、合成、分解、传递及存储的多工况匹配设计与节能控制理论。

4. 基于工业互联网(物联网)、大数据与云计算的压缩机组智能监控技术研究

研究突破压缩机运行过程中的转动部件在高温、低温、动态等工况下的状态测量，如叶片的振动、温度及材质劣化状态参数的测量。在此基础上，应用云计算、大数据技术从各种类型的数据中快速获得有价值信息的能力，从而实现对压缩机组运行状态深度理解、洞察发现与精准决策。

5. MVR 技术应用研究

MVR 蒸发器工作过程是低温位的蒸汽经压缩机压缩，温度、压力提高，热焓增加，然后进入换热器冷凝，以充分利用蒸汽的潜热。研究应用 MVR 技术，提高化工工艺系统的总体能效，是一项迫切需要解决的问题。

6. 进一步完善基于装备与工艺匹配、装备与产品质量匹配的健康管理制度

作为典型的流程工业，冶金装备的健康运行首先是满足以下三个基本层次。首先，设备必须稳定、安全运行。其次，各装备运行时彼此间工艺匹配，避免“大马拉小车”与“小马拉大车”现象。第三，装备运行满足客户对产品质量要求。装备的健康运行情况与产品质量数据之间存在关联，研究基于产品质量的多元数据模型，探索产品质量数据与装备的运行健康度的关联是一项非常有意义的工作。

7. 基于专家经验与故障分析的数据挖掘与分析技术

研究基于专家经验与故障分析的数据模型，构建基于多元数据发掘与分析的故障诊断技术体系，对于故障设备安全性具有重要意义。

8. BPRT 系统的研究与推广

BPRT 系统是由电能和高炉煤气能双能源驱动，在该机组中的高炉煤气透平回收能量不是用来发电，而是直接同轴驱动鼓风机，没有发电机的机械能转变为电能和电能转变为机械能的二次能量转换的损失，能源回收效率更高，基建和设备投资低。

4.7.2 发电机组重点开展的研究课题

1. 开展发电机组状态监测、性能评价与故障机理研究

研究设备全生命周期内的性能劣变与故障机理，识别故障模式，确定故障产生、传播和相互作用机理，研究多变边界条件下机组全工况特性，确定机组能耗基准状态。

2. 开展发电机组健康与能效状态智能预警与故障自愈研究

在全面监视机组性能和运行人员操作过程的基础上，预测机组性能劣化趋势，及早发现潜在故障和早期故障征兆，采用诊断预测、智能决策和主动控制方法使机械系统不具备产生故障的条件或自行将故障消除在萌芽中。

3. 开展智能化数据采集、无线传感与大数据处理方法研究

推进新型传感器和智能执行机构开发，重点推广软测量、多传感器数据融合、数据清洗与数据协调等智能化数据处理技术，提高参数实时在线测量的精度和可靠性，为发电机组健康和能效监控智能化提供稳定可靠的数据支持。

4. 开展基于互联网的发电机组远程监控与故障诊断系统研究

建立大型发电机组远程能效监控平台，实现发电企业重要关键设备和异地检测诊断中心之间的远距离数据传输，以便实时监控设备健康与能效状态，及时制定检修决策，开展运行优化。

5. 开展网源协调控制与节能调度研究

重点推进电压无功控制技术、涉网保护技术、功率预测及控制技术、频率控制技术、快速调节电源运行控制技术和节能优化调度技术，最终实现以数据传输网络化、运行监视全景化、安全评估动态化、调度决策精细化、运行控制自动化、网源协调最优化为标志的网源协调运行和区域协调发展。

4.7.3 航空发动机及燃气轮机重点开展的研究课题

1. 航空发动机旋转、传动关键部件振动实时监视研究

针对某发动机转动和传动安全关键件重大危险性多发故障突出的严峻形势和国内现状，突破高温高频高灵敏度振动传感技术，突破发动机服役环境下转动和传动部件的大提前量早期故障检测和诊断技术，显著缓解某发动机转动和传动重大危险性故障突出的现状。重点研究内容：①耐高温高频振动传感器及配套电荷

放大器等研制。②主轴承微弱振动信号分离和增强技术研究。③主轴承早期故障检测和报警标准研究。

2. 基于大数据的飞机发动机状态监控与故障诊断技术研究

飞机发动机状态监测数据是典型的工业大数据，其间蕴含着丰富的信息，具有很高的价值。飞机发动机故障现象、种类繁多，传统的模型驱动方法并不能覆盖所有的飞机发动机故障。将大数据技术应用到飞机发动机状态监控与故障诊断中，探索研究飞机发动机状态监测大数据管理方法，研究基于大数据的飞机发动机运行状态异常发现技术，构建基于大数据的飞机发动机状态监控与故障诊断技术体系，对于保证飞机发动机运行安全性具有重要意义。

3. 重型燃气轮机预测诊断与健康管理关键问题研究

研究内容包括健康状态实时评估、关键部件退化机理与演化过程、典型故障发展趋势与特征、基于模型的预测诊断技术、基于数据的预测诊断技术、预测诊断的不确定性问题等。通过突破重型燃气轮机预测诊断的关键技术，实现对燃气轮机健康状态的实时管理和预判。

4. 新型耐高温传感器技术

探索建立耐高温的 MEMS 传感器及其测试系统的新技术和新方法[包含关键工艺(材料刻蚀、高温金属化、外延、掺杂等)、封装、系统集成]；构建高温环境参数监测平台；研制应用于燃气轮机的工作压力与温度测量并与无线数据传输技术相结合的新型传感器。通过物理模拟试验，研究燃气轮机工作环境对 MEMS 传感器多物理场耦合特性的影响规律，并进行测试验证；在此基础上探索典型 MEMS 传感器微系统的方案、结构、工艺和集成应用的一体化优化策略；为基于 MEMS 技术的燃气轮机故障诊断与测量技术提供支撑。

5. 面向航空公司的飞机发动机健康管理系统研制

目前，我国各大型航空公司均已开发或正在开发飞机发动机健康管理系统。该类系统均针对特定航空公司实际需求开展。我国航空运输领域目前已经形成大型、中型和小型航空公司共生共存的局面。不同航空公司之间在机队规模、发动机类型、组织机构、管理模式、业务流程、信息基础方面的差异性，使得不同航空公司在发动机健康管理系统方面的需求有很大的不同。为了支持不同航空公司快速灵活部署发动机健康管理系统，避免系统重复开发导致的人力、财力的巨大浪费，需要研发一套能够适应于不同航空公司实际需求的发动机健康管理系统。将该系统推广应用到我国各航空公司，一方面能够极大提高我国航空公司发动机健康管理的整体水平，另一方面也能够为我国大型客机发动机健康管理系统的研制提供借鉴。

6. 航空发动机传动润滑部件滑油碎屑实时监视技术

进一步研究滑油碎屑传感器综合仿真模型、铁磁性非规则磨屑尺寸等效方法，较好地解决制约该型传感器发展的若干基础问题，针对某系列发动机主轴承失效重大故障，依托创新研制的航空发动机主轴承试验系统，加快专用滑油碎屑传感器走向成熟，研究轴承失效过程碎屑特征，突破机载传感器碎屑检测与告警阈值确定等关键技术问题。重点研究内容：①全液流在管路滑油碎屑传感器基础问题深化研究。②主轴承滑油碎屑故障检测与报警阈值标准研究。

7. 航空发动机工作叶片（压气机和涡轮）健康监视技术

以某系列发动机为对象，针对发动机工作叶片安全关键件，研制新型微波叶尖间隙测量传感器，探索研究高速转动情况下叶片裂纹的叶尖间隙特征，为实现关键部位工作叶片的实时监视奠定基础。重点研究内容：①基于微波原理的发动机工作叶片叶尖间隙传感器原理样机研制。②基于微波叶尖间隙传感的发动机工作叶片健康监视技术。③发动机工作叶片叶尖间隙传感器试验验证平台研制。

8. 面向全生命周期的飞机发动机主动维修决策支持技术研究

面向全生命周期的飞机发动机主动维修决策支持技术有两个特征，分别是全生命周期和主动维修。目前，关于飞机发动机维修决策支持技术的研究主要是基于单台发动机的单次送修。这种针对单次送修的决策支持技术难以保证维修时机、维修工作范围等决策变量在全生命周期内的最优。同时，目前的飞机发动机维修主要还是被动维修。不同于基于周期的预防维修和基于状态监控的预测维修，主动维修关注于设备故障根源的监控和修正。采用主动维修的思想对飞机发动机进行健康管理，能够显著提高飞机发动机的使用可靠性，降低运维成本。因此，开展面向全生命周期的飞机发动机主动维修决策支持技术的研究，有利于提高我国飞机发动机的健康管理水平，也有利于实现航空公司发动机维修工程管理的精细化。

4.8　小　　结

发展我国高端能源动力机械健康与能效监控智能化，应开展高端能动机械与工艺流程和谐匹配运行原理等基础理论研究，注重加强高端智能仪器仪表产业与零部件、元器件、中间件及关键特种材料等中场产业的发展，实施国家标准化战略。促进科技体制改革，有效解决健康与能效监控智能化共性技术研究缺位的问题，在紧抓新一代信息技术发展变革机遇的同时，注重对引进技术开展组织吸收再创造，实现技术创新。科学政策引导为先，依靠市场与政策手段，促进企业开展机组监控智能化升级，并与依法规范发展相结合，修改制定符合现有国情发展水平的政策和法律法规。积极推进行之有效的行业人才培养计划，培育监控智能化专业人员，建立精通相关学科领域的监控智能化专业队伍，设立基于工业互联网的设备健康能效监控中心。

为此，从重点推广、完善后推广和前沿探索三个层面逐步推进和突破高端能源动力机械健康与能效监控智能化发展的瓶颈技术重点开展相关领域的科研工作，做好重大示范工程的推广工作。

第5章　结论和建议

5.1　主要结论

1. 我国尚存大量低效运行、故障频发的能源动力机械，大力开展健康与能效监控智能化科技开发和工程应用势在必行

调查显示，我国工业企业尚存大量低效运行、故障频发的能源动力机械。主要原因是在设计、选型、定购、引进装备时只重视设备本身的效率和片面追求过大的余量，忽视与生产过程的匹配，且长期以来对各种能动机械低效率工况运转没有足够的重视，还没有低效工况监测系统和高耗能设备效率分析诊断系统，一些装备实际运行远离设计工况且设备智能调控能力差，健康状态监控不到位，导致部分机组的运行效率比设计效率低。总体来看挑战与机遇并存：我们面临的挑战之一是能动机械故障诊断基础研究薄弱，缺乏智能联锁保护、重大事故预防和先进的优化综合控制系统，机组在线智能监测、诊断及故障早期预警能力不足；挑战之二是国内工业企业节能减排意识不强，且缺乏能效监控的有效技术和手段，导致各行业机组健康高效运行存在管理和技术双重瓶颈。同时，通过克服健康与能效监控管理技术上的瓶颈，提升机组健康与能效监控智能化水平，更是难得的发展机遇。

2. 我国能动机械健康与能效监控技术与国外存在一定差距，具有自主知识产权的监控系统产品较少，航空发力机监测诊断等关键技术被外国公司垄断

我国能动机械市场巨大，石化、冶金、电力等流程工业以及航空发动机、大型燃气轮机上大多有监控系统，但目前使用的健康能效监控系统严重依赖于国外制造厂商，自行开发的监控系统技术水平不高，市场份额目前主要由美国 GE、德国 Siemens、日本 MHI 和法国 Alstom 等几家公司分割。我国关于高端能动机械健康与能效监控技术的研究起步较晚，相关院校和科研机构从 20 世纪 80 年代开始，对健康与能效管理的关键技术如状态监测技术、故障诊断技术、寿命管理技术等，都进行了一定的研究，虽然取得了一定进步，并且在石化等行业推广应用，往复压缩机监测已占领国内市场，但距离发达国家装备监控水平还具有差距。尤其在航空发动机健康监控领域，机载系统完全依赖于国外制造厂商，国内还未有成熟的发动机健康管理软件得到应用。发动机健康管理系统的研制基础比较薄弱，缺乏基础技术积累，监控技术远远落后于国外先进水平，部分研究与工程应用脱节。

3. 高端智能传感元件等基础工业落后制约健康与能效监控的发展

在先进传感技术和产品方面，国外传感器的性能、精度远远超出国内同类传感器水平。例如，美国单晶蓝宝石光纤温度计已可测量2000℃的高温，其精度比热电偶高10倍；英国Land公司的基于光纤传输的涡轮叶片红外高温计，测量精度为±0.25%。国内同类产品测量精度为±5℃，误差比国外产品高20倍。国内高端传感器产业力量薄弱，且受到国际厂商的封锁打压，企业很难拿到国际先进产品和技术。部分民企如厦门乃尔在该领域取得了一些突破，受到国外企业的封锁打压，甚至提出诉讼。国内在MEMS等先进传感技术领域的起步较晚，与美国的NASA、大学等研究水平相差了10年左右，与国外起步较早、已形成一定技术壁垒的机构相比，我国传感器企业在最有工程前景的SiC基耐高温传感器的研发方面，存在着工艺线分散不连贯、积累不足等问题。

4. 高端能动机械健康与能效控制系统正在不断向集成化和智能化方向发展

随着传感技术和信息技术的发展，目前，高端能动机械健康与能效监控系统正在不断向集成化和智能化方向发展。一是装备健康监控系统日益集成化和智能化。随着计算机技术和网络技术的日益发展，机组控制系统完全融合机组状态监视系统的功能，演变成完整的机组监控系统；在操作监视上也逐渐向企业信息管理系统靠拢，从而使未来机组控制系统的功能更加完善和强大。同时，机组健康监控系统不断向智能化方向发展。充分利用机组状态监视系统对机组各种形式的静态和动态数据(如电流、电压、轴温、振动、位移、启停机以及所选事件等)进行连续实时的采集、监测和管理，并存储生成各种分析图谱、启停机等专业诊断结果数据，最终通过专业的数据库把过程控制和设备诊断及专家经验有效地结合起来，用于生产操作指导和设备管理，以达到最终的闭环控制目标，满足了人们对机组设备的控制、保护、设备诊断管理、维护检修一体化的需求。二是能效监控系统向多参数、多机组和主辅协调方向发展。由单一参数测量向多参数同时测量发展，并应用历史实际运行数据自动形成真实的性能曲线，建立可参考的数据库，实现功率等能效参数可视、可调；由单台机组调控向机群的集中调控系统发展，采用智能化算法分配负载，使各台机器在最优工况运行，从而实现节能效益的最大化；由机组性能优化向机组与工艺系统深度融合优化，提高机组运行效率；建立主辅设备交互作用的关联耦合模型，研究主机、设备、管网协调工作的规律，提出监测控制策略，对机组各辅助系统(部件)进行调控，提高机组系统效率。

5. 实施基于工业互联网(物联网)、大数据等信息技术的高端能动机械智能监控发展战略，突破智能监控关键技术，是我国工业企业转型升级的关键

高端能动机械健康与能效监控是沿着单体分散式控制、机组系统优化综合控制、全厂机群集中优化控制、远程监控和故障诊断的路线发展的。我国应实施基于工业互联网(物联网)、大数据等信息技术的高端能动机械智能监控发展战略，突破智能监控关键技术，引领我国工业企业转型升级。根据研究，提出我国高端能动机械健康与能效监控发展战略思路及目标如下：到 2020 年，基本形成具有中国自主创新特色的高端能动机械健康与能效智能监控技术支撑体系，主要工业行业高端能动机械的能效和安全长周期运行水平明显提升；到 2030 年，突破基于工业互联网(物联网)、大数据等信息技术的高端能动机械智能监控关键技术，高端能动机械能效和安全长周期运行水平进一步提升，达到国外发达国家同期先进水平，助力我国流程工业转型升级。

5.2 主要建议

1. 建立高端能源动力机械健康与能效监控智能化发展基金，支持在学校、科研院所和骨干企业建立相关研究中心和重点实验室，并在国家新的五类科技计划中，为高端能动机械健康与能效监控技术、工程、产业提供资助，特别是对高端智能基础元器件等相关基础工业研发的资助，设立重大科技工程专项

完善和落实支持企业技术创新的政策措施，将“高端能动机械健康与能效监控智能化”列入《国家重点支持的高新技术领域》目录，支持高校、科研院所与企业进行产、学、研合作，促进科研成果转化，同时，有效发挥企业研发费用加计扣除政策的作用，鼓励企业向新技术研发投资或资助科研院所从事关键技术开发。政府部门应支持在学校、科研院所和骨干企业建立健康与能效监控研究中心和重点实验室，并在国家新的五类科技计划“自然科学基金、科技重大专项、重点研发计划、技术创新引导专项、基地和人才专项”中，为高端能动机械健康与能效监控技术、工程、产业提供资助。另外，由于高端智能基础元器件是开展健康与能效监控智能化的基础技术，因此，应重点加强对新型测试传感技术研发的资助，同时，在高校设置新型测试传感技术国家重点实验室，开展关键技术研发，为企业提供先期技术支持，并针对以中小企业为主体的测试传感设备研发机构，制定扶植发展政策。

2. 建立第三方机构，负责监测工业装备能效等级和评估装备能效，将工业互联网、物联网、云计算及大数据等信息技术与机械装备监控技术紧密结合，形成基于工业互联网的装备健康能效监测诊断体系

建立由第三方负责的装备监测和能效评估与认证体系及安全节能等级标准，推广基于工业互联网的装备健康能效监测系统，限期整改严重超标企业，实行能源利用“光盘政策”；建立基于大数据分析的多参数监测健康综合诊断和能效评价体系，开发流程工业机械装备智能安全监控系统和装备与过程适应的故障自愈及节能自优化调控技术。

3. 建立健全机械装备健康与能效标准体系，执行能效标识管理，通过强有力的市场监管体制和检验监督机制，落实各种规章制度。职能部门应将设备健康和能效水平作为企业负责人考核的重要指标，明确安全与节能责任制

政府相关部门应建立健全能动机械健康与能效标准体系，制定安全节能监测办法，监督落实各项规章制度，通过能效标识管理，促进能动机械生产厂家自发提升能效等级。职能部门制定切实可行的安全节能目标，严格考核，责任到人，明确奖惩。根据不同行业、不同机组情况设定安全与能耗指标，节约有奖，超标重罚，将能动设备的安全能效指标放到领导的议事日程上来，让能源动力装备的安全节能与企业领导、职工的收益直接挂钩，提高全员全过程的安全节能意识。

参 考 文 献

[1] 合肥通用机械研究院. 石化企业大型工艺压缩机失效调研报告[R]. 2012.

[2] 高金吉, 张连凯. 中国高耗能机械装备运行现状及节能对策研究[M]. 北京：科学出版社, 2013.

[3] 吕运容, 陈学东, 高金吉, 等. 我国大型工艺压缩机故障情况调研及失效预防对策 [J]. 液体机械, 2013(1): 14-20.

[4] Diakunchak I S. Performance deterioration in industrial gas turbines [J]. ASME Journal of Engineering for Gas Turbines and Power, 1992, 114(2): 161-168.

[5] Kurz R, Brun K. Degradation in gas turbine systems [J]. ASME Journal of Engineering for Gas Turbines and Power, 2001, 123(1): 70-77.

[6] Ogaji SOT, Sampath S, Singh R, et al. Parameter selection for diagnosing a gas-turbine's performance-deterioration [J]. Applied Energy, 2002, 73(1): 25-46.

[7] 中国钢铁工业协会. 钢铁行业 2015～2025 年领域技术发展预测[R]. 北京: 中国钢铁工业协会, 2014.

[8] 梁高林, 卢成浩, 李艳青. 轴流式压缩机性能测试及结果分析 [J]. 风机技术, 2009: 10-12.

[9] 中国电力企业联合会. 中国电力工业统计数据分析[R]. 北京：中国电力企业联合会, 2009.

[10] 李胜兵, 赵琨. 浅议我国大型水电机组的发展 [J]. 水力发电, 2013, 39(7): 64-67.

[11] 中国电力企业联合会. 中国电力工业年度发展报告[R]. 北京：中国电力企业联合会, 2009.

[12] Langston S. New horizons [J]. ASME Power and Energy Magazine, 2005, 2(2).

[13] 蒋洪德. 加速推进重型燃气轮机核心技术研究开发和国产化 [J]. 动力工程学报, 2011, 31(8): 563-566.

[14] 蒋洪德. 重型燃气轮机的现状和发展趋势[J]. 热力透平, 2012, 41(2): 83-88.

[15] Goncharov V V. The forecast of the development of the market for gas turbine equipment in the years 2013–2021 (review) [J]. Thermal Engineering , 2013, 60(9): 676-678.

[16] 糜洪元. 国内外燃气轮机发电技术的发展现况与展望 [J]. 电力设备, 2006, 7(10): 8-10.

[17] 蒋东翔, 刘超, 杨文广, 等. 关于重型燃气轮机预测诊断与健康管理的研究综述[J]. 热能动力工程, 2015, 2: 173-179.

[18] David B, Robert B, David F. Heavy-duty gas turbine operating and maintenance considerations [C]. GER-3620K, 2004.

[19] David B, Steven H, Ross Y. Heavy-duty gas turbine operating and maintenance considerations [C]. GER-3620L, 2010.

[20] Energy efficiency and co-benefits assessment of industrial sources refinery sector public report. California air resources board stationary source division issued, 2013.

[21] Suomilammi A, Leppäkoski J. Gas Compressor Unit Performance Monitoring Using Fuzzy Clustering[M]. 23rd World Gas Conference, Amsterdam, 2006.

[22] 马国宪, 陈之航. 电站锅炉故障诊断专家系统的研究和应用 [J]. 动力工程, 1992, 12(6): 32-36.

[23] 涂长庚. 水力发电设备预知维修 [J]. 华中电力, 2000, 13(3): 37-39.

[24] 彭兵. 基于改进支持向量机和特征信息融合的水电机组故障诊断[D]. 武汉: 华中科技大学, 2008.

[25] 梁武科, 赵道利. 水电机组监测与诊断技术的现状及发展 [J]. 水利水电技术, 2003, 34(4): 41-43.

[26] Wilkinson M R, Tavner P J. Extracting condition monitoring information from a windturbine driven train. [J] International Universities Power Engineering Conference, 2004, 2(1): 591-594.

[27] Wilkinson M R, Tavner P J. Condition monitoring of wind turbine driven trains[C]//IEEE International Symposium on Diagnostics for Electric Machines, Cracow, 2007: 338-392.

[28] Caselitz P, Giebhargt J, Kruger T, et al. Development of a fault detection system for wind energy converters[C]// Gotegorg : Proceedings of the EUWEC'96, 1996 : 1004-1007.

[29] Casadei D, Filippetti F, Rossi C, et al. Diagnostic technique based on rotor modulating signals signature analysis for doubly fed induction machines in wind generator systems[C]//Industry Applications Conference ,2006, 3 (1): 1525-1532.

[30] Casadei D, Filippetti F, Stefaniet A, et al. Experimental fault characterization of doubly fed induction machines for wind power generation[J]. International Symposium on Power Electronics , 2006 :1281-1286.

[31] Douglas H, Pillay P, Barendse P.The detection of inter turn stator faults in doubly-fed inductiongenerators[C]//IEEE IAS'05.Honk Kong, 2005 : 1079-1102.

[32] Wurfel M, Hofmann W. Monitoring of the properties of the rotor slip ring system ofdoubly-fed induction generators[C]//IEEE IEMDC'05.San Antonio, 2005 : 295-299.

[33] Jeffries W Q,Chambers J A, Infield D G. Experience with bicoherence of electrical power for condition monitoring of wind turbine blades[J]. IEE Proc. Vision, Image and Signal Processing, 1998, 145(3): 141-148.

[34] Amirat Y, Benbouzid M E H, Bensaker B, et al. Condition monitoring and fault diagnosis in wind energy conversion systems: A review[C]//IEEE International Electric Machines & Drives Conference, 2007 :1434-1439 .

[35] Tsai C S, Hsieh C T, Huang S J. Enhancement of damage-detection of wind turbine blades via CWT-based approaches[J]. IEEE Transactions on Energy Conversion, 2006, 21(3): 776-781.

[36] Kramer S G M, Leon F P, Appert B . Fiber optic sensor network for lightning impact localization and classification in wind turbines[C]//IEEE International Conference on Multisensor Fusion &Integration for Intellgent Systems, Heidelberg, 2006 : 173-178.

[37] Mohanty A R, Kar C. Fault detection in a multistage gearbox by demodulation of motor current waveform[J]. IEEE Transactions on. Industrial Electronics, 2006, 53(4): 1285-1297.

[38] Eren L, Devaney M J.Bearing damage detection via wavelet packet decomposition of the stator current[J]. IEEE Transactions on Instrumentation & Measurement, 2004, 53(2): 431-436.

[39] Soteris A. Kalogirou. Artificial neural networks in renewable energy systems applications a review[J]. Renewable and Sustainable Energy Reviews, 2001, 5: 373-401.

[40] Caselitz P, Giebhardt J. Advanced condition monitoring system for wind energy converter[J]. Ewec, 1999, 39(2) : 102-104.

[41] Garcia M C, Sanz-Bobi M A, Del Pico J. SIMAP: Intelligent system for predictive maintenance application to the health condition monitoring of a wind turbine gearbox[J]. Computers in Industry, 2006, 57(6): 552-683.

[42] 赵龙. 风力发电机组故障诊断系统研究[D]. 兰州: 兰州理工大学, 2012.

[43] 张晓华, 奚树人. 核电站故障诊断专家系统综述[J]. 核动力工程, 1999, 20(3): 264-273.

[44] Reifman J, Wei T Y C. PRODIAG: A process-independent transient diagnostic system-I: Theoretical concepts[J]. Nuclear Science and Engineering, 1999, 131(3): 329-347.

[45] Reifman J, Wei T Y C. PRODIAG: A process-independent transientdiagnostic system-II: Validation tests[J]. Nuclear Science and Engineering, 1999, 131(3): 348-369.

[46] Dieter W, Werner B. On-line condition monitoring of large rotating machineryin NPPs[C]//Proceedings NPIC&HMIT'96, 1996: 1313-1320.

[47] Fantoni, Paolo F. Experiences and applications of PEANO for online monitoring inpower plants[J]. Progress in

Nuclear Energy, Computational Intelligence in Nuclear Applications: Lessons Learned and Recent Developments, 2005: 206-225.

[48] Roverso D. Plant diagnostics by transient classification: The ALADDIN approach[J]. International Journal of Intelligent Systems, 2002(8): 767-790.

[49] Kyung H C, Hyun C L, Won M P. A cooperative real-time simulation forgeneric PWR nuclear plant[C]// Proceedings NPIC & HMIT 96, 1996: 197-202.

[50] Leger R P, Garland W J, Poehlman W F S. Fault detection and diagnosis using statistical control charts and artificial neural networks[J]. Artificial Intelligence inEngineering, 1998,12(1-2): 35-47.

[51] Kun M, Seung J L, Pang H S. A dynamic neural network aggregation model for transient diagnosis in nuclear power plants[J]. Progress in Nuclear Energy, 2007, 49(3): 262-272.

[52] Şeker S, Ayaz E, Türkcan E. Elman's recurrent neural networkapplications to condition monitoring in nuclear power plant and rotating machinery[J]. Engineering Applications of Artificial Intelligence, 2003: 647-656.

[53] 慕昱. 基于数据挖掘的核电站故障诊断技术研究[D]. 哈尔滨: 哈尔滨工程大学, 2011.

[54] Stellbogen D. Use of PV circuit simulation for fault detection in PV array fields [A]. Photovoltaic Specialists Conference, 1993: 1302-1307.

[55] King D L, Kratochvil J A, Quintana M A. Application for infrared imaging equipment in photovoltaic cell[J]. Module and System Testing, 2000: 1487-1489.

[56] Takashima T, Yamaguchi J, Otani K, et al. Experimental studies of failure detection methods in PV module strings[A]. Waikoloa, IEEE, 2006, 2: 2227-2230.

[57] Drews A, de Keizer A C, Beyer H G, et al. Monitoring and remote failure detection of grid-eonneeted PV systems based on satelite observations[J]. Solar Energy, 2007, 81: 548-564.

[58] Yagi Y, Kshi H, Hagihara R, et al. Diaostic teehnology and an expert system for photovoltaic systems using the learing method[J]. Solar Energy Materials& Solar Cells, 2003, 75: 655-663.

[59] Chouder A, Silvestre S. Automatic supervision and fault detection of PV systems based on power losses analysis[J]. Energy Conversion and Management, 2010, 51(10): 1929-1937.

[60] Shimizu T, Hirakata M, Kamezawa T, et al. Generation control circuit for photovoltaic modules[J]. IEEE Transactions on Power Electrics, 200l, 16(3): 293-300.

[61] Gatta S D, Adami P. Fault detection and identification by gas path analysis approach in heavy duty gas turbine[J]. Asme Turbo Expo: Power for Land, Sea and Air, 2006: 581-592.

[62] Willsch M, Bosselmann T, Flohr P, et al. Design of fiber optical high temperature sensors for gas turbine monitoring[C]//20th International Conference on Optical Fibre Sensors. International Society for Optics and Photonics, Edinburgh, 2009 : 75037R-1-75037R-4.

[63] Zhu Y Z, Huang Z Y, Shen F B, et al. Sapphire-fiber-based white-light interferometric sensor for high-temperature measurements [J]. Optics Letters, 2005, 30(7): 711-713.

[64] Riza N A, Sheikh M, Perez F. Hybrid wireless-wired optical sensor for extreme temperature measurement in next generation energy efficient gas turbines [J]. Journal of Engineering for Gas Turbines and Power, 2010, 132(5): 051601.

[65] Wild G. Optical fiber bragg grating sensors applied to gas turbineengine instrumentation and monitoring [J]. Sensors Applications Symposium , 2013: 188-192.

[66] Lee B. High-density fiber optical sensor and instrumentation for gas turbine operation condition monitoring [J]. Journal of Sensors, 2013.

[67] Riza N, Sheikh M. All-silicon carbide hybrid wireless-wired optics temperature sensor network basic design engineering for power plant gas turbines [J]. International Journal of Optomechatronics, 2010, 4(1): 83-91.

[68] DesAutels G L, Powers P, Brewer C, et al. Optical temperature sensor and thermal expansion measurement using a femtosecond micromachined grating in 6H-SiC [J]. Applied Optics, 2008, 47(21): 3773-3777.

[69] Seifert F, Weigel R. SAW-based radio sensor and communication techniques[C]. 27th European, IEEE, 1997, 2: 1323-1346.

[70] Fonseca M A, English J M, von Arx M, et al. Wireless micromachined ceramic pressure sensor for high-temperature applications [J]. Journal of Micro-electromechanical Systems, 2002, 11(4): 337-343.

[71] Birdsell E D, Park J, Allen M G. Wireless ceramic sensors operating in high temperature environments[C]//40th AIAA/ASME/SAE/ASEE Joint Propulsion Conference, 2004 : 1-10.

[72] Birdsell E, Allen M G. Wireless chemical sensors for high temperature environments[C]//Tech. Dig, Solid-State Sensor, Actuator, and Microsystems Workshop, 2006: 212-215.

[73] Harpster T J, Hauvespre S, Dokmeci M R, et al. A passive humidity monitoring system for in situ remote wireless testing of micropackages[J]. Journal of Microelectromechanical Systems, 2002, 11(1): 61-67.

[74] Zhou S H, Wu N J. A novel ultra low power temperature sensor for UHF RFID tag chip[C]//Solid-State Circuits Conference. ASSCC'07, IEEE Asian, IEEE, 2007 : 464-467.

[75] Wang Y, Jia Y, Chen Q, et al. A passive wireless temperature sensor for harsh environment applications [J]. Sensors, 2008, 8(12): 7982-7995.

[76] Ren X, Ebadi S, Cheng H, et al. Wireless resonant frequency detection of SiCN ceramic resonator for sensor applications[C]//Antennas and Propagation (APSURSI). 2011 IEEE International Symposium on, Spokane, 2011 : 1856-1859.

[77] Guo S, Eriksen H, Childress K, et al. High temperature smart-cut SOI pressure sensor[J]. Sensors and Actuators A: Physical, 2009, 154(2): 255-260.

[78] Zhao Y L, Zhao L B, Jiang Z D. High temperature and frequency pressure sensor based on silicon-on-insulator layers[J]. Measurement Science and Technology, 2006, 17(3): 519.

[79] Wang Q, Ding J, Wang W. Fabrication and temperature coefficient compensation technology of low cost high temperature pressure sensor[J]. Sensors and Actuators A: Physical, 2005, 120(2): 468-473.

[80] Dimitropoulos P D, Kachris C, Karampatzakis D P, et al. A new SOI monolithic capacitive sensor for absolute and differential pressure measurements[J]. Sensors and Actuators A: Physical, 2005, 123: 36-43.

[81] Kurtz A D, Ned A A, Epstein A H. Improved ruggedized SOI transducers operational above 600℃[J]. Technology, 2004, 2: 3.

[82] Gad-el-Hak M. MEMS: introduction and fundamentals[M]. New York : CRC press, 2006.

[83] Levinshtein M E, Rumyantsev S L, Shur M S, et al. 先进半导体材料性能与数据手册[M]. 北京: 化学工业出版社, 2003.

[84] Young D J, Du J, Zorman C A, et al. High-temperature single-crystal 3C-SiC capacitive pressure sensor[J]. IEEE Sensors Journal, 2004, 4(4): 464-470.

[85] Wu C H, Zorman C A, Mehregany M. Fabrication and testing of bulk micromachined silicon carbide piezoresistive pressure sensors for high temperature applications[J]. IEEE Sensors Journal, 2006, 6(2): 316-324.

[86] Chen L, Mehregany M. A silicon carbide capacitive pressure sensor for in-cylinder pressure measurement[J]. Sensors and Actuators A: Physical, 2008, 145: 2-8.

[87] Tang W, Zheng B, Liu L, et al. Complementary metal-oxide semiconductor-compatible silicon carbide pressure

sensors based on bulk micromachining[J]. Micro & Nano Letters, 2011, 6(4): 265-268.

[88] Meng B, Tang W, Wang Z R, et al. An optimized fabrication of high yield CMOS-compatible silicon carbide capacitive pressure sensors[C]//Nano/Micro Engineered and Molecular Systems (NEMS). Kyoto: 2012 7th IEEE International Conference on, 2012 : 721-724.

[89] Pakula L S, Yang H, Pham H T M, et al. Fabrication of a CMOS compatible pressure sensor for harsh environments[J]. Journal of micromechanics and microengineering, 2004, 14(11): 1478.

[90] Okojie R S, Ned A A, Kurtz A D. Operation of α (6H)-SiC pressure sensor at 500℃[J]. Sensors and Actuators A: Physical, 1998, 66(1): 200-204.

[91] Ned A A, Okojie R S, Kurtz A D. 6H-SiC pressure sensor operation at 600℃[C]//High Temperature Electronics Conference. Albuquerque: 1998 Fourth International, IEEE, 1998: 257-260.

[92] Okojie R S, Beheim G M, Saad G J, et al. Characteristics of Hermetic 6H-SiC Pressure Sensor at 600℃[C]//AIAA Space 2001 Conference and Exposition. Albuquerque: AIAA Paper, 2001 (2001-4652) : 28-30.

[93] Okojie R S, Savrun E, Nguyen P, et al. Reliability evaluation of direct chip attached silicon carbide pressure transducers[C]//Sensors. Proceedings of IEEE. Vienna, 2004: 635-638.

[94] Okojie R S. Stable 600°C silicon carbide MEMS pressure transducers[J]. Proc Sipe, 2007, 6555: 65550V-65550V-11.

[95] Akiyama T, Briand D, de Rooij N F. Piezoresistive n-type 4H-SiC pressure sensor with membrane formed by mechanical milling[J]. Sensors, 2011, 1(5): 222-225.

[96] Simsek E, Pecholt B, Everson C, et al. High-pressure deflection behavior of laser micromachined bulk 6H-SiC MEMS sensor diaphragms[J]. Sensors and Actuators A: Physical, 2010, 162(1): 29-35.

[97] 严子林. 碳化硅高温压力传感器设计与工艺实验研究[D]. 北京: 清华大学, 2011.

[98] 于庆红. 裂解气压缩机控制系统节能技术改造[J]. 乙烯工业, 2012, 22(4): 46-50.

[99] 陈峰, 纪琳, 林振宇, 等. 大型往复式压缩机的状态监测与诊断[J]. 管道技术与设备, 2010(4): 25-27.

[100] 周杰, 陈学安, 赵俊伟. HydroCOM 调节系统在蜡油加氢裂化装置新氢压缩机的应用[J]. 广州化工, 2013(8): 187-190.

[101] 于海城, 董笑飞, 丛秀华. ITCC 在乙烯裂解机组调速器改造中的应用[J]. 炼油与化工, 2012(1): 39-41.

[102] 许柏洲, 张勇, 丘业, 等. 石化厂裂解装置三大机组控制系统改造[J]. 石油化工设备, 2012, 15(3): 41-44.

[103] 阮跃, 黄雅萍. 大型电站状态监测与故障诊断专家系统的研究[J]. 电站系统工程, 1997, 13(3): 13-16.

[104] 李德英, 倪维斗, 蒋东翔, 等. 大型电站锅炉远程监测与故障诊断系统的研究与应用[J]. 清华大学学报, 1997, 37(S1): 28-32.

[105] 熊浩. 电站锅炉故障诊断与预测研究[D]. 重庆: 重庆大学, 2003.

[106] 陈济东. 大亚湾核电站系统及运行(中册)[M]. 北京: 北京原子能出版社, 1994.

[107] 周昆鹏. 直驱型同步风力发电机组故障诊断系统的研究和设计[D]. 长沙: 中南大学, 2010.

[108] 王祥林, 姜涛, 牛伸克, 等. 非晶硅太阳能电池背电极断载热象无损检测[J]. 光子学报, 1995, 24(04): 373-376.

[109] 程泽, 李兵峰, 刘力, 等. 一种新型结构的光伏阵列故障检测方法[J]. 电子测量与仪器学报, 2010, 24(2): 131-136.

[110] 胡义华, 陈昊, 徐瑞东. 基于电压扫描的光伏阵列故障诊断策略[J]. 中国电机工程学报(增刊), 2010, 30(A1): 185-191.

[111] 胡义华, 陈昊, 徐瑞东, 等. 基于最优传感器配置的光伏阵列故障诊断[J]. 中国电机工程学报, 2011, 31(33): 19-30.

[112] 王培珍, 郑诗程. 基于红外图像的太阳能光伏阵列故障分析[J]. 太阳能学报, 2010, 31(2): 197-202.

[113] 徐勇. 一种光伏阵列故障诊断与定位方法的研究[D]. 天津: 天津大学, 2012.
[114] 吴颖, 田金光, 赵宇. 某重型燃机用排气总温热电偶的设计与研究[C]//航空试验测试技术学术交流会论文集. 西安, 2010.
[115] 张树琨, 姜国光, 王东亮, 等. 燃气轮机专用高温温度传感器[J]. 传感器技术, 2004, 23(12): 31-32.
[116] 刘丽华, 王军, 新力, 等. 光纤温度传感器的应用及发展[J]. 仪器仪表学报, 2003, 24(5): 547-550.
[117] 冯驰, 苏海燕, 高广风, 等. 涡轮叶片光纤温度测量系统[J]. 应用科技, 2009, 36(7): 33-36.
[118] 李艳萍, 包长春, 闫栋梁, 等. 热辐射型光纤高温传感器的研究[J]. 计算机测量与控制, 2007, 15(3): 416-417.
[119] 刘晓会. 激光干涉法测量火焰温度[D]. 长春: 东北师范大学, 2012.
[120] 石硕, 邱大明, 刘德佳. 某型燃气轮机振动信号记录系统[J]. 航空发动机, 2009, 35(4): 51-54.
[121] 方志强. 叶尖定时传感器及叶片振动信号处理技术的研究[D]. 天津: 天津大学, 2004.
[122] 李孟麟, 段发阶, 欧阳涛, 等. 基于叶尖定时的旋转机械叶片振动频率辨识 ESPRIT 方法[J]. 振动与冲击, 2010, 29(012): 18-21.
[123] 毕思明. 燃气轮机叶尖间隙测量技术研究[D]. 哈尔滨: 哈尔滨工程大学, 2011.
[124] 郝英, 孙健国, 白杰. 航空燃气涡轮发动机气路故障诊断现状与展望[J]. 航空动力学报, 2003, 18(6): 753-760.
[125] 徐启华, 师军. 应用 SVM 的发动机故障诊断若干问题研究[J]. 航空学报, 2005, 26(6): 686-690.
[126] 肖翔. 涡扇发动机传感器故障诊断与容错控制研究[D]. 西安:西北工业大学, 2004.
[127] 翁史烈. 燃气轮机性能分析[M]. 上海: 上海交通大学出版社, 1987.
[128] 夏迪, 王永泓. PG9171E 型燃气轮机变工况计算模型的建立[J]. 热能动力工程, 2008, 23(4): 338-343.
[129] 夏迪, 王永泓. 燃气轮机非线性故障诊断中梯度计算的新方法[J]. 中国电机工程学报, 2008, 28(14): 108-111.
[130] 刘少权. MS6001B 型燃气轮机发电机组轴系动力学研究[D]. 北京: 清华大学, 2011.
[131] 王少波. 燃气轮机拉杆转子动力学特性研究[D]. 上海: 上海交通大学, 2013.
[132] 黄锐. 9FA 燃气蒸汽联合循环机组轴系动态特性分析[D]. 北京: 华北电力大学(北京), 2007.
[133] 施丽铭, 张艳春. 拉杆式模型转子固有频率的实验与计算研究[C]//第八届全国转子动力学学术讨论会论文集. 湘潭, 2008.
[134] 周传月, 邹经湘, 闻雪友, 等. 燃气轮机叶片轮盘振动特性分析[J]. 热能动力工程, 2000, 87(5): 205-210.
[135] 周传月, 邹经湘, 闻雪友, 等. 燃气轮机失调叶盘系统的振动特性分析[J]. 燃气轮机技术, 2000, 13(3): 42-46.
[136] 陈金波. 拉杆组合式多级叶盘的固有特性及振动局部化问题研究[D]. 长沙: 中南大学, 2011.
[137] 梁炳南. 燃气轮机机匣建模及模态分析[D]. 大连: 大连海事大学, 2009.
[138] 何俊杰, 蔚夺魁, 张德平. 某型燃气轮机内、外机匣振动传递的动力学分析[J]. 航空发动机, 2009, 35(2): 34-36.
[139] 赖伟, 林国昌, 陈聪慧. 燃气轮机滚动轴承故障模式及延寿方法[J]. 航空发动机, 2007, 33(1): 37-41.
[140] 万召, 孟光, 荆建平, 等. 燃气轮机转子-轴承系统的油膜涡动分析[J]. 振动与冲击, 2011, 30(3): 38-41.
[141] 胡松如, 应光耀, 董益华. 大型燃气轮机油膜振荡故障分析[J]. 浙江电力, 2012, 31(8): 53-56.
[142] 宋友, 柳重堪, 李其汉. 基于小波变换的转子动静件碰摩故障诊断研究[J]. 振动工程学报, 2002, 15(3): 319-322.
[143] 陈果. 转子-滚动轴承-机匣耦合系统的不平衡-碰摩耦合故障非线性动力学响应分析[J]. 航空动力学报, 2007, 22(10): 1771-1778.
[144] 唐治平. 拉杆转子振动特性与故障模拟分析[D]. 武汉: 华中科技大学, 2007.
[145] 孙希任, 中国航空工业总公司航空传感器实用手册编委会. 航空传感器实用手册[M]. 北京: 机械工业出版社, 1995.
[146] 陈亚林. 离心压缩机控制系统发展现状和趋势[J]. 真空与低温, 2010, 16(1): 51-54.

[147] 陈党民, 徐阳, 赵金阳, 等. 一种双驱动高炉鼓风机组的能量回收装置：中国, 200920032595.3[P]. 2013-04-07.

[148] 严伟博, 王育红, 王咏梅, 等. 一种双驱动高炉鼓风机组能量回收利用发电装置：中国, 201120420218. 4[P]. 2012-08-01.

[149] 韩振. BPRT 机组的特点与应用[J]. 莱钢科技, 2013, 5: 33-34.

[150] Patnaik A R, Nayak A, Narasimhan V, et al. An integrated PHM approach for gas turbine engines[C]//Ottawa : Canadian Conference on Electrical and Computer Engineering. IEEE, 2006: 2476-2479.

[151] 廖延彪, 黎敏. 光纤传感器的今日与发展[J]. 传感器世界, 2004, 10(2): 6-12.

[152] Paya B A, Esat I I, Badi M N M. Artificial neural network based fault diagnostics of rotating machinery using wavelet transforms as a preprocessor[J]. Mechanical Systems & Signal Processing, 1997, 11(5): 751-765.

[153] Bernieri A, D'apuzzo M, Sansone L, et al. A neural network approach for identification and fault diagnosis on dynamic systems[J]. Instrumentation and IEEE Transactions on Measurement, 1994, 43(6): 867-873.

[154] 陈恬, 孙健国, 杨蔚华, 等. 自组织神经网络航空燃气轮机气路故障诊断[J]. 航空学报, 2003, 24(1): 46-48.

[155] Larsson E, Aslund J, Frisk E, et al. Health monitoring in an industrial gas turbine application by using model based diagnosis techniques[C]//Vancouver: ASME 2011 Turbo Expo: Turbine Technical Conference and Exposition, 2011.

[156] Kalkat M, Yildirim S, Uzmay I. Design of artificial neural networks for rotor dynamics analysis of rotating machine systems[J]. Mechatronics, 2005, 15(5): 573-588.

[157] Vyas N S, Satishkumar D. Artificial neural network design for fault identification in a rotor-bearing system[J]. Mechanism and Machine Theory, 2001, 36(2): 157-175.

[158] 关惠玲, 韩捷. 设备故障诊断专家系统原理及实践[M]. 北京: 机械工业出版社, 2000.

[159] Liu K, Gebraeel N Z, Shi J. A data-level fusion model for developing composite health indices for degradation modeling and prognostic analysis[J]. IEEE Transactions on Automation Science & Engineering , 2013 , 10 (3) :652-664.

[160] Loboda I, Yepifanof S. A mixed data-driven and model based fault classification for gas turbine diagnosis[J]. International Journal of Turbo and Jet Engines, 2010, 27(3-4): 251-264.

[161] Culley D, Garg S, Hiller S J, et al. More Intelligent Gas Turbine Engines[OL]. RTOTR-AVT-128, 2009, 4, http://www.rta.nato.int/Pubs/RDP.asp?RDP=RTO-TRAVT-128.

[162] Paya B A, Esat I I, Badi M N M. Artificial neural network based fault diagnostics of rotating machinery using wavelet transforms as a preprocessor[J]. Mechanical Systems and Signal Processing, 1997, 11(5) : 751-765.

[163] SAE, Determination of Costs and Benefits from Implementing an Engine Health Management System. SAE Standard ARP 4176, 2013.

[164] Kenyon A D, Catterson V M, Mcarthur S D J, et al. An agent-based implementation of hidden markov models for gas turbine condition monitoring[J]. IEEE Transactions on Systems Man and Cybernetics: Systems, 2014, 44 (2): 186-195.

[165] Yang Z, Ling W K, Bingham C. Fault detection and signal reconstruction for increasing operational availability of industrial gas turbines[J]. Measurement, 2013, 46(6): 1938-1946.

[166] Byington C S, Roemer M J. Prognostic enhancements to diagnostic systems for improved condition-based maintenance [military aircraft][C]//Aerospace Conference. 2002 , 6 (85) : 6-2815-6-2824 vol.6.

[167] Harrison G A. Application of wavelet and Wigner analysis to gas turbine vibration signal processing [J]. Aerospace/Defense Sensing and Controls, 1998, 3391: 490-501.

[168] Jablonski A, Barszcz T, Bielecka M, et al. Modeling of probability distribution functions for automatic threshold calculation in condition monitoring systems[J]. Measurement, 2013, 46(1): 727-738.

[169] Paya B A, Esat I I, Badi M N M. Artificial neural network based fault diagnostics of rotating machinery using wavelet transforms as a preprocessor[J]. Mechanical systems and signal processing, 1997, 11(5): 751-765.

[170] Bernieri A, D'apuzzo M, Sansone L, et al. A neural network approach for identification and fault diagnosis on dynamic systems[J]. IEEE Transactions on Instrumentation and Measurement, 1994, 43(6): 867-873.

[171] 陈恬, 孙健国, 杨蔚华, 等. 自组织神经网络航空燃气轮机气路故障诊断[J]. 航空学报, 2003, 24(1): 46-48.

[172] Larsson E, Aslund J, Frisk E, et al. Health monitoring in an industrial gas turbine application by using model based diagnosis techniques[C]//ASME 2011 Turbo Expo: Turbine Technical Conference and Exposition, American Society of Mechanical Engineers, 2011.

[173] Kalkat M, Yildirim Ş, Uzmay I. Design of artificial neural networks for rotor dynamics analysis of rotating machine systems[J]. Mechatronics, 2005, 15(5): 573-588.

[174] Vyas N S, Satishkumar D. Artificial neural network design for fault identification in a rotor-bearing system[J]. Mechanism and Machine Theory, 2001, 36(2): 157-175.

[175] Tolani D, Yasar M, Chin S, et al. Anomaly detection for health management of aircraft gas turbine engines[C]//American Control Conference, 2005, 1 :459-464.

[176] Botros K K, Cheung M. Neural Network Based Predictive Emission Monitoring Module for a GE LM2500 Gas Turbine [C]. Calgary : 2010 8th International Pipeline Conference. 2010.

[177] Scharschan J, Caguiat D. Development and improvement of compressor performance prognostics for US Navy gas turbine engines[C]//IEEE Aerospace Conference .2005 :3472-3478.

[178] Mirzamoghadam A V. Gas turbine plant thermal performance degradation assessment[J]. ASME Turbo Expo: Power for Land, Sea and Air, 2008: 43-51.

[179] Patnaik A R, Nayak A , Narasimhan V, et al. An integrated PHM approach for gas turbine engines[C]//Canadian Conference on Electrical and Computer Engineering.2006: 2476-2479.

[180] Rabiei M, Modarres M. A recursive Bayesian framework for structural health management using online monitoring and periodic inspections [J]. Reliability Engineering & System Safety, 2013, 112: 154-164.

[181] Chookah M, Nuhi M, Modarres M. A probabilistic physics-of-failure model for prognostic health management of structures subject to pitting and corrosion-fatigue[J]. Reliability Engineering & System Safety, 96, 2011: 1601-1610.

[182] Liu K, Gebraeel N Z, Shi J. A data-level fusion model for developing composite health indices for degradation modeling and prognostic analysis[J]. IEEE Transactions on Automation Science & Engineering, 2013, 10(3): 652-664.

[183] Loboda I, Yepifanof S. A mixed data-driven and model based fault classification for gas turbine diagnosis[J]. International Journal of Turbo and Jet Engines, 2010, 27(3-4): 251-264..